ゼロから合格!

MOS Excel 365

対策テキスト&問題集

宮内明美

技術評論社

目 次

Chapter 0

Excel の基礎

Chapter **5**

グラフの管理 287

別冊：練習問題・模擬試験解答

MOS について知る

○ MOS とは？

MOS（Microsoft Office Specialist、マイクロソフト オフィス スペシャリスト）とは、Microsoft社が行っているOfficeアプリの技能試験です。Excel、Word、PowerPointなどの各アプリの知識や操作スキルを評価します。世界的に行われている試験であり、合格認定証は世界共通のものとなっています。日本ではオデッセイコミュニケーションズ社によって実施・運営されています。

○ 試験方式と出題範囲

■ MOS の試験科目

試験はアプリごとにわかれています。さらに、アプリのなかでもバージョンとレベルが複数あります。現在行われている試験科目は下記のとおりです（2024年3月時点）。

試験科目	バージョン	
	一般レベル	上級レベル（エキスパート）
Word	Word 365	−
	Word 2019	Word 2019 エキスパート
	Word 2016	Word 2016 エキスパート
Excel	Excel 365	Excel 365 エキスパート
	Excel 2019	Excel 2019 エキスパート
	Excel 2016	Excel 2016 エキスパート
PowerPoint	PowerPoint 365	−
	PowerPoint 2019	−
	PowerPoint 2016	−
Access	−	Access 2019 エキスパート
	Access 2016	−
Outlook	Outlook 2019	−
	Outlook 2016	−

本書はExcel 365に対応したテキスト・問題集です。Excel 365の一般レベルの試験レベルは「数式や基本的な関数の作成、セルの書式設定、グラフ作成など、Excelでの基本的な操作を理解している」とされています。

■ Excel 365 の出題範囲

Excel 365の出題範囲は下記の表のとおりです。機能と操作ごとに整理されています。

なお、本書はこの出題範囲にあわせて構成されています。本書を読めば自然と出題範囲を網羅できるので、安心してご利用ください。

ワークシートやブックの管理	
ブックにデータをインポートする	テキストファイルからデータをインポートする
	オンラインソースからデータをインポートする
ブック内を移動する	ブック内のデータを検索する
	名前付きのセル、セル範囲、ブックの要素へ移動する
	ハイパーリンクを挿入する、削除する
ワークシートやブックの書式を設定する	ページ設定を変更する
	行の高さや列の幅を調整する
	ヘッダーやフッターをカスタマイズする
オプションと表示をカスタマイズする	クイックアクセスツールバーを管理する
	シートを異なるビューで表示する、変更する
	ワークシートの行や列を固定する
	ウィンドウの表示を変更する
	ブックの組み込みプロパティを変更する
	数式を表示する
共同作業と配付のためにブックを準備する	印刷範囲を設定する
	別のファイル形式でブックを保存する、エクスポートする
	印刷設定を行う
	ブックを検査して問題を修正する
	コメントとメモを管理する

セルやセル範囲のデータの管理	
シートのデータを操作する	形式を選択してデータを貼り付ける
	オートフィル機能を使ってセルにデータを入力する
	複数の列や行を挿入する、削除する
	セルを挿入する、削除する
	RANDBETWEEN() 関数と SEQUENCE() 関数を使用して数値データを生成する
セルやセル範囲の書式を設定する	セルを結合する、セルの結合を解除する
	セルの配置、印刷の向き、インデントを変更する
	書式のコピー/貼り付け機能を使用してセルに書式を設定する
	セル内のテキストを折り返して表示する
	数値の書式を適用する
	[セルの書式設定] ダイアログボックスからセルの書式を適用する
	セルのスタイルを適用する
	セルの書式設定をクリアする
	複数のシートをグループ化して書式設定する

名前付き範囲を定義する、参照する	名前付き範囲を定義する
	名前付き範囲を参照する
データを視覚的にまとめる	スパークラインを挿入する
	組み込みの条件付き書式を適用する
	条件付き書式を削除する

テーブルとテーブルのデータの管理	
テーブルを作成する、書式設定する	セル範囲からExcelのテーブルを作成する
	テーブルにスタイルを適用する
	テーブルをセル範囲に変換する
テーブルを変更する	テーブルに行や列を追加する、削除する
	テーブルスタイルのオプションを設定する
	集計行を挿入する、設定する
テーブルのデータをフィルターする、並べ替える	レコードをフィルターする
	複数の列でデータを並べ替える

数式や関数を使用した演算の実行	
参照を追加する	セルの相対参照、絶対参照、複合参照を追加する
	数式の中で構造化参照を使用する
データを計算する、加工する	AVERAGE()、MAX()、MIN()、SUM() 関数を使用して計算を行う
	COUNT()、COUNTA()、COUNTBLANK() 関数を使用してセルの数を数える
	IF() 関数を使用して条件付きの計算を実行する
	SORT() 関数を使用してデータを並べ替える
	UNIQUE() 関数を使用して一意の値を返す
文字列を変更する、書式設定する	RIGHT()、LEFT()、MID() 関数を使用して文字の書式を設定する
	UPPER()、LOWER()、LEN() 関数を使用して文字の書式を設定する
	CONCAT()、TEXTJOIN() 関数を使用して文字の書式を設定する

グラフの管理	
グラフを作成する	グラフを作成する
	グラフシートを作成する
グラフを変更する	グラフにデータ範囲 (系列) を追加する
	ソースデータの行と列を切り替える
	グラフの要素を追加する、変更する
グラフを書式設定する	グラフのレイアウトを適用する
	グラフのスタイルを適用する
	アクセシビリティ向上のため、グラフに代替テキストを追加する

○ 試験方式

　試験は実際にパソコン（Windows）でExcelを操作して行われます（CBT方式）。すべて実技試験で、筆記試験はありません。試験時間は50分です。

　試験には「全国一斉試験」と「随時試験」の2種類がありますが、いずれも所定の会場で試験は行われ、パソコンも用意されたものを利用します。

■ 試験画面

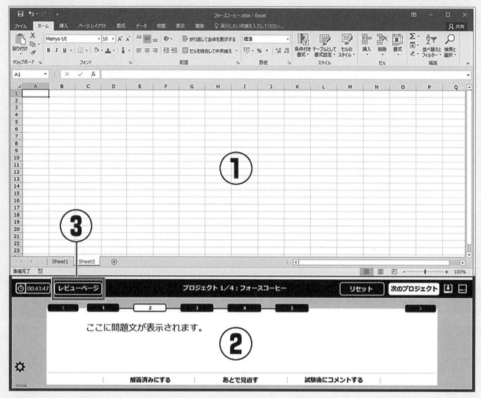

※「MOS 365 試験概要｜MOS公式サイト」より
　https://mos.odyssey-com.co.jp/outline/mos365.html

　試験画面は主に①アプリケーションウィンドウ、②試験パネル、③レビューページの三つからなります。

　①アプリケーションウィンドウ
　実際のアプリケーションが起動します。Excel 365の試験であればExcelが起動します。

　②試験パネル
　問題文が表示されます。

　③レビューページ
　試験問題全体の一覧が表示されます。

試験は「プロジェクト」と呼ばれる大問から構成されます。プロジェクトは複数あり、プロジェクトごとに「タスク」と呼ばれる小問が複数設定されています。プロジェクトは［次のプロジェクト］ボタンをクリックすることで移動できます。タスクは数字か［<］［>］が書かれたボタンをクリックすると表示を切り替えられます。

それぞれのプロジェクトは独立しているため、あるプロジェクトの解答にミスがあってもほかのプロジェクトには影響しません。ただし、プロジェクト内のあるタスクでのミスがほかのタスクに影響する可能性はあるので注意しましょう。

◯ 受験方法

MOSは「全国一斉試験」と「随時試験」の2種類の受験方法があります。どちらの方式でも試験内容や合格認定証は同じです。また、申込みの流れは違いますが、受験料は同じです。

■ 全国一斉試験

全国一斉試験は、毎月1〜2回、所定の日時で一斉に行われる試験です。試験会場は希望した地域に応じて指定されます。

試験の申込みはMOSの公式Webサイトから行います。試験の日程をWebサイト上で確認したうえで、指示に従って試験科目、希望地域、受験者情報などを入力します。受験料の支払いはクレジットカードか企業・教育機関向けの受験チケットで行います。

■ 随時試験

全国の試験会場で行われる試験です。ほぼ毎日試験が行われていますが、具体的な試験日は試験会場ごとに設定されています。

試験の申込み方法は会場ごとに異なります。試験会場は公式Webサイトで検索できますが、具体的な試験の実施日や申込み方法は会場ごとにご確認ください。

■ 受験料

Excel 365の受験料は通常10,780円（税込）、学割の場合は8,580円（税込）です。対象となる学生など学割の詳細は、公式Webサイトをご確認ください。

◯ 試験結果

受験当日、試験終了後に得点と合否が記載された試験結果レポートをもらえます。

試験に合格していた場合は、デジタル認定証をWeb上で確認できるようになります。デジタル認定書は印刷可能で、公的な証明書としても利用できます。

試験情報は公式Webサイトの情報をもとにしています。受験の際は必ず公式Webサイトにて最新の情報をご確認ください。

● MOS公式サイト−マイクロソフト オフィス スペシャリスト

https://mos.odyssey-com.co.jp/index.html

本書の使い方

紙面の見方

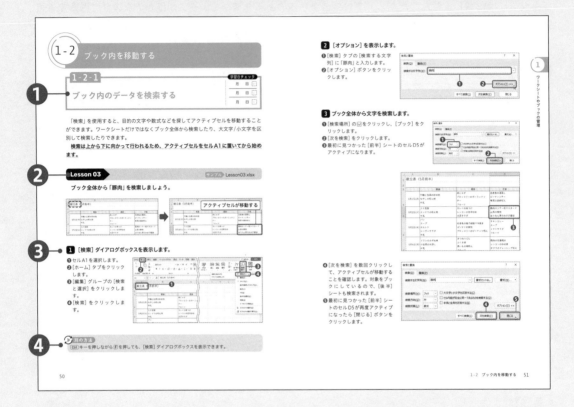

❶ 本書はExcel 365の出題範囲にあわせてセクションを設けています。各セクションの冒頭では、学習する機能の解説を行っています。

❷ セクション内にはLessonが設けられています。試験で必要となる操作を、実際に例題を解きながら学習します。Lessonごとにサンプルファイルも用意されているので、実際に手元で試してみながら学習してください。また、Lesson冒頭には操作前と操作後の画面を載せています。どこがどう変わればOKなのか理解したうえで読み進められます。なお、1つのセクション内に複数のLessonが用意されている場合もあります。

❸ 操作解説は、順番にすべての手順を載せています。右側の画面と左側のテキストを見ながら、数字の順番にそって操作してください。

❹ 操作解説にはいくつか補足も書かれています。補足には以下の3種類があります。

Point ：気を付けてほしい操作など、特に確認して欲しい重要な事項です。

StepUp ：Lessonの内容に関連して、Excelの機能についてより深く学習できる内容です。

別の方法 ：Lessonの問題を解ける、解説で示した以外の操作方法です。

またこのほかに、Lesson外ですが知っておくと便利な内容をColumnで解説しています。

各章の最後には練習問題を載せています。章ごとに学習した内容を試せるので、是非挑戦してください。練習問題の解答・解説は別冊に載せています。

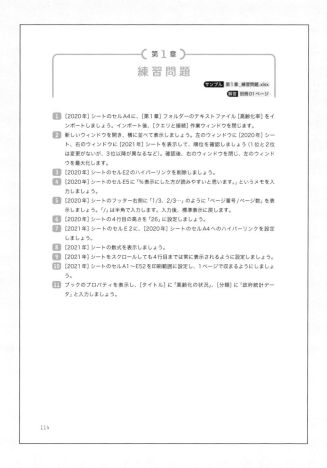

サンプルファイルの使い方

本書の各Lessonの内容を試せるサンプルファイルをご利用いただけます。

サンプルファイルは模擬試験アプリをダウンロードしたのち起動すると、自動で「ドキュメント」フォルダーにフォルダーが展開されます（模擬試験アプリのダウンロード・起動については16～18ページを参照）。フォルダー名は「MOS_Excel365_GH」です。「MOS_Excel365_GH」フォルダーには、Lessonごとのサンプルファイルを収めた「教材」フォルダーと、章末の練習問題を収めた「練習問題」フォルダーが保存されています。

プリンターの設定

Excelでは、ページ設定を行うために仮想プリンターの設定が必要な操作があります。実際にプリンターに接続していなくても操作できます。

現在の設定は次の方法で確認できます。

❶ パソコン（Windows）の［スタート］ボタンをクリックします。

❷ ［すべてのアプリ］をクリックします。

❸ ［設定］をクリックします。

❹ ［Bluetoothとデバイス］をクリックします。

❺ ［プリンターとスキャナー］をクリックします。

実際に接続されているプリンター

仮想プリンター

また、プリンターもしくは仮想プリンターの種類によっては、ハガキやA3サイズに変更できないことがあります。その場合は、Excelの[ファイル]タブの[印刷]を選択し、[プリンターの種類]を[FAX]や[Microsoft Print to PDF]などに変更してから、再度[レイアウト]タブでページ設定を行います。

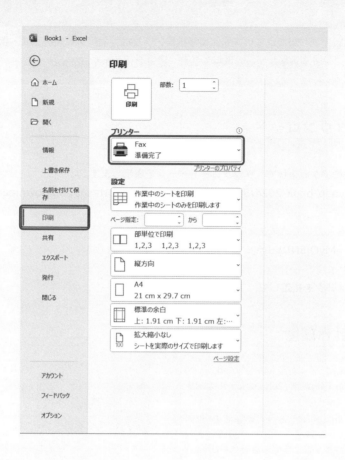

アプリの使い方

アプリの概要

　本書には模擬試験アプリがついています。模擬試験アプリは、実際の試験の形式・機能を模しており、ご自宅などのパソコンで本番さながらの環境で学習や演習を行えます。

※アプリの提供は2024年4月を予定しています。

● アプリのダウンロード

❶ 下記のURLにアクセスして、ダウンロードページを表示します。
https://gihyo.jp/book/2024/978-4-297-14035-9/support#supportDownload

❷ パスワードを入力して、ダウンロードをクリックします。
パスワード：MvQj8NDV3gYY

❸ 保存するフォルダを指定して、ファイルを保存します。

● アプリの動作環境

OS	Windows 11日本語版 64bit / Windows 10 日本語版 64bit（※32bitやSモードは対応していません）
対応環境アプリ	Microsoft Office 365 日本語版 64bit版/32bit（※本アプリは2021、2019にも対応していますが、実際の試験はMicrosoft Office 365で行われます）

CPU	1GHz以上のプロセッサ
メモリ	8GB以上
ハードディスク	空き容量25MB以上
ディスプレイの解像度	1280×768ピクセル以上

インストールと起動・終了

● アプリをインストールする

1 インストーラーを起動します。

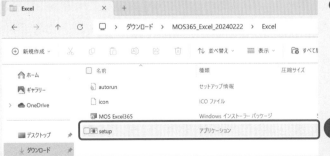

❶ ダウンロードしたフォルダ内の[setup.exe]をクリックします。

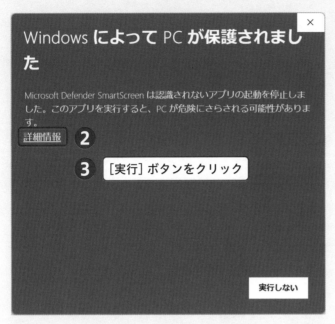

❷ ［Windowsによって PC が保護され
ました］のメッセージが表示された
ら、［詳細情報］をクリックします。

❸ ［実行］ボタンをクリックします。

2 インストールを実行します。

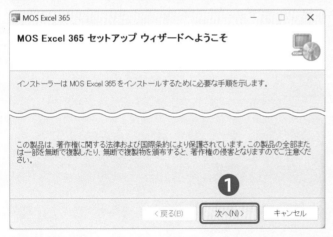

❶ ［次へ］ボタンをクリックします。

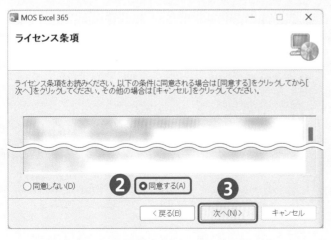

❷ ［同意する］をクリックします。

❸ ［次へ］ボタンをクリックします。

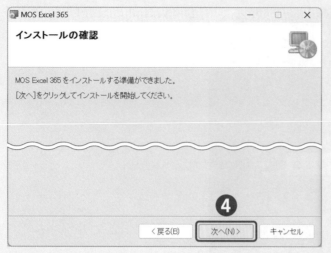

❹ [次へ] ボタンをクリックします。
「ユーザーアカウント制御」画面が
表示されたら、[はい] ボタンをク
リックします。

❺ [閉じる] ボタンをクリックします。
デスクトップに「MOS Excel 365」
のアイコンが表示されます。

◉ アプリの起動と終了

1 アプリを起動します。

❶ デスクトップの [MOS Excel 365]
をクリックすると、アプリが起動し
ます。

別の方法
[スタート] をクリックして、[すべ
てのアプリ] をクリックすると、ア
プリの一覧が表示されます。一覧
から [MOS_GH] フォルダを選択
し [MOS Excel 365] をクリック
しても、アプリを起動できます。

2 アプリを終了します。

❶ アプリのスタート画面で
［終了］ボタンをクリック
します。

❷ ［はい］ボタンをクリッ
クすると、アプリが終了
します。

画面の見方

●「スタートメニュー」画面

❶ 模擬試験：模擬試験を選択します。5回分の模擬試験と、すべての模擬試験問題からランダムに出題
する［ランダム出題］を選択できます。

❷ ［練習モード］ボタン：選択した模擬試験を練習モードではじめられます。練習モードでは1問ごとに
採点・解答の表示を行えます。

❸ ［本番モード］ボタン：選択した模擬試験を本番モードではじめられます。本番モードではすべての問
題を解答したあとに採点が行われます。

❹ ［テスト結果の履歴を見る］ボタン：「テスト結果の履歴」画面を表示します。

❺ [終了] ボタン：アプリを終了します。

❻ [教材ファイルのリセット] ボタン：教材ファイルをリセットします。

○ テスト中の画面

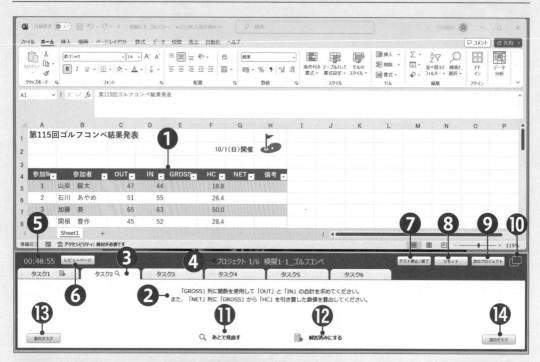

❶ アプリの画面：Excelの画面が表示されます。

❷ 問題文：問題文 (タスク) が表示されます。

❸ タスク：タスクを切り替えます。

❹ 模擬試験とプロジェクトの表示：どの模擬試験のどのプロジェクトを解答中かが表示されます。

❺ 残り時間：試験の残り時間が表示されます (本番モードのみ)。

❻ [レビューページ] ボタン：「レビューページ」画面を表示します。

❼ [テスト停止/中止] ボタン：試験を一時中断します。そのまま中止もできます。

❽ [リセット] ボタン：プロジェクトを通じて、行った操作をリセットします。

❾ [次のプロジェクト] ボタン：次のプロジェクトに移動します。

❿ [整列] ボタン：各ウィンドウのサイズを位置を初期設定に戻します。

⓫ [あとで見直す] ボタン：解答中のタスクを「あとで見直す」に登録します。「あとで見直す」に登録したタスクはレビューページで確認できます。

⓬ [解答済みにする] ボタン：解答中のタスクを「解答済みにする」に登録します (本番モードのみ)。「解答済みにする」に登録したタスクはレビューページで確認できます。

⓭ [前のタスク] ボタン：前のタスクに移動します。

⓮ [次のタスク] ボタン：次のタスクに移動します。

⓯ [採点する] ボタン：現在のタスクの正誤判定を行います (練習モードのみ)。

⓰ [解答を見る] ボタン：現在のタスクの正解解答画面を表示します (練習モードのみ)。

●「レビューページ」画面

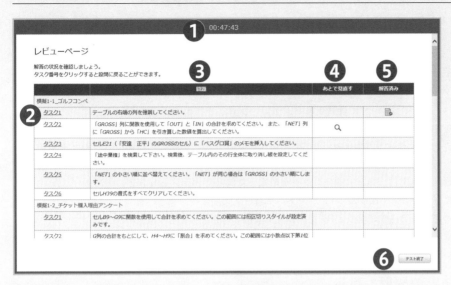

❶ 残り時間：試験の残り時間が表示されます（本番モードのみ）。

❷ タスクのリンク：クリックすると、各タスクに移動します。

❸ 問題文：各タスクの問題文が表示されます。

❹ あとで見直す：「あとで見直す」に登録したタスクにアイコンが表示されます。

❺ 解答済み：「解答済み」に登録したタスクにアイコンが表示されます。

❻ ［テスト終了］ボタン：試験を終了します。

●「テスト結果」画面

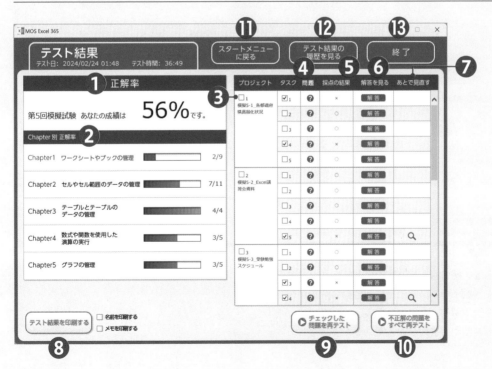

❶ 正解率：試験全体の正解率が表示されます。

❷ Chapter 別正解率：書籍の Chapter 別に解答の正解率が分析・表示されます。

❸ 再テストのチェック：再テストしたいプロジェクトやタスクにチェックを入れられます。チェックをつけた問題は ［チェックした問題を再テスト］ ボタンで再テストできます。

❹ 問題文：各タスクの問題文を表示します。

❺ 採点の結果：各タスクの正誤が表示されます。

❻ 解答を見る：各タスクの正解解答画面を表示します。

❼ あとで見直す：「あとで見直す」に登録するとアイコンが表示されます。

❽ ［テスト結果を印刷する］ ボタン：Word が起動して、テスト結果を印刷できます。

❾ ［チェックした問題を再テスト］ ボタン：「再テストのチェック」でチェックを入れたタスクを再テストします。

❿ ［不正解の問題をすべて再テスト］ ボタン：不正解だった問題を再テストします。

⓫ ［スタートメニューに戻る］ ボタン：「スタートメニュー」画面に戻ります。

⓬ ［テスト結果の履歴を見る］ ボタン：「テスト結果の履歴」画面に移動します。

⓭ ［終了］ ボタン：アプリを終了します。

◯「テスト結果の履歴」画面

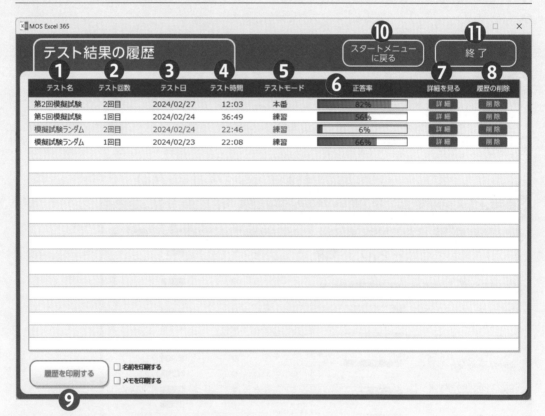

❶ テスト名：解答した模擬試験名が表示されます。

❷ テスト回数：模擬試験ごとに何回目の解答か表示されます。

❸ テスト日：解答した日にちが表示されます。

❹ テスト時間：解答にかかった時間が表示されます。

❺ テストモード：練習モードか本番モードかが表示されます。

❻ 正答率：試験ごとの正答率が表示されます。

❼ 詳細を見る：試験ごとの「試験結果」画面を表示します。

❽ 履歴の削除：試験結果を削除します。

❾ ［履歴を印刷する］ボタン：Wordが起動して、テスト結果の履歴を印刷できます。

❿ ［スタートメニューに戻る］ボタン：「スタートメニュー」画面に戻ります。

⓫ ［終了］ボタン：アプリを終了します。

◯ 正解解答画面

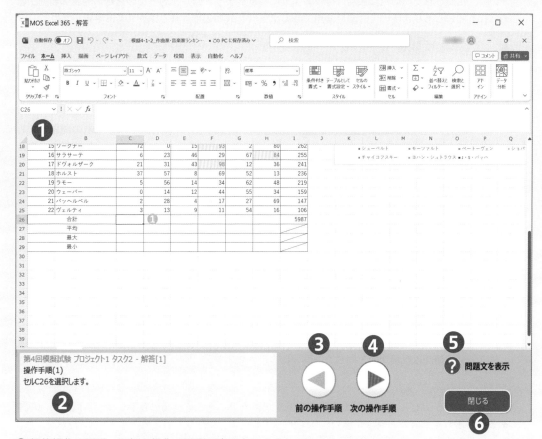

❶ 解答操作の画面：正解の操作の画面が表示されます。

❷ 解答操作の解説：正解の操作の解説が表示されます。

❸ ［前の操作手順］ボタン：前の操作手順を表示します。

❹ ［次の操作手順］ボタン：次の操作手順を表示します。

❺ ［問題文を表示］ボタン：問題文を表示します。

❻ ［閉じる］ボタン：正解解答画面を閉じます。

※16〜23ページの画面はいずれも開発中のものです。実際の画面とは異なる場合がございます。

MOS受験の心得

1. **試験の画面に慣れるためにも模擬問題を何度も復習しよう**
   環境が異なるとただでさえ緊張します。模擬問題と本番の試験は言い回しが異なることも多いですが、画面の配置や、レビューページと残り時間の見方、付せんの付け方などは同じです。少しでも本番に慣れるために模擬問題を活用してください。

2. **試験会場の下見**
   余裕があれば会場の下見をしましょう。当然、遅刻すると受験できません。受付時間は決まっていますので、指定された時間内に会場に行けるようにしましょう。公共交通機関の遅延の場合は遅刻が認められる場合もありますので、すぐ連絡できるように、会場の電話番号は控えておきましょう。

3. **身分証明書と受験者ID・パスワードを必携**
   受付時に身分証明書の提示を求められます。学割で申し込んだ方は学生証も必要です。受験にあたっては受験者IDとパスワードも必要になるので注意しましょう。

4. **試験前の「試験の注意」をよく読もう**
   「英数字は半角で入力すること」「ダイアログボックスや作業ウィンドウは閉じてから次の問題へ進むこと」などの注意事項が記載されています。試験の問題文には表示されていないこともありますので、必ずよく読んでおきましょう。

5. **問題文に記載のない操作は行わない**
   例えば通常であれば中央揃えにする部分も問題文に指示がない場合は中央揃えにしてはいけません。記載された指示だけを確実に解きましょう。

6. **残り時間を意識しながら、できれば順番に解く**
   1つのプロジェクトの中で、その問題が解けないと次の操作に影響が出ることもあります。問題1から順番に解きましょう。ただし、時間は限られていますので、少し考えてわからなかったら「付せん」を付けて後で戻れるようにするとよいでしょう。
   プロジェクトは5～7個、その中の問題数は1～6問くらいと予想されます。試験が開始されたらプロジェクトがいくつあるかを確認し、1つのプロジェクトにかけられる時間をおおまかに計算しましょう。残り時間は模擬問題と同じく、画面に表示されます。

7. **読みながら操作しよう**
   「［〇〇］シートのセルA5」などの問題文を読んだ時点で、そこを画面に表示しながら問題を読み進めると理解しやすくなります。また、「『〇〇〇』と入力」とあるものを見たらすぐクリックしてコピーしておきましょう（多くの場合、下線が付いています）。

8. **レビューページを活用しよう**
   レビューページを見ると、全体の問題数を確認できます。レビューページの問題番号をクリックすると、付せんを付けた問題や前のプロジェクトにすばやく戻れます。

9. **こまめに上書き保存する**
   次のプロジェクトへ進むときに自動的に保存されますが、不測の事態に備えて、できるだけこまめに上書き保存しましょう。エラーが発生して中断した際にも、そこまでは戻れる可能性が高くなります。

10. **リセットボタンに注意**
    リセットボタンを押すと、そのプロジェクト全体がリセットされてしまいます（その問題のリセットではありません）。リセットボタンには注意して、使う際は慎重に行いましょう。

Chapter
0

Excelの基礎

0-1 画面構成と基本操作

0-1-1

Excel画面の名前と役割

Excelの各部の名称と役割を確認しましょう。

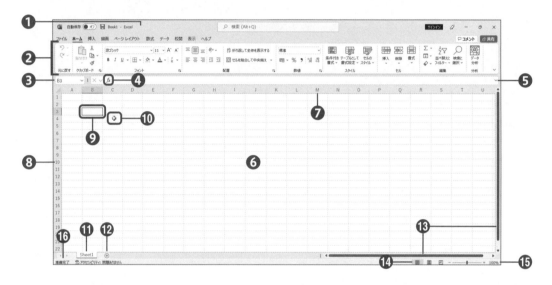

❶ タイトルバー：ファイル名とアプリ名が表示されます。

❷ リボン：操作を実行するためのボタンがタブに分かれて配置されています。

❸ 名前ボックス：アクティブセルの位置や範囲名が表示されます。

❹ 関数の挿入：[関数の挿入] ダイアログボックスを表示して計算を行うことができます。

❺ 数式バー：アクティブセルの内容が表示されます。セルに入力した計算式やデータを編集することもできます。

❻ セル：画面の大部分を占めるひとつひとつのマス目のことです。列番号と行番号で表します。

❼ 列番号：ワークシートの列番号を表します。A列〜XFD列まで16,384列あります。

❽ 行番号：ワークシートの行番号を表します。1行〜1,048,576行まであります。

❾ アクティブセル：操作の対象となっているセルのことです。

❿ マウスポインター：マウスを置いた場所や状況によって形状が変化します。

⓫ シート見出し：ワークシートを識別するための見出しです。

⓬ 新しいシート：クリックすると新しいワークシートを挿入します。

⓭ スクロールバー：ワークシートの表示領域を移動するときに使用します。

⓮ 表示選択ショートカット：画面の表示モードを変更するときに使用します。

⓯ ズームスライダー：画面の表示倍率を変更するときに使用します。

⓰ ステータスバー：現在の作業の状況などが表示されます。

リボンの操作

Excelの機能を実行することを「コマンドを実行する」と言います。コマンドは、リボンに配置されたボタンをクリックしたり、後述するショートカットキーを使用したりして実行します。

リボンは関連する機能ごとにタブで分類され、さらにグループでまとめられています。

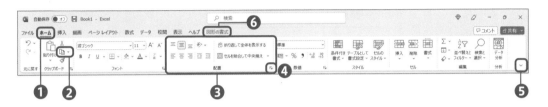

❶ タブ ：[ホーム]タブ、[挿入]タブなど、関連する機能ごとに分類されたボタンが配置されています。タブはクリックして切り替えます。

❷ ボタン：マウスでポイントすると、ボタンの名称と機能が表示されます。クリックすると機能を実行します。[画像を挿入します]ボタンが[画像]と表示されるように、見た目と異なる名称のボタンもあります。その場合、本書では[画像を挿入します](画像)のように表記します。

❸ グループ：関連する内容でまとめられています。

❹ ダイアログボックス起動ツール：通常はリボンに表示されていない詳細設定を行うためのダイアログボックスを表示します。ダイアログボックス起動ツールの名称は、グループによって異なります。

❺ リボンの表示オプション：リボンを折り畳んでタブだけを表示したりするなど、リボンの表示を変更することができます。折り畳んだ状態のとき、タブをクリックすると、一時的に展開してボタンをクリックできます（次ページ参照）。

❻ コンテキストタブ：図やグラフ、テーブルなど、特定のオブジェクトを選択しているときだけタブが追加で表示されます。

ボタンの名称と機能

ダイアログボックス

リボンの表示オプション

リボンを折り畳んだ状態のとき

タブをクリックすると

一時的に展開した状態

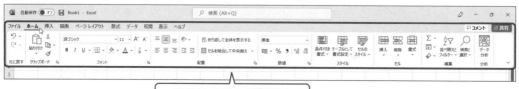

一時的にリボンが展開する

 Point

リボンはタブをダブルクリックしても折り畳むことができます。

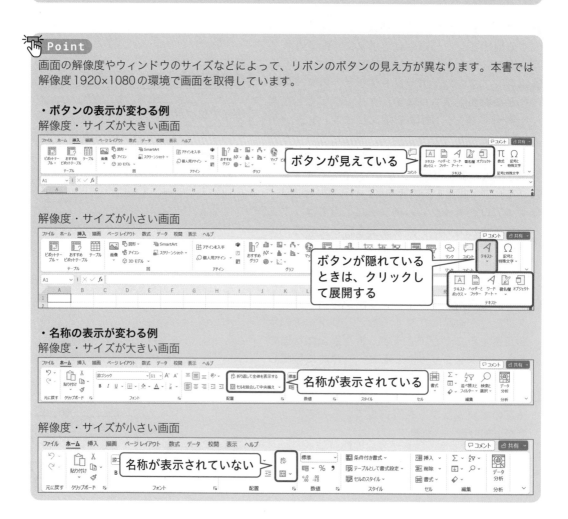

Point

画面の解像度やウィンドウのサイズなどによって、リボンのボタンの見え方が異なります。本書では解像度1920×1080の環境で画面を取得しています。

・ボタンの表示が変わる例

解像度・サイズが大きい画面

ボタンが見えている

解像度・サイズが小さい画面

ボタンが隠れているときは、クリックして展開する

・名称の表示が変わる例

解像度・サイズが大きい画面

名称が表示されている

解像度・サイズが小さい画面

名称が表示されていない

0-1-3

学習日チェック

月	日 ☑
月	日 ☑
月	日 ☑

0

Excelの基礎

マウスポインターの形状

Excelは作業内容やマウスを置いた位置に応じてポインターの形状が変わります。必ず画面で確認してから操作しましょう。

マウスポインターの形状		使用する目的・場所	この形状になる場所
↖	白矢印	・メニューの選択	・ボタン上など
(黒い十字)	黒い十字	・オートフィル	・アクティブセルの右下
✛	白い十字	・セルの選択	・セルの中央
B ↔ C	左右の矢印	・列幅の変更	・列番号と列番号の間
1 ↕ 2	上下の矢印	・行の高さの変更	・行番号と行番号の間
(図形選択と移動)	上下左右の矢印十字に白矢印	・図形の選択 ・セルの移動	・選択した図形の枠線の上 ・アクティブセルの枠線の上
I	I字	・文字の入力・編集	・数式バーの中 ・セルの編集中

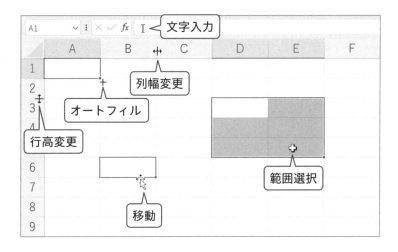

セルの選択

Excelはセルを選択しながら操作します。1つのセルだけでなく、複数のセルや離れた複数のセルも選択できます。

● 1つのセルを選択

マウスポインターが 🔂 の形状でクリックすると選択できます。 Enter キーを押すと下へ、 Tab キーを押すと右へアクティブセルが移動します。

キーボードの方向キー（←↑↓→の矢印キー）を押すとその方向へ移動します。

● 連続した複数のセルを選択

マウスポインターが 🔂 の形状でドラッグします。

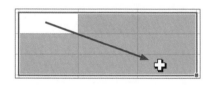

● 離れたセルを選択

2か所目以降の範囲を、 Ctrl キーを押しながら選択します。

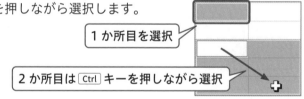

1か所目を選択

2か所目は Ctrl キーを押しながら選択

● 行全体の選択

行番号をクリックします。そのまま下にドラッグすると複数行の選択ができます。

● 列全体の選択

列番号をクリックします。そのまま右にドラッグすると複数の選択ができます。

0-2 入力と変換

0-2-1 キー配列

　キーボードはパソコンに指示を出すための「入力装置」です。デスクトップ型やノート型などの形状やメーカーによって多少の違いがありますが、ここでは代表的なキーボードの配列と、覚えておきたいキーの役割を確認します。

● ノート型コンピュータの例

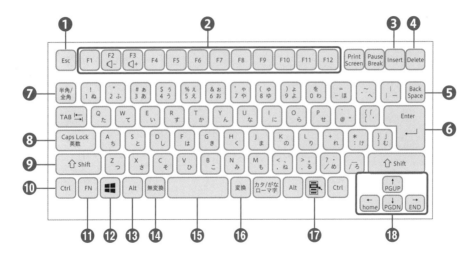

❶ Escキー：実行中の作業を取り消します。

❷ F1～F12キー（ファンクションキー）：文字を変換する、ヘルプを表示するなど、さまざまな機能が割り付けられています。

❸ Insertキー：「上書きモード」と「挿入モード」を切り替えます。

❹ Deleteキー：セルのデータを削除します。編集中の場合は、カーソルの右側の文字を消します。

❺ BackSpaceキー：編集中のカーソルの左側の文字を消します。

❻ Enterキー：機能や変換の確定と改行をします。

❼ 半角/全角キー：日本語入力のオンとオフを切り替えます。

❽ CapsLockキー：Shiftキーを押しながらこのキーを押すと、アルファベットを大文字で入力できるように固定します。

❾ Shiftキー：キーの上段に表示されている記号やアルファベットの大文字を入力します。右の

Shiftキーも同じです。

⑩ Ctrlキー：後述するショートカットキーで使用します。右のCtrlキーも同じです。

⑪ Fnキー： のように2つの機能が色分けされて（四角で囲まれていることもあります）表示されているキーの場合、Fnキーを押しながらそのキーを押すことで、Fnキーと同じ色の（もしくは四角で囲まれた）機能を使用することができます。この例では、「音量を上げる」ことができます。

⑫ Windowsキー：[スタート]ボタンをクリックしたときと同じメニューを表示します。

⑬ Altキー：後述するショートカットキーで使用します。

⑭ 無変換キー：入力中の日本語をカタカナに変換します。

⑮ スペースキー：空白を挿入します。日本語を入力中の場合は変換します。

⑯ 変換キー：入力中の日本語を変換します。

⑰ アプリケーションキー：マウスを右クリックしたときと同じメニューを表示します。

⑱ 矢印キー・方向キー：アクティブセルの位置を上下左右に移動します。

● デスクトップ型コンピュータの例

⑲ テンキー：0〜9までの数字と計算に使用する記号を簡単に入力できます。

⑳ NumLockキー：このキーがオンになっているときにテンキーが利用できます。キーを押しても数字が入力できない場合はNumLockキーを押してオンにします。

文字の入力

● 入力の基本

入力方法には「ローマ字入力」と「かな入力」があります。ローマ字入力が一般的で、日本語入力がオンの状態で下の表のアルファベットを押すことで、ひらがなを入力できます。なお日本語入力がオフの状態だと半角のアルファベットが入力されます。

あ	あ A	い I	う U	え E	お O	な	な NA	に NI	ぬ NU	ね NE	の NO
	ぁ LA	ぃ LI	ぅ LU	ぇ LE	ぉ LO		にゃ NYA		にゅ NYU		にょ NYO
か	か KA	き KI	く KU	け KE	こ KO	は	は HA	ひ HI	ふ FU	へ HE	ほ HO
	が GA	ぎ GI	ぐ GU	げ GE	ご GO		ば BA	び BI	ぶ BU	べ BE	ぼ BO
	きゃ KYA		きゅ KYU		きょ KYO		ぱ PA	ぴ PI	ぷ PU	ぺ PE	ぽ PO
	ぎゃ GYA		ぎゅ GYU		ぎょ GYO		ひゃ HYA		ひゅ HYU		ひょ HYO
さ	さ SA	し SI	す SU	せ SE	そ SO		ふぁ FA	ふぃ FI		ふぇ FE	ふぉ FO
	ざ ZA	じ ZI	ず ZU	ぜ ZE	ぞ ZO		ヴぁ VA	ヴぃ VI	ヴ VU	ヴぇ VE	ヴぉ VO
	しゃ SHA		しゅ SHU		しょ SHO	ま	ま MA	み MI	む MU	め ME	も MO
	じゃ JA		じゅ JU		じょ JO		みゃ MYA		みゅ MYU		みょ MYO
た	た TA	ち TI	つ TU	て TE	と TO	や	や YA		ゆ YU		よ YO
	だ DA	ぢ DI	づ DU	で DE	ど DO		ゃ LYA		ゅ LYU		ょ LYO
	ちゃ CHA		ちゅ CHU		ちょ CHO	ら	ら RA	り RI	る RU	れ RE	ろ RO
			てぃ THI				りゃ RYA		りゅ RYU		りょ RYO
			でぃ DHI			わ	わ WA	うぃ WI		うぇ WE	を WO
			っ LTU				ん N				

※上記は代表的なものだけを記載しています。

Point

日本語入力のオン／オフについては『0-2-5 変換の基礎』を参照してください。

◉ 促音・拗音・長音の入力

・「ん」は「N」と入力しますが、次の文字が母音の場合は「NN」と入力します。
「たんい」→「TANNI」

・促音（小さな「っ」）を入力するには、次の文字の子音を重ねます。
「けっか」→「KEKKA」

・「L」か「X」を付けると単独で拗音（小さな「ゃ」「ゅ」「ょ」）を入力できます。
「LYU」「XYU」→「ゅ」

・「－」（長音、伸ばす音）を入力するには、日本語入力がオンの状態で ［= － ほ］ を押します。

日本語入力がオフの状態で ［= － ほ］ を押すと「-」（ハイフン）が入力されます。「-」はテンキーにもあります。

◉ 文字が複数あるキーの入力

1つのキーには最大で4つの文字が割り当てられています。キーの上に表示されている文字（「#」など）は ［Shift］ キーを押すことで入力できます。

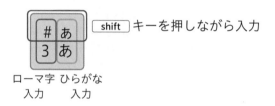

ローマ字　ひらがな
入力　　　入力

◉ キー入力の例外

「・（中点/中黒）」 ［? ・ ／ め］ 、「「（始めかぎかっこ）」 ［{ 「 [・］ 、「」（終わりかぎかっこ）」 ［} 」] む］
の3つの文字は、ローマ字入力でもそのまま入力します。

タッチタイピング

　キーボードを見ないで入力することを「タッチタイピング（ブラインドタッチ）」と言います。タッチタイピングをするには、いつも決まった指で決まったキーを押せるようにしなければなりません。

　キーボード上で最初に指を置いておく、基本の場所が「**ホームポジション**」です。指はいつもホームポジションに置き、入力する指を上下に動かしてタイピングします。多くのキーボードでは、左人差し指を置く「F」と右人差し指を置く「J」に突起がついていて、触れただけで位置を判断できるようになっています。

　タッチタイピングができるようになると、目線があっちへ行ったりこっちへ行ったりすることがなくなるので、疲れにくく、早く入力できるようになります。

　Webにはタッチタイピング練習用の無料のサイトが数多く存在します。そのようなものも便利に利用して、タッチタイピングができるように練習しましょう。

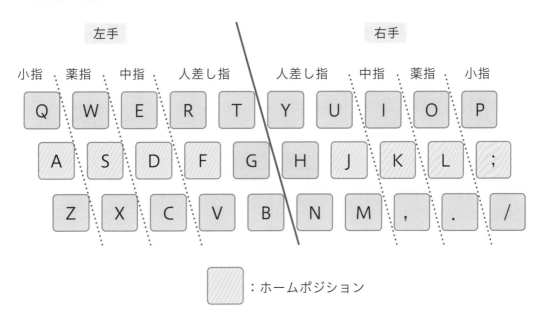

：ホームポジション

セルの入力と編集

　Excelは通常カーソルが表示されていません。目的のセルを選択してキーボードから文字を入力するとセル内にカーソルが表示され、データが入力されます。Enter キーを押すと入力が確定し、アクティブセルが1つ下へ移動します。

　Excelに入力するデータは、数値と文字の2種類があり、Excelが自動的に判断します。数値は計算対象となるデータで、セルでは右詰めで表示されます。日付や時刻も数値データです。文字は計算対象にならないデータで、セルでは左詰めで表示されます。

　また、入力している最中に矢印（方向）キーを使用すると文字が確定してしまいます。Webやメールの入力と異なりますので、編集方法も確認しましょう。

◯ セルに文字を入力する

　任意のセルに「123」と入力しましょう。

❶目的のセルを選択します。

このときカーソルはありません

❷入力すると文字とともにカーソルが表示されます。

❸Enter キーを押します。確定するとカーソルは非表示になり、アクティブセルは1つ下に移動します（この例は数値データなので、右詰めで表示されます）。

123

◯ データを書き換える

　「123」と入力したセルを「abc」に変更しましょう。まったく異なるデータに置き換える場合、セルを選択して上書きすることができます。

❶「123」と入力したセルを選択します。

123 このときカーソルはありません

❷キーボードから「abc」と入力します。

❸ Enter キーで確定します（この例は文字データなので、左詰めで表示されます）。

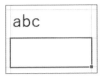

⬤ データの一部を編集する

「abc」を「abcdef」へ変更しましょう。データの一部を修正するには「編集モード」にします。編集モードは、F2 キーを押すか、セルをダブルクリック、または数式バーをクリックします。

❶「abc」と入力したセルを選択します。

❷ F2 キーを押して編集モードにします。カーソルが表示され、ステータスバーには［編集］と表示されます。

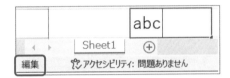

❸「abc」の後ろに「def」と入力します。

❹ Enter キーで確定します。

abcdef

⬤ データを消去する

セルのデータを消去するときは、Delete キーを押します。複数セルを選択してから Delete キーを押すと範囲内のすべてのデータを消去できます。

> **Point**
> データの消去に Back space キーは使用しません。Back space キーだと、範囲選択した先頭のセルの中身だけが消去されます。
> また、Delete キーで消去できるのは文字や数値などのデータだけです。色や罫線は消去されません。

変換の基礎

ひらがな、カタカナ、漢字は、日本語入力をオンにして入力します。オンとオフの切り替えは ［半角/全角］ キーで行います。現在の状態はパソコンの画面右下で確認できます。

日本語入力オンの状態

日本語入力オフの状態

● 漢字に変換

入力後、［スペース］ キーもしくは ［変換］ キーを押します。

● ［無変換］ キーを使用したカタカナ変換

入力後、［無変換］ キーを押します。

● ファンクションキーを使用した変換

ファンクションキーのF6〜F10が変換のために割り当てられています。これらのキーは2回以上押すと、後ろの文字からカタカナに変換されたり、英文字大文字→小文字→先頭文字だけ大文字に変換されたりします。

(例)「きぼう」と入力してファンクションキーを押した結果

	変換の種類	1回押す	2回押す	3回押す	4回押す
F6	ひらがな変換	きぼう	キぼう	キボう	きぼう
F7	カタカナ変換	キボウ	キボう	キぼう	キボウ
F8	半角変換	ｷﾎﾞｳ	ｷﾎﾞう	ｷﾎﾞう	ｷﾎﾞｳ
F9	無変換	ｋｉｂｏｕ	ＫＩＢＯＵ	Ｋｉｂｏｕ	ｋｉｂｏｕ
F10	半角無変換	kibou	KIBOU	Kibou	kibou

● 再変換

変換せずに ［Enter］ キーを押して確定してしまった時や、誤った漢字で確定してしまったときは、入力し直すのではなく再変換を使用します。

再変換するには、セルを編集モードに設定の上、カーソルを単語の中に置くか単語を範囲選択して ［変換］ キーを押します。

通常の変換は ［スペース］ キーも ［変換］ キーも同じですが、再変換は ［変換］ キーだけが使えます。

 Point

編集モードについては『0-2-4 セルの入力と編集』を参照してください。

0-2-6

記号や読めない文字の入力

キーボードには「＆」や「＋」や「！」などの記号がありますが、ここではキーボードにない記号の入力方法と、読めない文字の入力方法を確認します。

キーボード上に記載のある記号の入力の方法は『0-2-1 キー配列』を参照してください。

● 記号の入力

記号の読みを入力して変換します。読みがわからないときは「きごう」と入力して変換します。

よく使う記号には次のようなものがあります。

読み	変換される記号
やじるし	← ↑ → ↓ ⇔ ➡
かっこ	『 』 〔 〕 ≪ ≫ " "
まる	○ ● ◎ ① ② … ⑳ ㊤ ㊥ ㊦
しかく	□ ■ ◇ ◆
ゆうびん	〒 ⊤ ⒯
こめ	※
かぶ	㈱ （株）
せっし	℃
でんわ	℡ ☎

●「きごう」で探せない文字や、読めない漢字の入力

[IMEパッド] を使うと、読みの分からない記号や漢字を入力できます。

❶ タスクバーの「あ」を右クリックし、[IMEパッド] をクリックします。

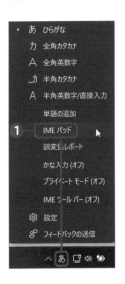

❷ [IMEパッド] が表示されます

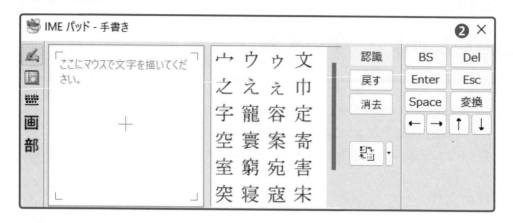

❸ [ここにマウスで文字を書いてください。] に、マウスをドラッグして文字を書きます。

❹ 右側に表示された候補をポイントすると読み方が表示されるので、クリックします。

❺ アクティブセルに文字が入力されます。[Enter] を押して確定します。
[IMEパッド] のウィンドウを閉じます。

0-3 ショートカットキー

0-3-1

Windows共通のショートカットキー

「ショートカットキー」とは、マウスの代わりにキーボードのキーを使うことで、よく使う機能を簡単に実行できるように割り当てたものです。

例えば、範囲選択後、マウスで右クリックして［コピー］をクリックしたり、［ホーム］タブの［コピー］ボタンをクリックしたりする代わりに、Ctrl キーを押しながら C を押すことでコピーができます。

ExcelやWordを含め、Windowsで共通して使用できるショートカットキーの一覧を記載します。

表で「+」と記載しているものは、同時に押すのではなく、最初のキーを押しながら次のキーを押すことを表します。

キー	機能
Ctrl + A	すべて選択
Ctrl + C	コピー
Ctrl + X	切り取り
Ctrl + V	貼り付け
Ctrl + Z	元に戻す
Ctrl + Y	やり直し
Ctrl + S	上書き保存
Ctrl + F	検索
Ctrl + H	置換
Ctrl + P	印刷
Ctrl + O	ファイルを開く
Ctrl + W	ファイルを閉じる
Ctrl + N	新規作成
F4	繰り返し
F5	［ジャンプ］ダイアログボックスを表示
F12	名前を付けて保存
Alt + F4	プログラムを閉じる
Alt + Tab	ウィンドウの切り替え
⊞ + D	デスクトップの表示

Excelのショートカットキー

Windows共通で使用するショートカットキーのほかに、Excel固有の、操作を便利にするショートカットキーもあります。

キー	機能
Ctrl + 1 （テンキー不可）	セルの書式設定
Ctrl + Page Down Ctrl + Page Up	ワークシートの切り替え
Ctrl + home	セル A1 へジャンプ
Ctrl + End	最終セルへジャンプ
Ctrl + →	入力された範囲の右端のセルへジャンプ
Ctrl + ↓	入力された範囲の下端のセルへジャンプ
Ctrl + ;	本日の日付の入力
Ctrl + :	現在の時刻の入力
Ctrl + Shift + →	入力された範囲の右端のセルまで選択
Ctrl + Shift + ↓	入力された範囲の下端のセルまで選択
（表の中にアクティブセルを置いて） Ctrl + A	表範囲の選択
F2	セルの編集
（数式入力中に） F4	絶対参照
Alt + Enter	セル内で改行
Ctrl + D	上のセルをコピー
Ctrl + R	左のセルをコピー

 Point

ノートパソコンの場合、 Fn キーが必要な場合があります。詳細は『0-2-1 キー配列』を参照してください。

Chapter

1

ワークシートやブックの管理

1-1 ブックにデータをインポートする

1-1-1
テキストファイルからデータをインポートする

「テキストファイル」とは、文字だけのデータファイルです。書式や罫線などが含まれないためファイルサイズが小さく、いろいろなアプリケーションソフトで開けるなどのメリットがあります。

テキストファイルなど、Excel以外のアプリケーションソフトで作成したファイルをExcelに取り込むことを「インポート」といいます。

Lesson 01

サンプル　Lesson01.xlsx

[Lesson01] フォルダーのテキストファイル [Total_May] を現在のワークシートのセルA1へインポートしましょう。

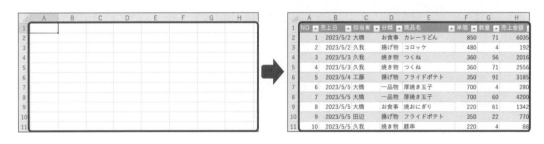

1 インポートのウィンドウを表示します。

❶ セルA1を選択します。

❷ [データ] タブをクリックします。

❸ [データの取得と変換] グループの [テキストまたはCSVから] をクリックします。

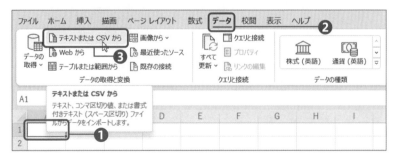

2 読み込むファイルを指定します。

❶ [Lesson01] フォルダーのテキストファイル [Total_May] を選択します。

❷ [インポート] ボタンをクリックします。

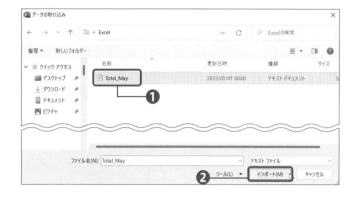

3 データを確認します。

❶ データを確認します。

❷ [読み込み] の ▼ をクリックします。

❸ [読み込み先...] をクリックします。

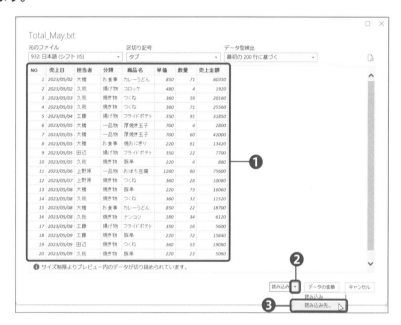

4 Excelに読み込みます。

❶ [データを返す先を選択してください。] の [既存のワークシート] をクリックします。

❷ 「=$A$1」が設定されていることを確認します。

❸ [OK] ボタンをクリックします。

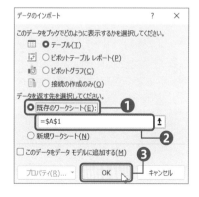

5 結果を確認します。

❶ セルA1にテーブルの形式
　でデータがインポートされ
　ます。

❷ [クエリと接続] 作業ウィン
　ドウを閉じます。

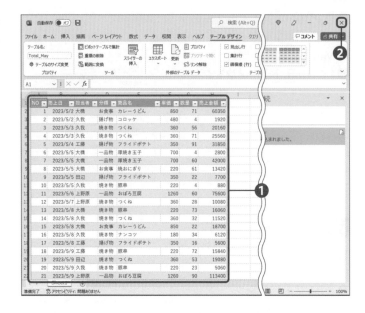

Point

テーブルについては、『Chapter 3 テーブルとテーブルのデータの管理』を参照してください。

StepUp

「クエリ」とはデータベースに対する処理要求のことです。クエリによって、必要なデータだけを抽出
したり、不要な列をインポートしないようにしたりするなどの処理を命令できます。ここでは、「[売
上金額] はExcelで計算するのでフィールドをインポートしない」という例で紹介します。

❶ ❸の画面で、[デー
　タの変換] ボタン
　をクリックします。

❷ [Power Query エディター] ウィンドウの [売上金額] フィールドを選択します。

❸ [列の削除] をクリックします。

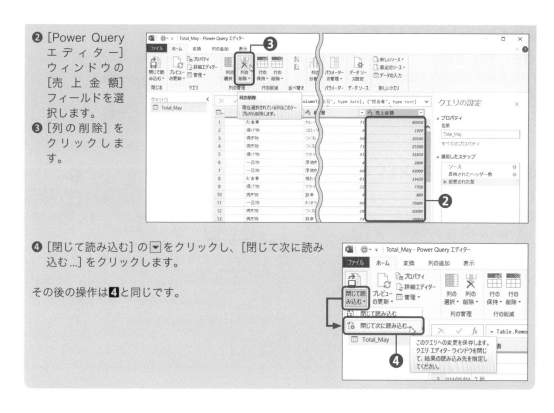

❹ [閉じて読み込む] の▼をクリックし、[閉じて次に読み込む…] をクリックします。

その後の操作は❹と同じです。

学習日チェック

月　日　☐

月　日　☐

月　日　☐

1-1-2
オンラインソースからデータを インポートする

　オンラインソース（インターネット上にある統計資料などの情報）をExcelにインポートできます。

Lesson 02

サンプル Lesson02.xlsx

　セルA2に記載されているURLのデータを、現在のワークシートのセルA4へインポートしましょう。インポートするデータは「Table0」にします。

1 インポートの準備をします。

❶ セルA2を選択し、Ctrl キーを押しなが
　らC キーを押してURLをコピーします。
❷ セルA4を選択します。

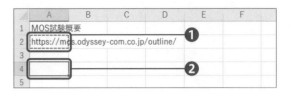

2 インポートのウィンドウを表示します。

❶ [データ] タブをクリックします。
❷ [データ の 取得 と 変換] グ ル ー プ の
　[Webから] をクリックします。

3 URLを指定します。

❶ [Webから] ダイアログボックス
　の [URL] に、Ctrl キーを押しな
　がらV キーを押してURLを貼り
　付けます。
❷ [OK] ボタンをクリックします。

> **Point**
>
> 初めてデータを取り込むWebサイトの場
> 合、[Webコンテンツへのアクセス] が表
> 示されますので、[接続] ボタンをクリック
> します。

④ 使用するデータを指定します。

❶ [ナビゲーター] ウィンドウの [Table0] をクリックします。
❷ [読み込み] の▼を クリックします。
❸ [読み込み先...] を クリックします。

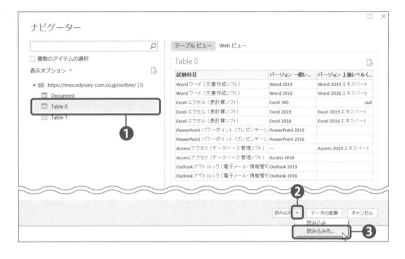

⑤ インポート先を指定します。

❶ [データを返す先を選択してください。] の [既存のワークシート] をクリックします。
❷ 「=$A$4」が設定されていることを確認します。
❸ [OK] ボタンをクリックします。

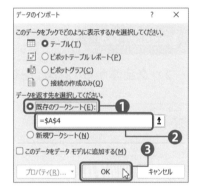

⑥ 結果を確認します。

❶ セルA4にテーブルの形式でインポートされます。
❷ [クエリと接続] 作業ウィンドウを閉じます。

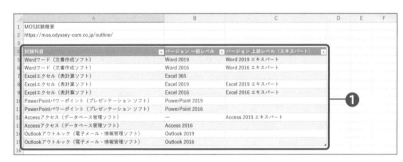

1-2 ブック内を移動する

1-2-1

ブック内のデータを検索する

「検索」を使用すると、目的の文字や数式などを探してアクティブセルを移動することができます。ワークシートだけではなくブック全体から検索したり、大文字/小文字を区別して検索したりできます。

検索は上から下に向かって行われるため、アクティブセルをセルA1に置いてから始めます。

Lesson 03

サンプル Lesson03.xlsx

ブック全体から「豚肉」を検索しましょう。

アクティブセルが移動する

1 [検索] ダイアログボックスを表示します。

❶セルA1を選択します。

❷[ホーム] タブをクリックします。

❸[編集] グループの [検索と選択] をクリックします。

❹[検索] をクリックします。

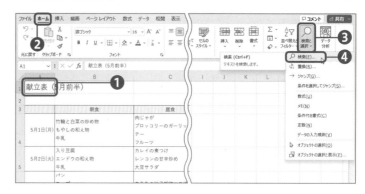

▶ 別の方法

Ctrl キーを押しながら F を押しても、[検索] ダイアログボックスを表示できます。

2 [オプション] を表示します。

❶ [検索] タブの [検索する文字列] に「豚肉」と入力します。

❷ [オプション] ボタンをクリックします。

3 ブック全体から文字を検索します。

❶ [検索場所] の ☑ をクリックし、[ブック] をクリックします。

❷ [次を検索] をクリックします。

❸ 最初に見つかった [前半] シートのセルD5がアクティブになります。

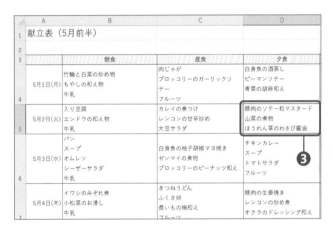

❹ [次を検索] を数回クリックして、アクティブセルが移動することを確認します。対象をブックにしているので、[後半]シートも検索されます。

❺ 最初に見つかった [前半] シートのセルD5が再度アクティブになったら [閉じる] ボタンをクリックします。

「もやし」を検索し、検索されたセルの塗りつぶしを [オレンジ] にしましょう。

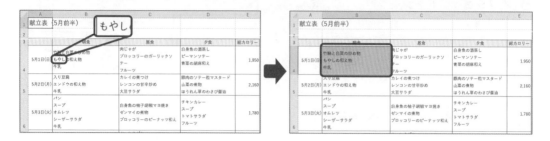

1 文字列を検索します。

❶ Lesson03 ❶ と同様に [検索] ダイアログボックスを表示し、[検索する文字列] に「もやし」と入力します。

❷ [すべて検索] をクリックします。

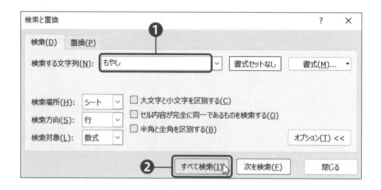

2 検索した文字列を含むセルを選択します。

❶ 検索結果が3件表示されます。最初のセルが選択されているので、Shift キーを押しながら最終行をクリックします。

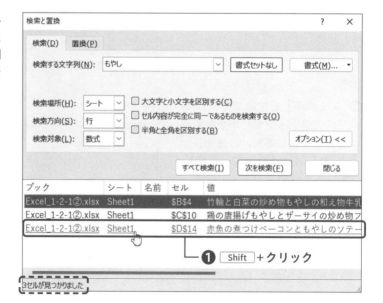

3 塗つぶしを設定します。

❶ [ホーム] タブをクリックします。

❷ [フォント] グループの [塗りつぶしの色] の
　☑をクリックします。

❸ [オレンジ] をクリックします。

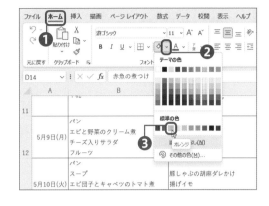

❹ [閉じる] ボタンをクリックします。

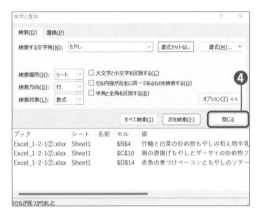

4 結果を確認します。

❶ 「もやし」が入力された3つのセルに塗りつぶしが設定されます。

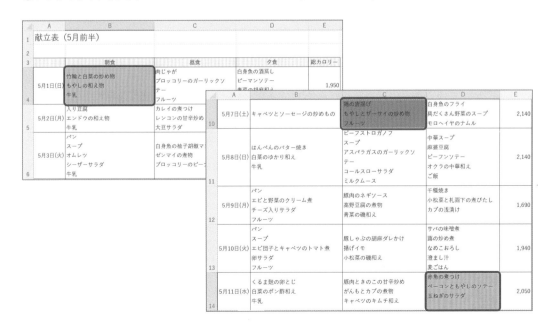

名前付きのセル、セル範囲、ブックの要素へ移動する

「ジャンプ」の機能を使用して、名前が設定されたセルやセル範囲、数式が入力されたセルなどを簡単に選択できます。名前の設定方法は、『2-3 名前付き範囲を定義する、参照する』を参照してください。

Lesson 05

サンプル Lesson05.xlsxx

名前ボックスを使用してセルF12に移動しましょう。その後、定義済みの名前「札幌」の範囲に移動しましょう。

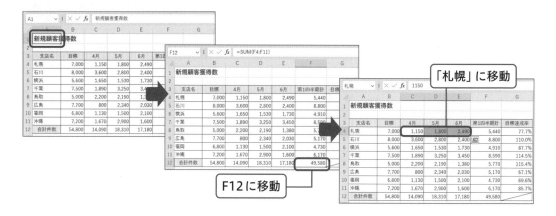

1 名前ボックスを使用してジャンプします。

❶[名前ボックス]に「F12」(F は小文字でも可)と入力し、Enter キーを押します。

❷アクティブセルがF12に移動します。

	A	B	C	D	E	F	G
1	新規顧客獲得数						
2							
3	支店名	目標	4月	5月	6月	第1四半期計	目標達成率
4	札幌	7,000	1,150	1,800	2,490	5,440	77.7%
5	石川	8,000	3,600	2,800	2,400	8,800	110.0%
6	横浜	5,600	1,650	1,530	1,730	4,910	87.7%
7	千葉	7,500	1,890	3,250	3,450	8,590	114.5%
8	鳥取	5,000	2,200	2,190	1,380	5,770	115.4%
9	広島	7,700	800	2,340	2,030	5,170	67.1%
10	福岡	6,800	1,130	1,500	2,100	4,730	69.6%
11	沖縄	7,200	1,670	2,900	1,600	6,170	85.7%
12	合計件数	54,800	14,090	18,310	17,180	49,580	

名前ボックス: F12　=SUM(F4:F11)

2 名前付き範囲へ移動します。

❶ [名前ボックス] の ☑ をク
リックします。

❷ [札幌] をクリックします。

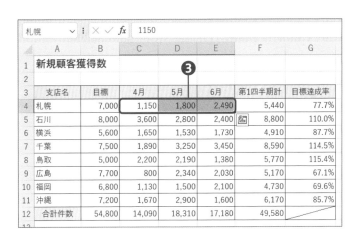

❸ 名前が定義された範囲に移
動します。

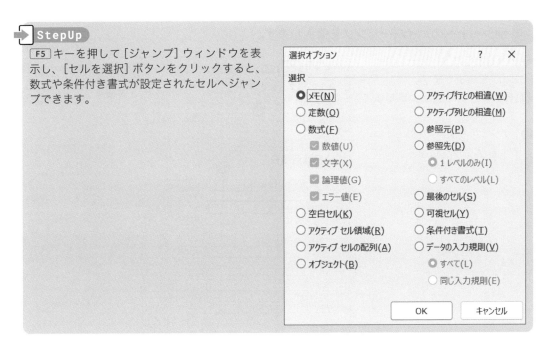

▶ StepUp

F5 キーを押して [ジャンプ] ウィンドウを表
示し、[セルを選択] ボタンをクリックすると、
数式や条件付き書式が設定されたセルへジャン
プできます。

選択オプション

選択

- ◉ メモ(N)
- ○ 定数(O)
- ○ 数式(F)
  - ☑ 数値(U)
  - ☑ 文字(X)
  - ☑ 論理値(G)
  - ☑ エラー値(E)
- ○ 空白セル(K)
- ○ アクティブ セル領域(R)
- ○ アクティブ セルの配列(A)
- ○ オブジェクト(B)

- ○ アクティブ行との相違(W)
- ○ アクティブ列との相違(M)
- ○ 参照元(P)
- ○ 参照先(D)
  - ◉ 1 レベルのみ(I)
  - ○ すべてのレベル(L)
- ○ 最後のセル(S)
- ○ 可視セル(Y)
- ○ 条件付き書式(T)
- ○ データの入力規則(V)
  - ◉ すべて(L)
  - ○ 同じ入力規則(E)

[OK] [キャンセル]

ハイパーリンクを挿入する、削除する

「ハイパーリンク」は、クリックするだけでWebページや他のファイル、同じブックの別の場所などにジャンプする機能です。

Lesson 06

サンプル Lesson06.xlsx

[今日は何の日] シートで次のハイパーリンクを挿入しましょう。
・セルB5：[通天閣] シートのセルF7へのハイパーリンク
・セルB22：「https://www.nasa.gov/」へのハイパーリンク

1 別シートへのハイパーリンクを挿入します。

❶ [今日は何の日] シートのセル B5を選択します。

❷ [挿入] タブをクリックします。

❸ [リンク] グループの [リンク] をクリックします。

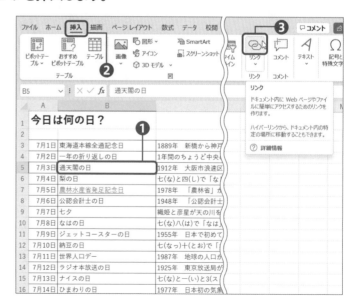

❹ [リンク先] の [このドキュメント内] をクリックします。

❺ [またはドキュメント内の場所を選択してください] の [通天閣] をクリックします。

❻ [セル参照を入力してください] に「F7」(Fは小文字でも可) と入力します。

❼ [OK] ボタンをクリックします。

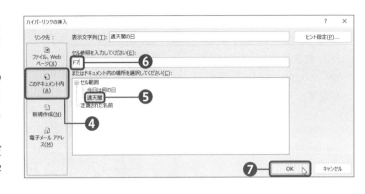

2 Webページへのハイパーリンクを挿入します。

❶ [今日は何の日] シートのセルB22を選択し、**1**と同様に [ハイパーリンクの挿入] ダイアログボックスを表示します。

❷ [リンク先] の [ファイル、Webページ] をクリックします。

❸ [アドレス] に「https://www.nasa.gov/」と入力します。

❹ [OK] ボタンをクリックします。

3 結果を確認します。

❶ [今日は何の日] シートのセルB5をポイントすると、マウスポインターが 👆 の形状になり、クリックすると、[通天閣] シートのセルF7へジャンプします。

❷同様に［今日は何の日］
シートのセルB22をク
リックすると、「https://
www.nasa.gov/」を表示
します。

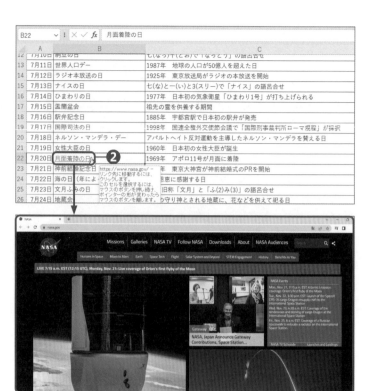

Lesson 07

サンプル Lesson07.xlsx

次のハイパーリンクを編集しましょう。
・セルB7：ハイパーリンクの削除
・セルB22：ポイントすると「NASAのHPへ」と表示

1 ハイパーリンクを削除します。

❶ セルB7の白い部分を、マウスポインターが⬚の形状でクリックします。

❷ [挿入] タブをクリックします。

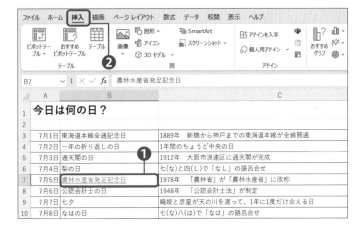

❸ [リンク] グループの [リンク] をクリックします。

❹ [リンクの解除] をクリックします。

別の方法

❶の画面でセルB7を右クリックし、[ハイパーリンクの削除] をクリックしてもハイパーリンクを削除できます。

2 リンクをポイントしたときのヒント表示を設定します。

❶ セルB22で❶と同様に [ハイパーリンクの挿入] ダイアログボックスを表示します。

❷ [ヒント設定] をクリックします。

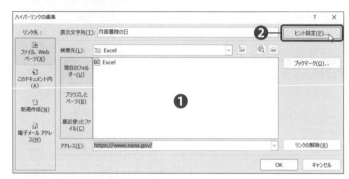

❸ 「NASAのHPへ」と入力します。

❹ [OK] ボタンをクリックします。

❺ [OK] ボタンをクリックします。

3 結果を確認します。

❶ セルB7のハイパーリンクが削除されています。

❷ セルB22をポイントすると「NASAのHPへ」と表示されます。

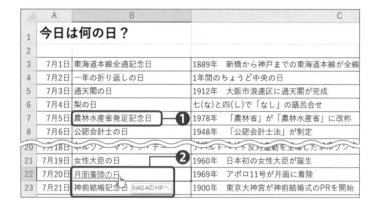

1-3 ワークシートやブックの書式を設定する

1-3-1

ページ設定を変更する

学習日チェック

月　日 ☐

月　日 ☐

月　日 ☐

「ページ設定」とは、印刷する際の用紙サイズや余白などの設定のことです。

Excelは標準の状態では印刷を意識しないで作成することが多いため、実際に印刷する前には必ず印刷プレビューを確認し、必要に応じてページ設定を行います。

Lesson 08

サンプル　Lesson08.xlsx

次のページ設定をし、印刷プレビューで確認しましょう。

・**用紙サイズ：A4**

・**印刷の向き：横**

・**余白：上下左右すべて1.5cm、左右中央に配置**

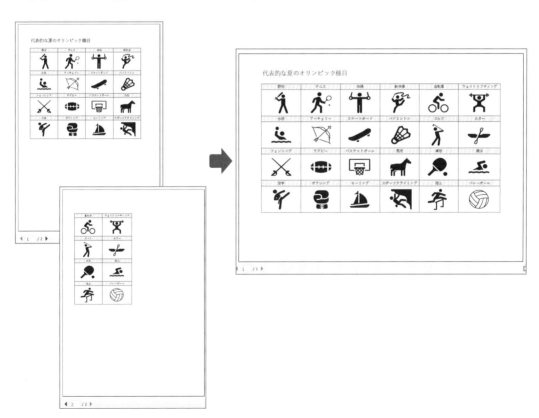

1 用紙サイズをA4にします。

❶ [ページレイアウト] タブをクリックします。

❷ [ページ設定] グループの [ページサイズの選択] (サイズ) をクリックします。

❸ [A4] をクリックします。

2 印刷の向きを横にします。

❶ [ページ設定] グループの [ページの向きを変更] (印刷の向き) をクリックします。

❷ [横] をクリックします。

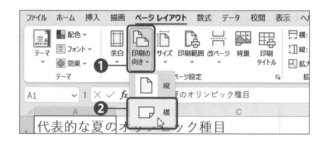

3 余白と配置を変更します。

❶ [ページ設定] グループの [余白の調整] (余白) をクリックします。

❷ [ユーザー設定の余白] をクリックします。

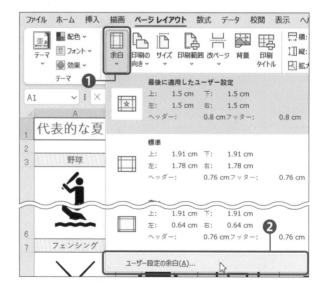

❸上下左右すべてに「1.5」を設定します。
❹[ページ中央] の [水平] にチェックを入れます。
❺[OK] ボタンをクリックします。

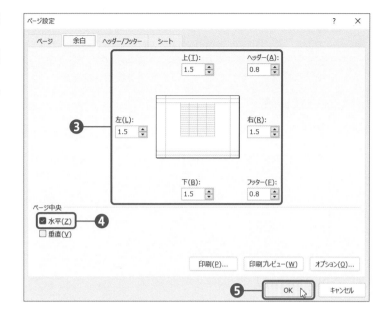

4 印刷プレビューで確認します。

❶[ファイル] タブをクリックします。

❷[印刷] をクリックします。
❸A4横の中央に配置されます。

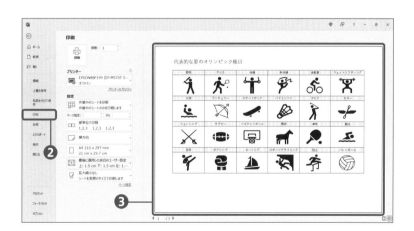

StepUp

最初から [ページ設定] ダイアログボックスを使用して、まとめて設定することもできます。
[ページ設定] グループのダイアログボックス起動ツール 🔽 (ページ設定) をクリックし、表示される [ページ設定] ダイアログボックスの各タブで設定します。

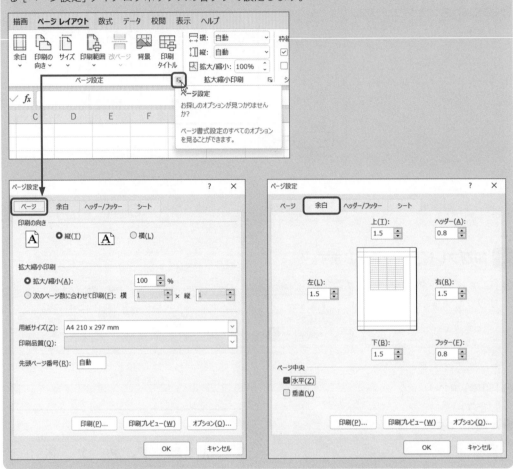

1-3-2

行の高さや列の幅を調整する

　文字サイズを変更すると、行の高さは自動的に調整されたり、入力したデータに応じて多少であれば列幅も広がったりしますが、後から自由に列幅と行の高さを変更できます。

Lesson 09

サンプル Lesson09.xlsx

次のように列幅と行の高さを変更しましょう。

・A列：自動調整

・B列：20

・4～8行：90

1 A列の列幅を自動調整ます。

❶ 列番号のAとBの境界にマウス
ポインターを合わせます。
❷ マウスポインターが ⊞ の形状で
ダブルクリックします。

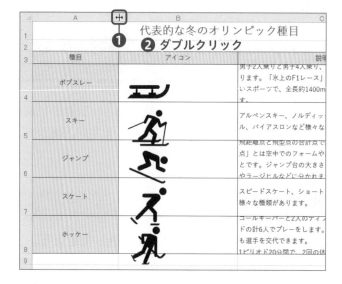

2 B列の列幅を「20」にします。

❶ 列番号のBを右クリックします。
❷ [列の幅] をクリックします。

❸ 「20」と入力します。
❹ [OK] ボタンをクリックします。

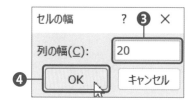

66

3 4行目〜8行目を「90」にします。

❶行番号の4〜8をドラッグして選択し、右クリックします。

❷[行の高さ]をクリックします。

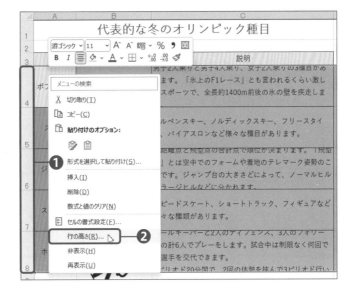

❸「90」と入力します。

❹[OK]ボタンをクリックします。

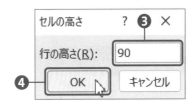

4 結果を確認します。

❶A列とB列の列幅、4行目〜8行目の行の高さがそれぞれ変更されます。

列幅と行の高さは、サイズを確認しながら境界線をドラッグしても変更できます。しかし、試験では具体的な数値を指定されることが多いため、ドラッグではなく、Lessonで実習した方法で操作しましょう。

1-3-3

ヘッダーやフッターをカスタマイズする

「ヘッダー」は用紙上部の余白、「フッター」は下部の余白の領域のことで、それぞれにファイル名や日付、ページ番号などを挿入できます。

Lesson 10

サンプル Lesson10.xlsx

次のヘッダー/フッターを挿入しましょう。

・ヘッダー左側：5月ランチ

・ヘッダー右側：自動的に更新される今日の日付

・フッター中央：現在のページ番号/総ページ数（「/」は半角）

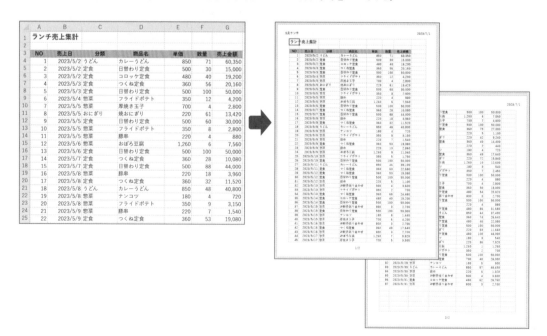

❶ ヘッダーを表示します。

❶ [挿入] タブをク
　リックします。
❷ [テキスト] グ
　ループをクリッ
　クします。
❸ [ヘッダーと
　フッター] をク
　リックします。

❹ [ページレイアウト] 表示に切
　り替わり、[ヘッダーとフッ
　ター] タブが表示されます。
　カーソルはヘッダー中央に移
　動します。

 Point

表示の変更の詳細は、『1-4-2
シートを異なるビューで表示す
る、変更する』を参照してくださ
い。

❷ ヘッダーの左側に文字を挿入します。

❶ ヘッダー左側領域をクリック
　し、「5月ランチ」と入力しま
　す。

❸ ヘッダーの右側に文字を挿入します。

❶ ヘッダー右側領域をクリック
　します。
❷ [ヘッダーとフッター] タブを
　クリックします。
❸ [ヘッダー/フッター要素] グ
　ループの [現在の日付] をク
　リックします。
❹ 「&[日付]」と表示されます。

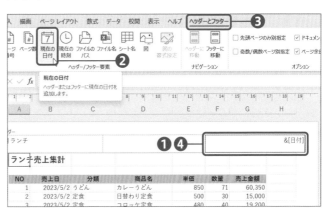

ワークシートやブックの管理

4 フッター領域に移動します。

❶ [ナビゲーション] グループの
[フッターに移動] をクリック
します。

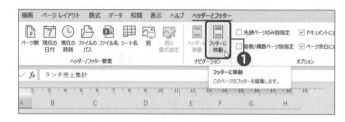

5 フッター中央にページ番号を挿入します。

❶ フッター中央領域をクリック
します。
❷ [ヘッダー/フッター要素] グ
ループの [ページ番号] をク
リックします。
❸ 「/」を入力します。
❹ [ヘッダー/フッター要素] グ
ループの [ページ数] をクリッ
クします。
❺ 「& [ページ番号] /& [総ペー
ジ数]」と表示されます。

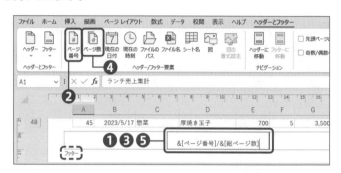

6 結果を確認します。

❶ ヘッダー/フッター以外
の部分をクリックしま
す。
❷ ヘッダーとフッターが確
定され、「&日付」は現在
の日付に、「& [ページ番
号] /& [総ページ数]」は
「1/2」の形式で、すべて
のページに表示されます。

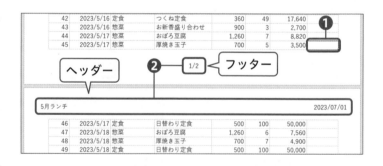

✋ **Point**
画面表示を元に戻す方法は『1-4-2 シートを異なるビューで表示する、変更する』を参照してください。

1-4 オプションと表示をカスタマイズする

1-4-1

学習日チェック

月	日	
月	日	
月	日	

クイックアクセスツールバーを管理する

「クイックアクセスツールバー」には、よく使う機能をボタンとして登録することができます。リボンのタブを切り替えたり、機能を探す手間を省いたりできるので、いつもの作業を効率よく行えます。

Lesson 11

サンプル Lesson11.xlsx

クイックアクセスツールバーの表示と非表示の切り替え方法を確認し、リボンの上に表示させましょう。

1 クイックアクセスツールバーの表示/非表示の操作を確認します。

❶ [リボンの表示オプション] を
クリックします。
❷ 表示されている場合は [クイックアクセスツールバーを非表示にする] をクリックすると非表示になり、非表示の場合は [クイックアクセスツールバーを表示する] をクリックすると表示されます。ここでは表示します。

2 リボンの上に表示します。

❶ クイックアクセスツールバーの □ をクリックします。
❷ [リボンの上に表示] をクリックします。

> **Point**
>
> クイックアクセスツールバーがリボンの上にすでに表示され
> ている場合、この手順は不要です。

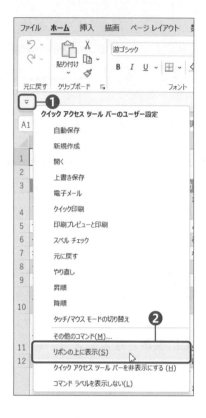

3 結果を確認します。

❶ リボンの上に [クイックアクセスツール
バー] が表示されます。

Lesson 12

サンプル Lesson12.xlsx

クイックアクセスツールバーに [印刷プレビューと印刷] と [=挿入] を追加しま
しょう。

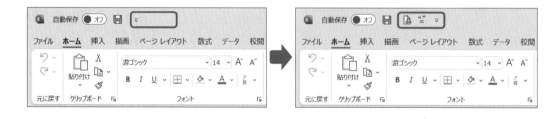

1 [印刷プレビューと印刷] を追加します。

❶ [クイックアクセスツールバーのユー
ザー設定] をクリックします。
❷ [印刷プレビューと印刷] をクリックし
ます。

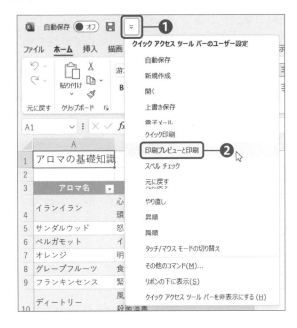

2 [クイックアクセスツールバー] の一覧を表示します。

❶ [クイックアクセスツールバーのユー
ザー設定] をクリックします。
❷ [その他のコマンド] をクリックしま
す。

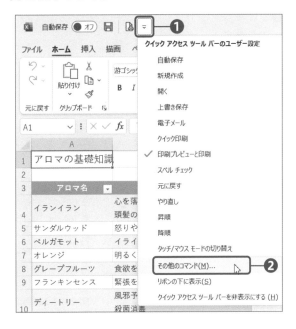

3 [すべてのコマンド] から [=挿入] を追加します。

❶ [コマンドの選択] を [すべてのコマンド] に変更します。

❷ 一覧から [=挿入] をクリックします。

❸ [追加] ボタンをクリックします。

❹ [OK] ボタンをクリックします。

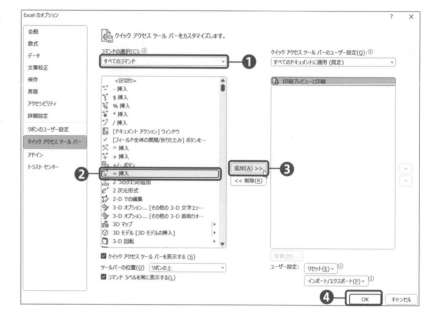

4 結果を確認します。

❶ クイックアクセスツールバーに2つのボタンが追加されます。

➡ StepUp

クイックアクセスツールバーに追加したコマンドはExcelを起動中はいつも表示されますが、特定のファイルを開いたときだけ表示させるように設定できます。

上記 3 の❸で [追加] ボタンをクリックする前に、[クイックアクセスツールバーのユーザー設定] の ▽ をクリックし、[○○ (現在開いているファイル名) に適用] を選択しておきます。

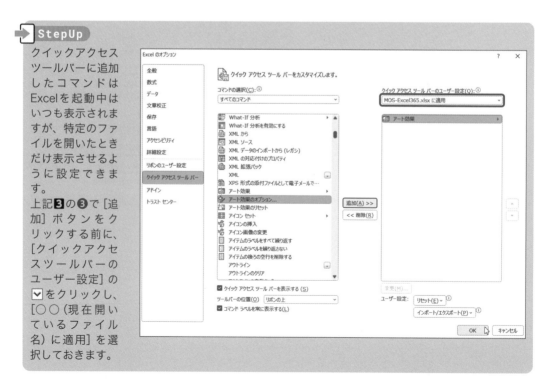

▶ StepUp
クイックアクセスツールバーに登録したボタンを削除するには、削除したいボタンを右クリックし、
[クイックアクセスツールバーから削除] をクリックします。本書ではこの後、クイックアクセスツー
ルバーを非表示の状態で進めます。

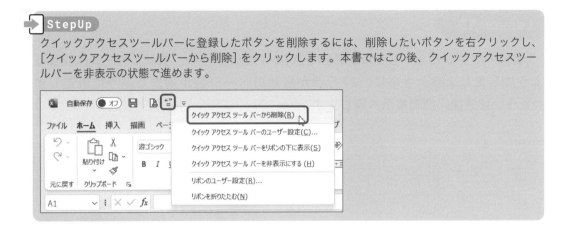

1-4-2

シートを異なるビューで表示する、変更する

学習日チェック
月　日
月　日
月　日

　Excelの画面表示には通常の [標準] 表示のほか、[ページレイアウト] 表示と [改ページプレビュー] 表示があり、目的に合わせて変更できます。

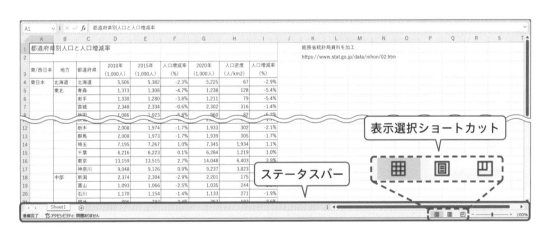

ステータスバーの表示と名称		特徴
⊞	標準	標準の表示です。用紙サイズなどを意識せず操作できます。
▣	ページレイアウト	ヘッダー/フッター、余白などを確認しながら操作できます。
⊔	改ページプレビュー	印刷する範囲が太い青線で囲まれ、ページの区切りは青い点線で、印刷しない範囲はグレーで表示されます。青線をドラッグすると印刷範囲やページ区切りを変更できます。

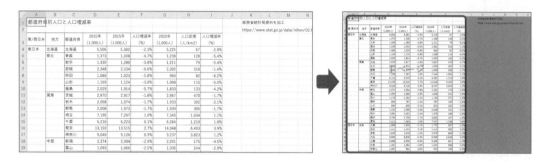
[改ページプレビュー] で印刷範囲をA1〜I50に設定し、横は1ページに収まるようにしましょう。さらに、27行目から次のページ目が始まるように設定しましょう。設定後、標準表示へ戻します。

1 表示を切り替えます。

❶ 表示選択ショートカットの [改ページプレビュー] をクリックします。

2 表示を確認します。

❶ 改ページプレビュー表示になり、背景に「1ページ」「2ページ」「3ページ」… が表示されます。全体が見やすいように、画面も縮小されます。

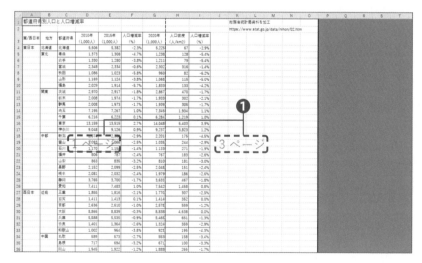

別の方法

[表示] タブの [ブックの表示] グループの [改ページプレビュー] をクリックしても [改ページプレビュー] 表示に切り替えられます。[標準] 表示、[ページレイアウト] 表示に切り替える場合も同様です。

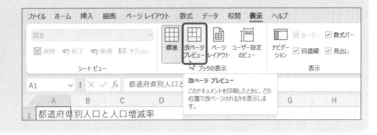

3 印刷範囲を設定します。

❶ 外枠の太い青線をポイントし、マウスポインターが ⟷ の形状で I列とJ列の境界までドラッグします。

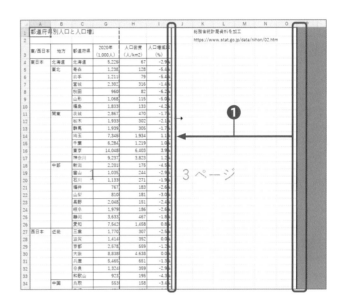

4 改ページ位置を変更します。

❶ 青い点線の縦線をポイントし、マウスポインターが ⟷ の形状で I列とJ列の境界までドラッグします。

❷ 同様に、青い点線の横線をポイントし、マウスポインターが ↕ の形状で26行目と27行目の境界までドラッグします。

❷ 青い枠線の横線をドラッグ

5 結果を確認します。

❶ J列以降が印刷範囲から外れ、横1ページに収まり、西日本のデータから次のページに配置されます。
実際にシートを印刷すると、横を1ページに収めるため85%に縮小されます。

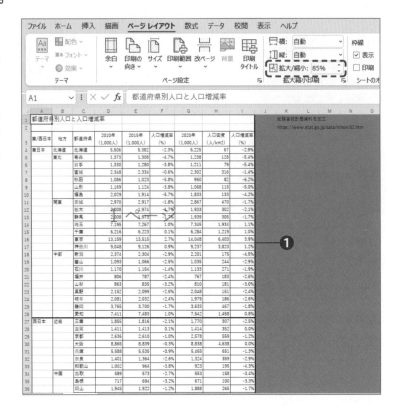

6 表示を標準に戻します。

❶ 表示選択ショートカットの [標準] をクリックします。

Lesson 14 サンプル Lesson14.xlsx

ワークシートの表示を [ページレイアウト] へ変更し、入力済みのヘッダーのフォントの色を「緑」、フォントサイズを14ポイントへ変更しましょう。

78

1 表示を切り替えます。

❶ 表示選択ショートカットの [ページレイア
ウト] をクリックします。

2 フォントを変更します。

❶ ヘッダーの「2023
年上期集計」を選択
します。
❷ [ホーム] タブをク
リックします。
❸ [フォント] グルー
プの [フォントの
色] の ☑ をクリッ
クします。
❹ [緑] をクリックし
ます。

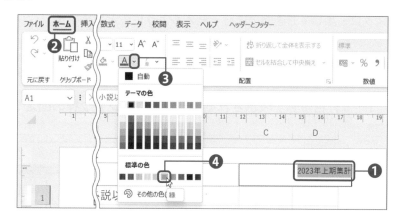

❺ [フォント] グループの [フォ
ントサイズ] の ☑ をクリック
します。
❻ [14] をクリックします。

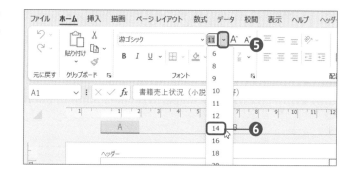

3 ヘッダーを確定します。

❶ ヘッダー/フッター領域以外
の、ワークシート上の任意の
セルをクリックします。

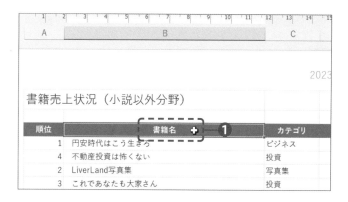

ワークシートの行や列を固定する

縦や横に長い表をスクロールすると、項目名が見えなくなります。行や列を固定して、スクロールしても画面上に必ず見えるように設定できます。

Lesson 15

サンプル Lesson15.xlsx

1〜3行目が必ず表示されるように、ウィンドウ枠の固定をしましょう。

スクロールすると項目名が見えない

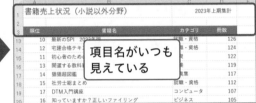

項目名がいつも見えている

1 ウィンドウ枠の固定をします。

❶ 行番号の4をクリックします。

❷[表示] タブをクリックします。

❸[ウィンドウ] グループの [ウィンドウ枠の固定] をクリックします。

❹[ウィンドウ枠の固定] をクリックします。

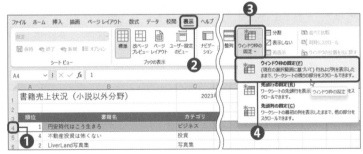

2 結果を確認します。

❶ 下にスクロールしても、3行目までが固定して表示されます。

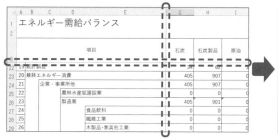
StepUp

ウィンドウ枠の固定は3種類あります。
行を選択した場合はその上の行まで、列を選択した場合はその左の列まで、セルを選択した場合はそのセルの上の行と左の列までが固定されます。

	選択する場所	例
行の固定	固定する行の下	3行目まで固定する場合、4行目を選択
列の固定	固定する列の右	C列まで固定する場合、D列を選択
行と列の固定	固定する行と列の右下	3行目までとC列を固定する場合、セルD4を選択

Lesson 16

サンプル Lesson16.xlsx

ウィンドウ枠の固定の解除をしましょう。

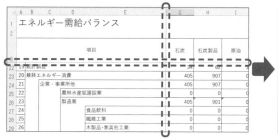

1 ウィンドウ枠の固定を確認します。

❶ 下にスクロールすると、3行目まで固定されています。

❷ 右にスクロールするとE列までが固定されています。

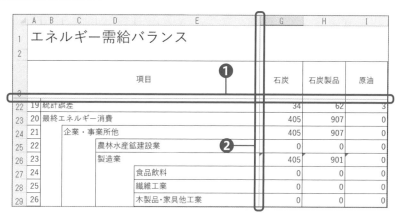

2 ウィンドウ枠の固定を解除します。

❶ [表示] タブをク
リックします。
❷ [ウィンドウ] グ
ループの [ウィン
ドウ枠の固定] を
クリックします。
❸ [ウィンドウ枠固
定の解除] をク
リックします。

	石炭	石炭製品	原油	石油製品	天然ガス	都市ガス	再生可能エネルギー（水力を除く）	（揚水を除く）	エネルギー	発電
	4,872	-25	6,632	469	4,282	0	1,116	673	569	5
	4,873	21	6,617	1,820	4,283	0	1,116	673	569	5
	19	0	19	0	97	0	1,043	673	569	5
	4,854	21	6,598	1,820	4,185	0	73	0	0	
	-0	-46	0	-1,311	0	0	-0			

3 結果を確認します。

❶ スクロールする
と、項目名が見
えなくなりま
す。

	F	G	H	I	J	K	L	M
19	106	0	0	0	98	172	-165	-0
20	-801	-7	-120	-2	-254	-12	-31	-7
21	37	20	3	9	4	2	0	-2
22	346	34	62	3	212	20	73	4
23	12,942	405	907	0	6,169	59	1,070	11
24	8,118	405	907	0	2,730	59	662	5
25	335	0	0	0	291	5	3	0
26	5,634	405	901	0	1,912	54	257	0
27	260	0	0	0	23	0	29	0

ウィンドウの表示を変更する

　大きな表を扱う際、ウィンドウを分割すると、同じシートの離れた部分を同時に表示できます。

　また、同じブックの別シートを参照しながら作業したい場合には、同じファイルを別ウィンドウに表示して並べて表示できます。

Lesson 17

サンプル Lesson17.xlsx

10行目の上で分割し、上のウィンドウは9月の合計、下のウィンドウは10月の合計が見えるようにしましょう。

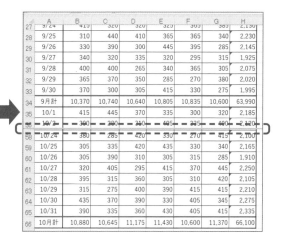

1 ウィンドウを分割します。

❶ 行番号の「10」を
クリックします。

❷ [表示] タブをク
リックします。

❸ [ウィンドウ] グ
ループの [分割] を
クリックします。

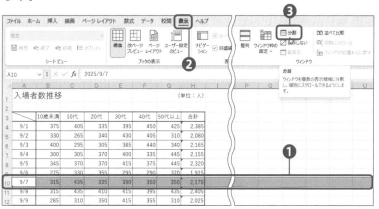

2 それぞれのウィンドウでスクロールします。

❶ 上のウィンドウをスクロールし、
9月の合計を表示します。
❷ 下のウィンドウをスクロールし、
10月の合計を表示します。

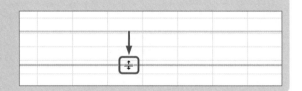

	A	B	C	D	E	F	G	H
27	9/24	415	320	320	325	365	385	2,150
28	9/25	310	440	410	365	365	340	2,230
29	9/26	330	390	300	445	395	285	2,145
30	9/27	340	320	335	320	295	315	1,925
31	9/28	400	400	265	340	365	305	2,075
32	9/29	365	370	350	285	270	380	2,020
33	9/30	370	300	305	415	330	275	1,995
34	9月計	10,370	10,740	10,640	10,			
35	10/1	415	445	370	355		320	2,165
36	10/2	390	280	310	405	335	400	2,120
58	10/24	380	285	420	330	270	415	2,100
59	10/25	305	335	420	435	330	340	2,165
60	10/26	305	390	310	305	315	285	1,910
61	10/27	320	405	295	415	370	445	2,250
62	10/28	395	315	360	305	310	420	2,105
63	10/29	315	275	400	390	415	415	2,210
64	10/30	435	370	390	330	405	345	2,275
65	10/31	390	335	360	430	405	415	2,335
66	10月計	10,880	10,645	11,175	11,430	10,600	11,370	66,100

9行分で分割される

StepUp
分割線をドラッグすると、分割する部分を
移動できます。再度[ウィンドウ]グルー
プの[分割]をクリックすると、ウィンド
ウの分割を解除できます。

StepUp
行を選択した場合はその上の行で、列を選択した場合はその列の左まで、セルを選択した場合はその
セルの上の行と左の列で分割されます。

Lesson 18

サンプル Lesson18.xlsx

[9月] シートと [10月] シートを左右に並べて表示しましょう。

1 新しいウィンドウを開きます。

❶ [表示] タブをクリック
します。
❷ [ウィンドウ] グループ
の [新しいウィンドウを
開く] をクリックしま
す。

2 並べて表示します。

❶ [表示] タブをクリックします。
❷ [ウィンドウ] グループの [整列] をクリックします。

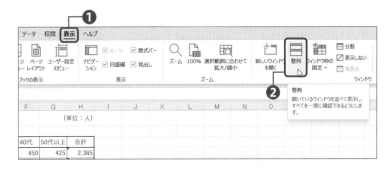

❸ [左右に並べて表示] をオンにします。
❹ [OK] ボタンをクリックします。

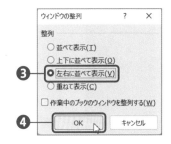

❺ 左右いずれかのウィンドウで [10月] シートを表示します。

▶ StepUp
複数の Excel ファイルが開いているときに、作業中のファイルだけ並べたい場合は、[作業中のブックのウィンドウを整列する] にチェックを入れます。

3 結果を確認します。

❶ 同じブックの異なるワークシートが並んで表示されます。タイトルバーには [ファイル名-1] [ファイル名-2] が表示されます。

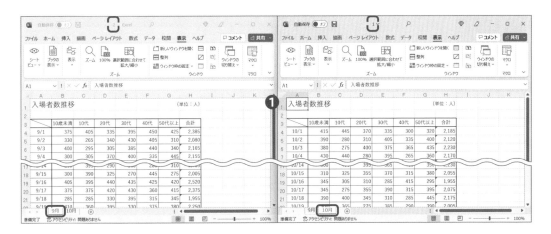

並べて表示には次の種類があります。このLessonでは同じブックの別シートを並べましたが、別の
ブックを並べることもできます。

並べて表示	表示しているウィンドウをタイル状に配置します。ウィンドウ数が奇数の場合は、アクティブウィンドウが左側に大きく表示されます。	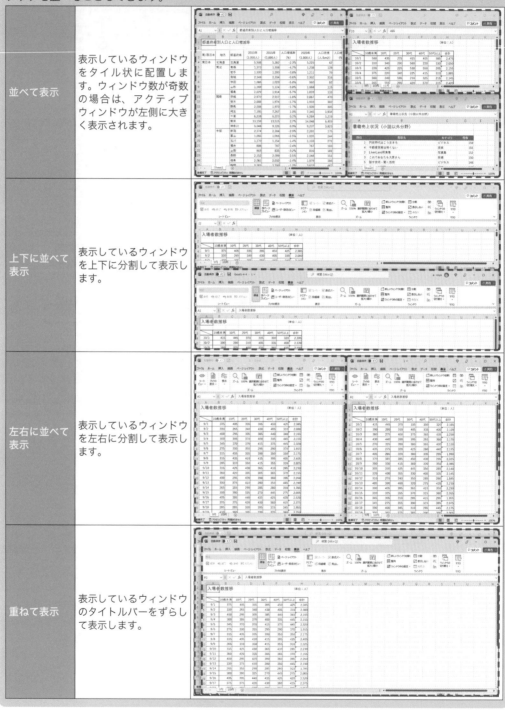
上下に並べて表示	表示しているウィンドウを上下に分割して表示します。	
左右に並べて表示	表示しているウィンドウを左右に分割して表示します。	
重ねて表示	表示しているウィンドウのタイトルバーをずらして表示します。	

1-4-5

ブックの組み込みプロパティを変更する

　[プロパティ] とは、そのブックが持つ特有の属性のことです。ファイルを保存した日時やサイズなどのように自動的に保存されるプロパティと、「会社名」や「キーワード」のように自由に設定できるプロパティがあります。

Lesson 19

サンプル　Lesson19.xlsx

ブックに次のプロパティを設定しましょう。設定後元の画面に戻ります。
- **・タイトル：札幌市制**
- **・キーワード：100周年記念**

1 **プロパティを表示します。**

❶ [ファイル] タブをクリックします。

❷ [情報] をクリックします。
❸ [プロパティ] をクリックします。
❹ [詳細プロパティ] をクリックします。

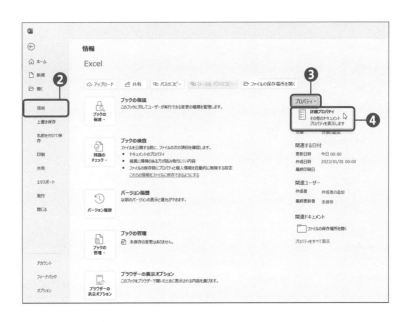

2 プロパティを入力します。

❶[タイトル]に「札幌市制」と入力します。
❷[キーワード]に「100周年記念」と入力します。
❸[OK]ボタンをクリックします。

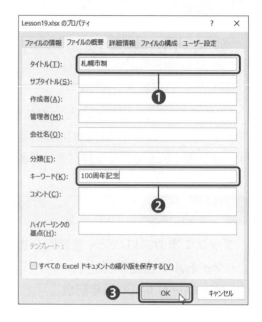

3 元の画面に戻ります。

❶設定したプロパティが表示されます。
❷ Esc キーを押すか、◉をクリックします。

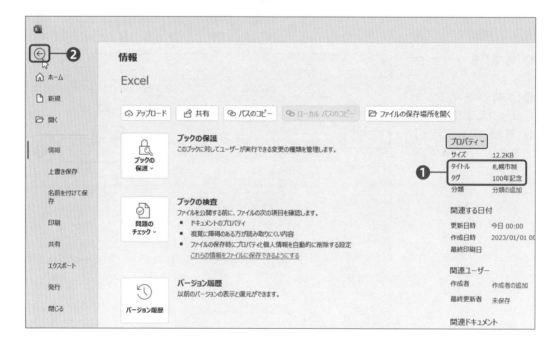

 Point

❷の[キーワード]に入力したデータは[タグ]に表示されます。

1-4-6

学習日チェック

月　日 ☑

月　日 ☑

月　日 ☑

1

ワークシートやブックの管理

数式を表示する

　数式を挿入すると、セルには数式の結果が表示されるので、通常、数式バーを見ないと数式は確認できません。[数式の表示]を使用すると、ワークシートの数式がすべてセルに表示できるので、複数の数式を一度に確認したり、数式を印刷したりできます。

Lesson 20

サンプル Lesson20.xlsx

数式を表示しましょう。

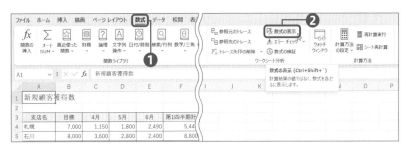

1 数式を表示します。

❶ [数式] タブをクリックします。
❷ [ワークシート分析] グループの [数式の表示] をクリックします。

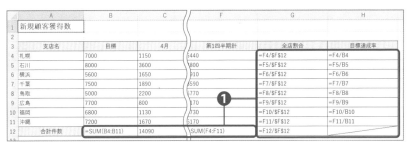

2 結果を確認します。

❶ すべての数式がセル内に表示されます。

Point

再度 [数式の表示] をクリックすると、数式が非表示になります。

共同作業と配布のためにブックを準備する

1-5-1

印刷範囲を設定する

『1-4-2 シートを異なるビューで表示する、変更する』では、改ページプレビューを使用して印刷範囲を設定する方法を実習しましたが、標準表示のままでも、印刷範囲を設定/解除したり、任意の位置で改ページしたり、1ページに収まるように自動的に縮小したりできます。

Lesson 21

サンプル Lesson21.xlsx

セルA1～E51を印刷範囲に設定し、縦1ページに収まるようにしましょう。

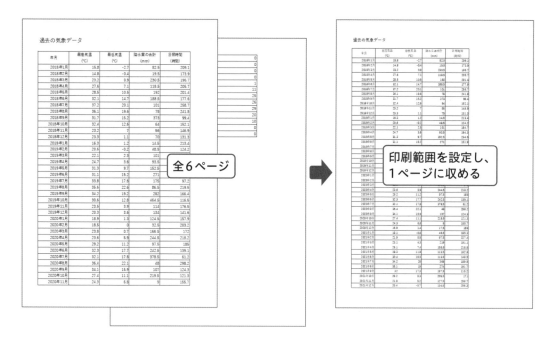

全6ページ

印刷範囲を設定し、
1ページに収める

1 印刷範囲を設定します。

❶ セルA1～E51を選択します。
❷ [ページレイアウト] タブをクリックします。
❸ [ページ設定] グループの [印刷範囲] をクリックします。
❹ [印刷範囲の設定] をクリックします。

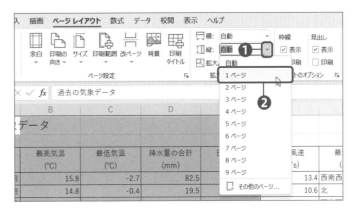

2 縦を1ページに収まるようにします。

❶ [拡大縮小印刷] グループの [縦] の ☑ をクリックします。
❷ [1ページ] をクリックします。

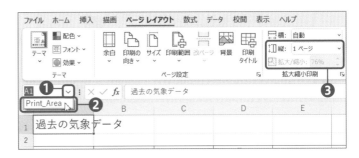

3 結果を確認します。

❶ 範囲選択を解除して、[名前ボックス] の ☑ をクリックします。
❷ [Print_Area] が作成されています。[Print_Area] をクリックすると、設定した印刷範囲が選択されます。
❸ [拡大縮小印刷] グループの
[拡大/縮小] ボックスで縮小された%が表示されます (この例では「76%」ですが、環境によって異なります)。

❹ [ファイル] タブをク
リックして [印刷] をク
リックすると、1ページ
に収まっていることが
確認できます。

❹

◀ 1 / 1 ▶

Lesson 22

サンプル Lesson22.xlsx

2020年1月のデータ（28行目）から次のページに印刷されるように改ページを挿
入しましょう。

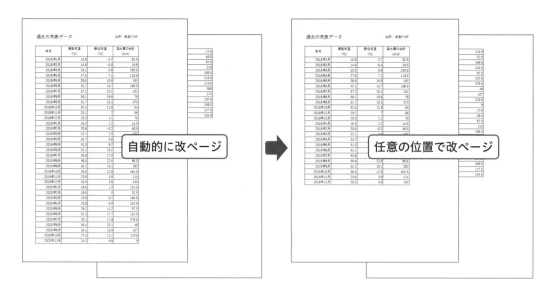

自動的に改ページ

任意の位置で改ページ

1 改ページ位置を設定します。

❶ 行番号の28をク
リックします。

❷ [ページレイアウ
ト] タブをクリック
します。

❸ [ページ設定] グ
ループの [改ペー
ジ] をクリックしま
す。

❹ [改ページの挿入]
をクリックします。

	A	B	C	D
16	2019年1月	16.3	1.2	14.5
17	2019年2月	20.6	-0.2	48.5
18	2019年3月	22.1	2.3	101
19	2019年4月	24.7	3.6	93.5
20	2019年5月	31.3	9.7	152.5
21	2019年6月	31.1	15.2	271
22	2019年7月	33.8	17.8	175
23	2019年8月	35.6	22.6	86.5
24	2019年9月	34.2	19.2	282
25	2019年10月	30.6	12.8	464.5
26	2019年11月	23.5	3.9	114
27	2019年12月	20.3	3.6	134
28 ❶	2020年1月	18.9	1.3	124.5
29	2020年2月	18.5	0	32.5
30	2020年3月	23.8	0.7	166.5

2 結果を確認します。

❶ 改ページを挿入し
た27行目と28行
目の間に細線が表
示されます。
F列とG列に間には
点線が表示されま
す。これは、ここ
で自動的に改ペー
ジされることを示
しています。

	A	B	C	D	E	F	G
14	2018年11月	23.2	7	30			
15	2018年12月	23.3	1.1	70			
16	2019年1月	16.3	1.2	14.5			
17	2019年2月	20.6	-0.2	48.5			
18	2019年3月	22.1	2.3	101			
19	2019年4月	24.7	3.6	93.5			
20	2019年5月	31.3	9.7	152.5			
21	2019年6月	31.1	15.2	271			
22	2019年7月	33.8	17.8	175			
23	2019年8月	35.6	22.6	86.5			
24	2019年9月	34.2	19.2	282			
25	2019年10月	30.6	12.8	464.5			
26	2019年11月	23.5	3.9	114			
27	2019年12月	20.3	3.6	134			❶
28	2020年1月	18.9	1.3	124.5			

別のファイル形式でブックを保存する、エクスポートする

Excelで作成したデータを、PDFやテキストファイルなどExcel以外のファイル形式で保存することを「エクスポート」といいます。「Excelで作成した請求書を取引先にPDFで渡す」のように、データの受け渡しなどに使われます。

Lesson 23

サンプル Lesson23.xlsx

ワークシートを［ドキュメント］フォルダーに「自販機販売報告」というファイル名で、PDF形式で保存しましょう。保存後にPDFを開きます。

1 保存ファイル形式をPDF形式に変更します。

❶［ファイル］タブをクリックします。

❷［エクスポート］をクリックします。

❸［PDF/XPSドキュメントの作成］をクリックします。

❹［PDF/XPSの作成］をクリックします。

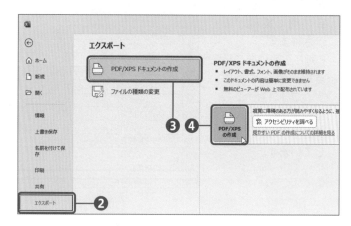

2 保存します。

❶ 保存先を指定します。ここで は [ドキュメント] フォル ダーを選択します。

❷ ファイル名に「自販機販売報 告」と入力します。

❸ [ファイルの種類] を [PDF] にします。

❹ [発行後にファイルを開く] にチェックを入れます。

❺ [発行] ボタンをクリックし ます。

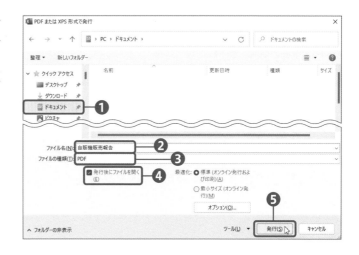

3 結果を確認します。

❶ 保存と同時に PDF ファイル が開きます。 PDF ファイル を開くアプリ ケーションは 環境によって 異なります。

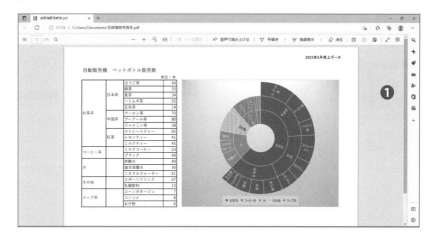

別の方法

PDF 形式での保存は次の方法 でも行えます。

❶❶の画面で F12 キーを押し て [名前を付けて保存] ダイア ログボックスを表示します。 保存先とファイル名を指定し、 ファイルの種類を [PDF] に変 更します。

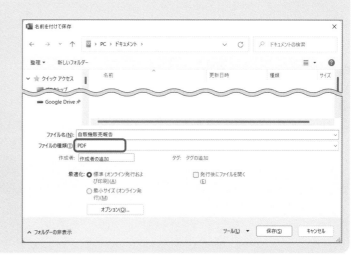

1-5-3

印刷設定を行う

学習日チェック

月	日	✓
月	日	✓
月	日	✓

　印刷は通常、表示されたワークシートが対象ですが、ブック全体や選択した部分だけを印刷できます。

　また、複数ページにまたがる大きな表の場合に［印刷タイトル］を設定すると、すべてのページに共通のタイトルや項目名を印刷することもできます。

Lesson 24

サンプル　Lesson24.xlsx

ブック全体を印刷しましょう。

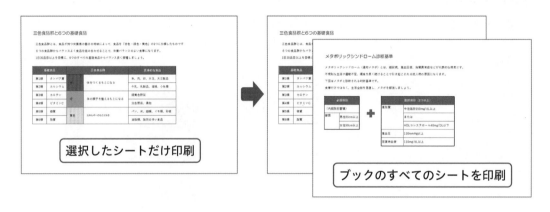

選択したシートだけ印刷

ブックのすべてのシートを印刷

1　ブック全体を印刷します。

❶［ファイル］タブをクリックします。

❷［印刷］をクリックします。
❸［設定］の［作業中のシートを印刷］をクリックします。
❹［ブック全体を印刷］をクリックします。
❺［印刷］ボタンをクリックするとブック全体が印刷されます。

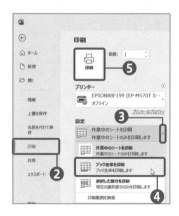

Lesson 25

セルA1～F10だけ印刷しましょう。

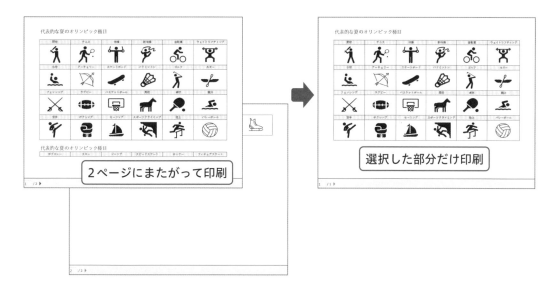

1 印刷する範囲を選択します。

❶ セルA1～F10
を選択しま
す。

2 選択した部分だけ印刷します。

❶［ファイル］タブをクリックします。

❷ [印刷] をクリックします。

❸ [設定] の [作業中のシートを印刷] をクリックします。

❹ [選択した部分を印刷] をクリックします。

❺ [印刷] ボタンをクリックすると選択された部分が印刷されます。

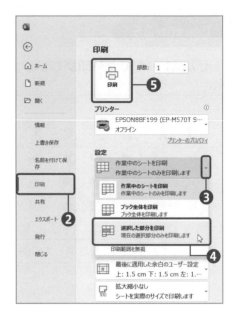

Lesson 26

サンプル Lesson26.xlsx

1～3行目までが全てのページに印刷できるように、印刷タイトルを設定しましょう。
印刷結果は印刷プレビューで確認します。

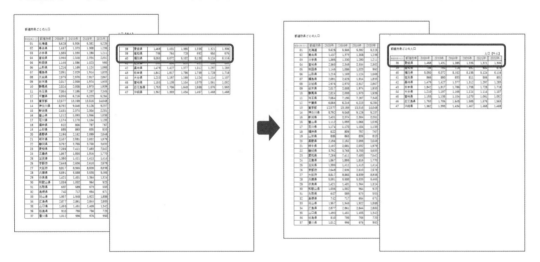

---

1 印刷タイトルを設定します。

❶ [ページレイアウト] タブをクリックします。

❷ [ページ設定] グループの [印刷タイトル] をクリックします。

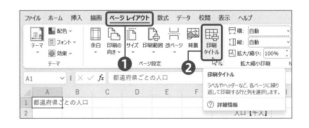

❸[ページ設定]
ダイアログボックスの[シート]タブを選択します。

❹[タイトル行]
のテキストボックス内をクリックします。

❺ 行番号の[1]～[3]をドラッグします。

❻[印刷プレビュー]をクリックします。

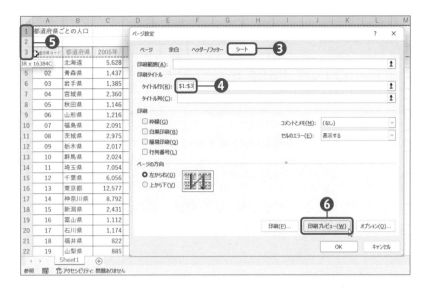

2 印刷プレビューで確認します。

❶ 2ページ目にも1行目～3行目が印刷されます。

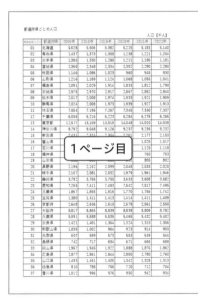

1ページ目

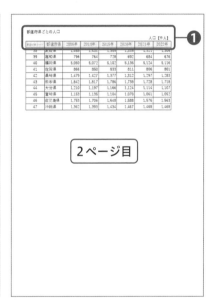

2ページ目

▶ StepUp

横に長いデータの場合は、[タイトル列]を設定すると、指定した列がすべてのページに印刷されます。

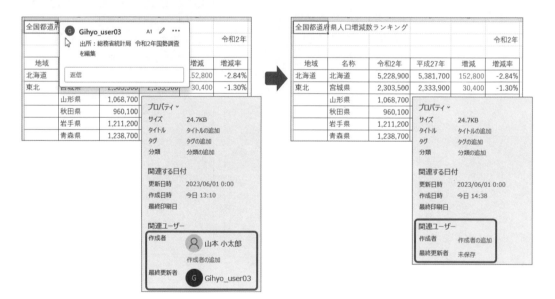

1-5-4

ブック内の問題を検査する

作成したファイルを他の人に渡す前に、ファイルに問題がないかを検査します。

「ドキュメント検査」はファイルに、個人情報やコメント、プロパティ、非表示の情報などがないかを検査し、必要に応じてそれらを削除する機能です。

「アクセシビリティチェック」は、視覚に障碍のある方が読み取りにくい内容がないかを確認する機能です。

Lesson 27

サンプル Lesson27.xlsx

ドキュメント検査を行い、「コメント」と「ドキュメントのプロパティと個人情報」を削除しましょう。このファイルには作成者の情報が含まれており、セルA1にはコメントが入力されています。

❶ ドキュメント検査のダイアログボックスを表示します。

❶ [ファイル] タブをクリックします。

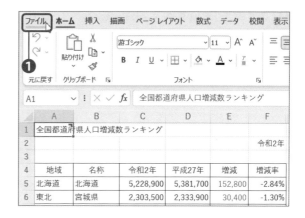

❷ [情報] をクリックします。

❸ [問題のチェック] をクリックします。

❹ [ドキュメント検査] をクリックします。

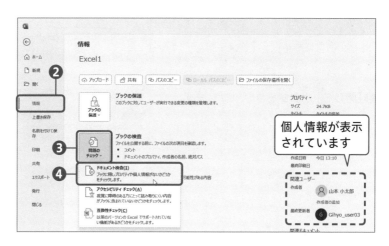

個人情報が表示されています

❺ [コメント] と [ドキュメントのプロパティと個人情報] にチェックが入っていることを確認し、[検査] ボタンをクリックします。

2 コメントと個人情報を削除します。

❶ [コメント] の [すべて削除] をク
リックします。

❷ 同様に [ドキュメントのプロパティ
と個人情報] の [すべて削除] をク
リックします。

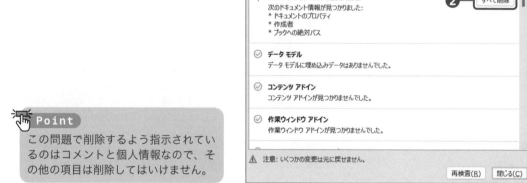

Point

この問題で削除するよう指示されてい
るのはコメントと個人情報なので、そ
の他の項目は削除してはいけません。

❸ [閉じる] ボタンをクリックします。

3 結果を確認します。

❶ [情報] の個人情報が削除されて
います。

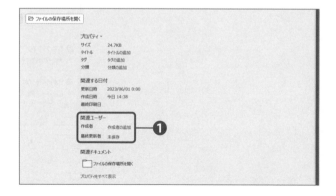

❷セルA1のコメントが削除されています。

	A	B	C	D	E	F
1	全国都道府県人口増減数ランキング					
2						令和2年
3	❷					
4	地域	名称	令和2年	平成27年	増減	増減率
5	北海道	北海道	5,228,900	5,381,700	152,800	-2.84%
6	東北	宮城県	2,303,500	2,333,900	30,400	-1.30%
7		山形県	1,068,700	1,123,900	55,200	-4.91%
8		秋田県	960,100	1,023,100	63,000	-6.16%
9		岩手県	1,211,200	1,279,600	68,400	-5.35%
10		青森県	1,238,700	1,308,300	69,600	-5.32%

Lesson 28

サンプル Lesson28.xlsx

アクセシビリティチェックを行い、対象となった図に代替テキスト「人口増減を表した図」を入力しましょう。さらに、対象となった数値は「-152,800」のように黒字でマイナス表示に変更しましょう。

地域	名称	令和2年	平成27年	増減	増減率
北海道	北海道	5,228,900	5,381,700	152,800	-2.84%
東北	宮城県	2,303,500	2,333,900	30,400	-1.30%
	山形県	1,068,700	1,123,900	55,200	-4.91%
	秋田県	960,100	1,023,100	63,000	-6.16%
	岩手県	1,211,200	1,279,600	68,400	-5.35%
	青森県	1,238,700	1,308,300	69,600	-5.32%
	福島県	1,834,200	1,914,000	79,800	-4.17%
関東	東京都	14,064,700	13,515,300	549,400	4.07%
	神奈川県	9,240,400	9,126,200	114,200	1.25%
	埼玉県	7,346,800	7,266,500	80,300	1.11%
	千葉県	6,287,000	6,222,700	64,300	1.03%
	群馬県	1,940,300	1,973,100	32,800	-1.66%
	栃木県	1,934,000	1,974,300	40,300	-2.04%
	茨城県	2,868,600	2,917,000	48,400	-1.66%
中部	愛知県	7,546,200	7,483,100	63,100	0.84%
	福井県	767,400	786,700	19,300	-2.45%
	石川県	1,133,300	1,154,000	20,700	-1.79%
	山梨県	810,400	834,900	24,500	-2.93%

1 アクセシビリティチェックを行います。

❶[ファイル] タブをクリックします。

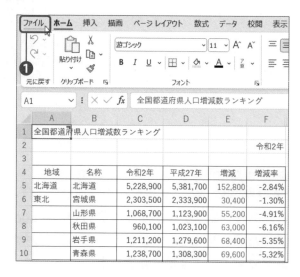

❷[情報] をクリックします。

❸[問題のチェック] をクリックします。

❹[アクセシビリティチェック] をクリックします。

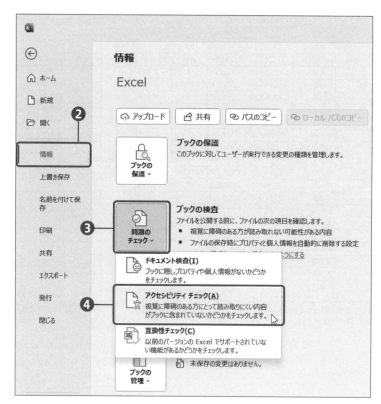

▶ 別の方法

ステータスバーの [アクセシビリティ: 検討が必要です] をクリックしても、アクセシビリティをチェックできます。

2 アクセシビリティの結果を確認します。

❶ [アクセシビリ
ティ] 作業ウィ
ンドウに2つ
のエラーが表
示されます。

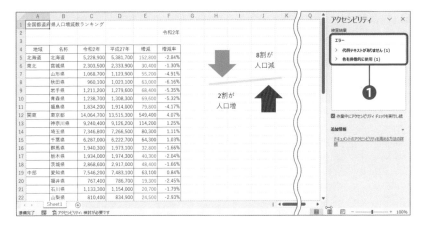

3 1つ目の対応をします。

❶ [代替テキストがありません] をクリックします。
❷ [図表1 (Sheet1)] をクリックします。
❸ [おすすめアクション] の [説明を追加] をクリックします。

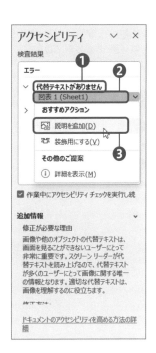

❹ [代替テキスト] に「人口増減を表した図」と入力します。

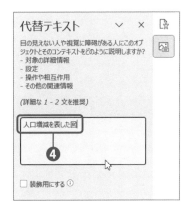

4 [代替テキスト] 作業ウィンドウを閉じます。

❶ [代替テキスト] の [閉じる] ボタンをクリックします。

Point

「代替テキスト」とは、オブジェクトに設定する説明文のことです。視覚に障碍のある方などが画面の読み上げソフトを使用するとき、そのオブジェクトを説明する代替テキストが読み上げられ、内容を理解するのを助けます。

---

5 2つ目の対応をします。

❶ [色を排他的に使用] をクリックします。
❷ [E5:E51 (Sheet1)] をクリックします。
❸ [おすすめアクション] の [セルの書式設定] をクリックします。

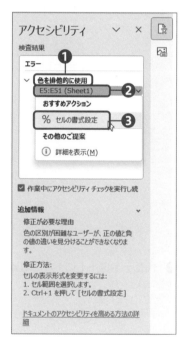

❹ [負の数の表示形式]の
「-1,234」をクリックします。
❺ [OK]ボタンをクリックしま
す。

6 アクセシビリティの対応の結果を確認します。

❶ エラーがなくな
ります。
❷ ステータスバー
の表示も[アクセ
シビリティ:問
題ありません]へ
変更されます。
❸ [アクセシビリ
ティ]作業ウィン
ドウを閉じます。

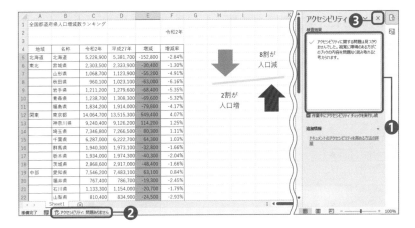

コメントとメモを管理する

　「メモ」はセルに付ける付箋のようなものです。セルに入力する必要はないけれども控えておきたい情報などを入力します。メモを挿入したセルには🔺が表示され、ポイントすると内容を読めます。画面上にすべてのメモを表示することもできます。

　「コメント」は、メモと同様に、セルに付ける付箋のようなものです。コメントを挿入したセルには🔺が表示され、ポイントすると内容を読めます。スレッド化できるので、解決前のコメントには他の人が返信をすることができます。「解決」とはスレッドをそのまま残して完了状態にすることで、解決したコメントは返信を追加することはできなくなります。また、コメントには入力者と入力日時が設定されるので、複数のユーザー間のやりとりに適しています。

Lesson 29

サンプル Lesson29.xlsx

　セルE3に「4丁目〜7丁目」というメモを挿入しましょう。その後、すべてのメモを表示します。

① 新しいメモを挿入します。

❶ セルE3をクリックします。
❷ [校閲] タブをクリックします。
❸ [メモ] グループの [メモ] をクリックします。
❹ [新しいメモ] をクリックします。

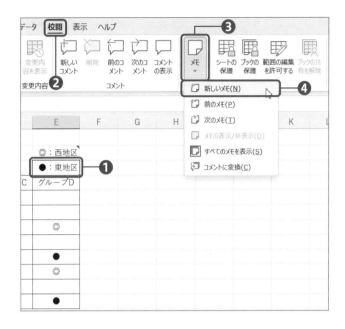

❺ 「4丁目〜7丁目」と入力します。

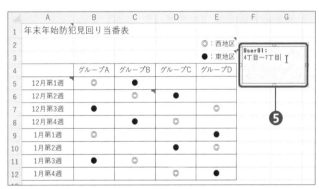

② メモを確認します。

❶ 任意のセルをクリックします。
❷ セルE3の右上に ◣ が表示され、マウスでポイントすると、挿入したメモを読むことができます。

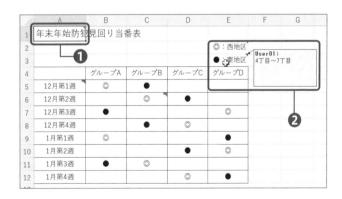

3 すべてのメモを表示します。

❶ [メモ] グループの [メモ] を
クリックします。
❷ [すべてのメモを表示] をク
リックします。

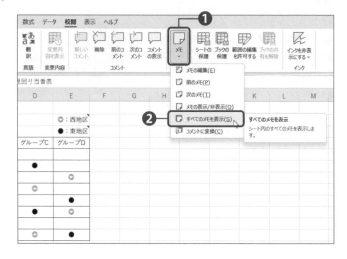

4 結果を確認します。

❶ ワークシート上のすべてのメ
モが画面上に表示されます
（結果の確認をしたら再度 [す
べてのメモを表示] をクリッ
クして、メモを非表示にして
おきましょう）。

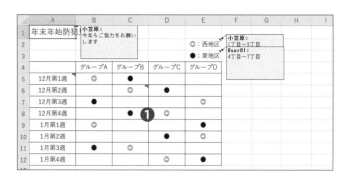

▶ StepUp

メモを編集したり削除したりするには、メモが挿入されたセル
で右クリックし、[メモの編集] / [メモの削除] をクリックしま
す。

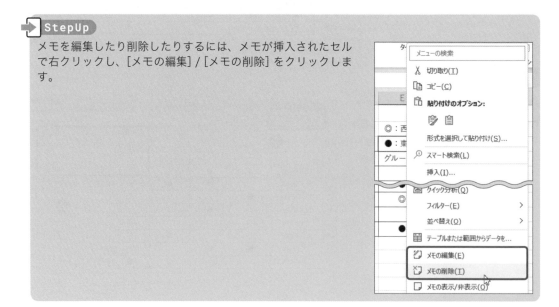

セルE10に「2週連続です。」というコメントを挿入しましょう。次に、セルA5の
コメントに「承知しました。」と返信し、コメントを解決してください。

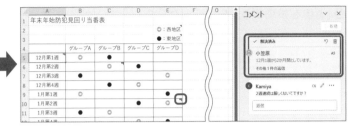

1 新しいコメントを挿入します。

❶ セルE10をクリックします。

❷ [校閲] タブをクリックします。

❸ [コメント] グループの [新しいコメント] をクリックします。

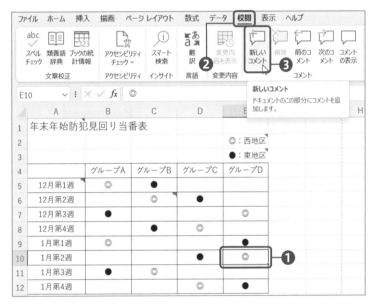

❹ 「2週連続です。」と入力します。

❺ [コメントを投稿する] をクリックします。

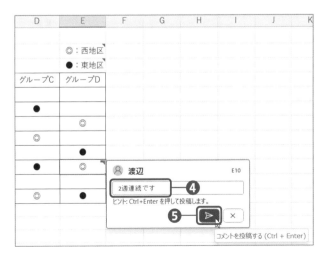

2 コメントに返信します。

❶ セルA5をクリックします。
❷ 表示されたコメントの[返信]欄に、「承知しました。」と入力します。
❸[返信を投稿する]をクリックします。

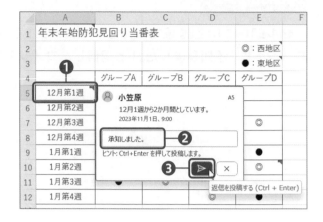

3 コメントを解決します。

❶ セルA5をクリックします。
❷ 表示されたコメントの　(その他のスレッド操作)をクリックします。
❸[スレッドを解決する]をクリックします。

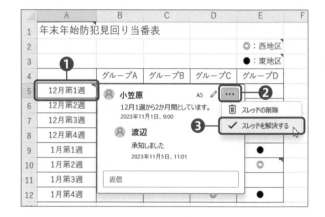

4 解決した結果を確認します。

❶ セルA5をクリックします。
❷[解決済み]と表示されます。返信欄はありません。

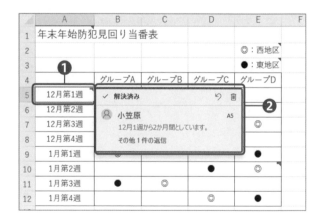

ワークシート上のすべてのコメントを表示することができます。

❶ [校閲] タブをクリックします。

❷ [コメント] グループの [コメントの表示] をクリックします。

❸ 画面右側にコメントの一覧が表示されます。

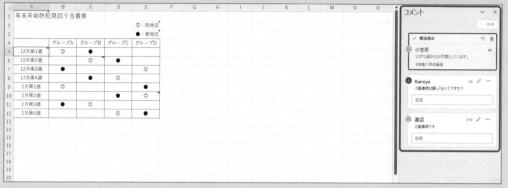

コメントが長い場合はすべてが表示されないことがありますが、読みたいコメントをクリックすると
展開されます。

練習問題

サンプル 第1章_練習問題.xlsx

解答 別冊01ページ

1. [2020年] シートのセルA4に、[第1章] フォルダーのテキストファイル [高齢化率] をインポートしましょう。インポート後、[クエリと接続] 作業ウィンドウを閉じます。

2. 新しいウィンドウを開き、横に並べて表示しましょう。左のウィンドウに [2020年] シート、右のウィンドウに [2021年] シートを表示して、順位を確認しましょう（1位と2位は変更がないが、3位以降が異なるなど）。確認後、右のウィンドウを閉じ、左のウィンドウを最大化します。

3. [2020年] シートのセルE2のハイパーリンクを削除しましょう。

4. [2020年] シートのセルE5に「％表示にした方が読みやすいと思います。」というメモを入力しましょう。

5. [2020年] シートのフッター右側に「1/3、2/3…」のように「ページ番号/ページ数」を表示しましょう。「/」は半角で入力します。入力後、標準表示に戻します。

6. [2020年] シートの4行目の高さを「26」に設定しましょう。

7. [2021年] シートのセルE2に、[2020年] シートのセルA4へのハイパーリンクを設定しましょう。

8. [2021年] シートの数式を表示しましょう。

9. [2021年] シートをスクロールしても4行目までは常に表示されるように設定しましょう。

10. [2021年] シートのセルA1〜E52を印刷範囲に設定し、1ページで収まるようにしましょう。

11. ブックのプロパティを表示し、[タイトル] に「高齢化の状況」、[分類] に「政府統計データ」と入力しましょう。

Chapter

2

セルやセル範囲の
データの管理

2-1 シートのデータを操作する

2-1-1 学習日チェック

月　日 ☑
月　日 ☑
月　日 ☑

形式を選択してデータを貼り付ける

　通常のコピーは、データと書式がすべて貼り付けられ、数式をコピーするとセル参照が調整されて貼り付けられます。[形式を選択して貼り付け]を使用すると、行と列を入れ替えて貼り付けたり、数式ではなく値として貼り付けたりなど、さまざまな貼り付けができます。

Lesson 31

サンプル Lesson31.xlsx

　[第4週データ]シートのセルB1～H7をコピーして、行と列を入れ替えて[6月入場者数]シートのセルA25に貼り付けましょう。

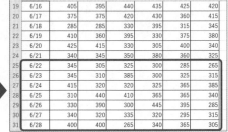

	A	B	C	D	E	F	G
19	6/16	405	395	440	435	425	420
20	6/17	375	375	420	430	360	415
21	6/18	285	285	330	395	315	345
22	6/19	410	360	395	330	375	380
23	6/20	425	415	330	305	400	340
24	6/21	340	345	350	380	360	325
25	6/22	345	305	325	300	285	265
26	6/23	345	310	385	300	325	315
27	6/24	415	320	320	325	365	385
28	6/25	310	440	410	365	365	340
29	6/26	330	390	300	445	395	285
30	6/27	340	320	335	320	295	315
31	6/28	400	400	265	340	365	305

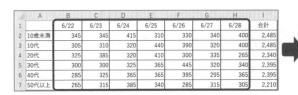

	A	B	C	D	E	F	G	H	I
1		6/22	6/23	6/24	6/25	6/26	6/27	6/28	合計
2	10歳未満	345	345	415	310	330	340	400	2,485
3	10代	305	310	320	440	390	320	400	2,485
4	20代	325	385	320	410	300	335	265	2,340
5	30代	300	300	325	365	445	320	340	2,395
6	40代	285	325	365	365	395	295	365	2,395
7	50代以上	265	315	385	340	285	315	305	2,210

1 コピーします。

❶[第4週データ]シートのセルB1～H7を選択します。

❷[ホーム]タブをクリックします。

❸[クリップボード]グループの[コピー]をクリックします。

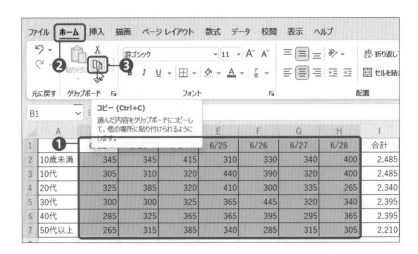

2 行と列を入れ替えて貼り付けます。

❶[6月入場者数]シートを選択します。

❷セルA25を選択します。

❸[クリップボード]グループの[貼り付け]の をクリックします。

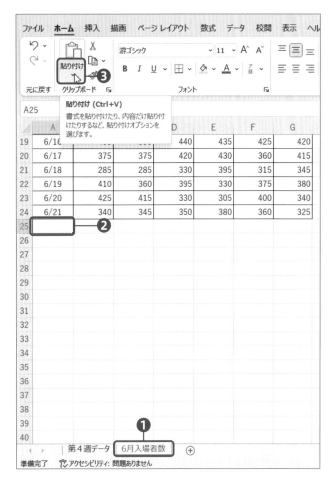

❹[行/列の入れ替え]をクリックします。

3 結果を確認します。

❶行と列が入れ替わって貼り付けられます。

	A	B	C	D	E	F	G
19	6/16	405	395	440	435	425	420
20	6/17	375	375	420	430	360	415
21	6/18	285	285	330	395	315	345
22	6/19	410	360	395	330	375	380
23	6/20	425	415	330	305	400	340
24	6/21	340	345	350	380	360	325
25	6/22	345	305	325	300	285	265
26	6/23	345	310	385	300	325	315
27	6/24	415	320	320	325	365	385
28	6/25	310	440	410	365	365	340
29	6/26	330	390	300	445	395	285
30	6/27	340	320	335	320	295	315
31	6/28	400	400	265	340	365	305
32							

Lesson 32

サンプル Lesson32.xlsx

　[第4週] シートのセルI4〜I9をコピーして、[集計] シートのセルE4に値だけ貼り付けましょう。

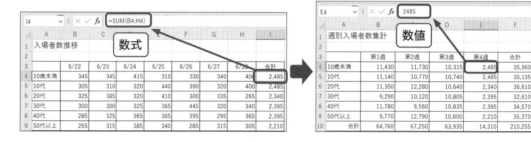

1 コピーします。

❶[第4週] シートのセルI4〜I9を範囲選択します。

❷[ホーム] タブをクリックします。

❸[クリップボード] グループの [コピー] をクリックします。

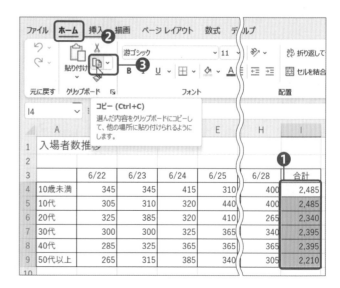

2 値を貼り付けます。

❶ [集計] シートを選択します。

❷ セル E4 を選択します。

❸ [クリップボード] グループ
の [貼り付け] の ▼ をク
リックします。

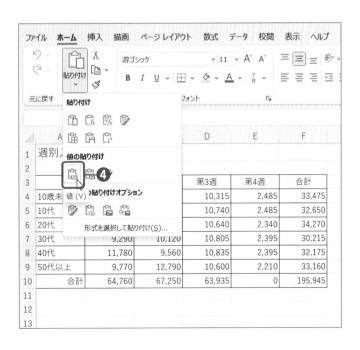

❹ [値] をクリックします。

3 結果を確認します。

❶数式ではなく値が貼り付けられます。

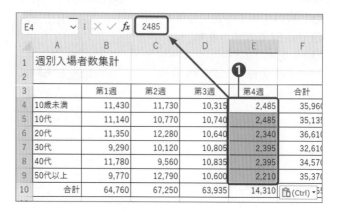

Column 貼り付け方法の一覧

貼り付けの種類	ボタン	名称	貼り付けられるもの
貼り付け		貼り付け	セルの内容と書式すべて
		数式	数式のみ
		数式と数値の書式	数式と数値の書式
		元の書式を保持	元のデータの値と書式すべて（同じブックの場合は[貼り付け]と同じ）
		罫線なし	罫線以外
		元の列幅を保持	セルの内容と列幅
		行/列の入れ替え	行データは列に、列データは行に貼り付け
値の貼り付け		値	数式の結果のみ
		値と数式の書式	値と数値の書式
		値と元の書式	セルの値と書式
その他の貼り付けオプション		書式設定	書式のみ
		リンク貼り付け	元のセルへの参照情報
		図	コピーした画像
		リンクされた図	画像と元のセルへの参照情報

この Lesson の例で、値ではなく通常の貼り付けをすると、次のようなエラーになります。「#REF!」は数式の参照先が無効であるというエラーです。元の [第4週] シートでは「=SUM(B4:H4)」という数式でしたが、そのまま異なるシートに貼り付けると計算できなくなるため、合計の F 列もエラーになります。

E4		✕ ✓ fx	=SUM(#REF!)			
	A	B	C	D	E	F	G
1	週別入場者数集計						
2							
3		第1週	第2週	第3週	第4週	合計	
4	10歳未満	11,430	11,730	10,315	#REF!	#REF!	
5	10代	11,140	10,770	10,740	#REF!	#REF!	
6	20代	11,350	12,280	10,640	#REF!	#REF!	
7	30代	9,290	10,120	10,805	#REF!	#REF!	
8	40代	11,780	9,560	10,835	#REF!	#REF!	
9	50代以上	9,770	12,790	10,600	#REF!	#REF!	
10	合計	64,760	67,250	63,935	#REF!	🛈(Ctrl)▾	

[形式を選択して貼り付け] を使用すると、「列幅」、「コメントとメモ」、「入力規則」など、上記コラム以外の貼り付けを行えます。

2-1-2
オートフィル機能を使ってセルにデータを入力する

「オートフィル」は、隣接するセルに、規則性のある連続データや数式をコピーする機能です。

アクティブセルのフィルハンドルをドラッグすることでオートフィルできます。

フィルハンドル

隣接した列にデータが入力されている場合は、**ダブルクリックすると自動的に最終行までオートフィル**されます。この方法は**縦方向にのみ有効**です。

オートフィルは元のデータによって次のような結果が得られます。

データの種類	元のデータ	オートフィルの結果
規則性のあるデータ	月曜日	火曜日、水曜日…
数値と文字の組み合わせ	第1	第2、第3…
数式	＝A1+B1	=A2+B2、=A3+B3…
数値のみ、文字のみ	1	1、1、1…
	Excel	Excel、Excel…

Lesson 33

サンプル Lesson33.xlsx

セルA3～G3のデータを12行目までオートフィルしましょう。

1 セルA3の「月曜日」をセルA12までオートフィルします。

❶ セルA3のフィルハンドルをポイントします。

❷ マウスポインターが ⊞ の形状でセルA12までドラッグします。

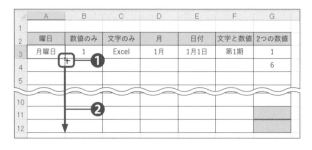

❸月曜日～日曜日の連続
　データが入力されます。

	A	B	C	D	E	F	G
1							
2	曜日	数値のみ	文字のみ	月	日付	文字と数値	2つの数値
3	月曜日	1	Excel	1月	1月1日	第1期	1
4	火曜日						6
5	水曜日						
6	木曜日						
7	金曜日						
8	土曜日 ❸						
9	日曜日						
10	月曜日						
11	火曜日						
12	水曜日						
13							
14							
15							

2 セルB3の「1」をセルB12までオートフィルします。

❶セルB3のフィルハンドル
　をダブルクリックします。

	A	B	C	D	E	F	G
1							
2	曜日	数値のみ	文字のみ	月	日付	文字と数値	2つの数値
3	月曜日	1	Excel	1月	1月1日	第1期	1
4	火曜日	+❶					6
5	水曜日						
6	木曜日						
7	金曜日						
8	土曜日						
9	日曜日						
10	月曜日						
11	火曜日						
12	水曜日						
13							
14							
15							

❷「1」は連続データではな
　いので、コピーされます。

	A	B	C	D	E	F	G
1							
2	曜日	数値のみ	文字のみ	月	日付	文字と数値	2つの数値
3	月曜日	1	Excel	1月	1月1日	第1期	1
4	火曜日	1					6
5	水曜日	1					
6	木曜日	1					
7	金曜日	1					
8	土曜日	1 ❷					
9	日曜日	1					
10	月曜日	1					
11	火曜日	1					
12	水曜日	1					
13							
14							
15							

Point

元のデータが数値の場合はコピーになります。[オートフィルオプション]をクリックして連続データへ変更できます。

	A	B	C	D	E	F	G	H
2	曜日	数値のみ	文字のみ	月	日付	文字と数値	2つの数値	
3	月曜日	1	Excel	1月	1月1日	第1期	1	
4	火曜日	1					6	
5	水曜日	1						
6	木曜日	1						
7	金曜日	1						
8	土曜日	1						
9	日曜日	1						
10	月曜日	1						
11	火曜日	1						
12	水曜日	1						

- セルのコピー(C)
- 連続データ(S)
- 書式のみコピー (フィル)(F)
- 書式なしコピー (フィル)(O)
- フラッシュ フィル(F)

	A	B	C	D	E	F
2	曜日	数値のみ	文字のみ	月	日付	文字と数値
3	月曜日	1	Excel	1月	1月1日	第1期
4	火曜日	2				
5	水曜日	3				
6	木曜日	4				
7	金曜日	5				
8	土曜日	6				
9	日曜日	7				
10	月曜日	8				
11	火曜日	9				
12	水曜日	10				

3 セルC3～F3の「Excel」～「第1期」をまとめて12行目までオートフィルします。

❶ セルC3～F3を範囲選択します。
❷ フィルハンドルをダブルクリックします。

	A	B	C	D	E	F	G	H
2	曜日	数値のみ	文字のみ	月	日付	文字と数値	2つの数値	
3	月曜日	1	Excel	1月	1月1日	第1期	1	
4	火曜日	1					6	
5	水曜日	1						
6	木曜日	1						
7	金曜日	1						
8	土曜日	1						
9	日曜日	1						
10	月曜日	1						
11	火曜日	1						
12	水曜日	1						

❸ まとめてオートフィルされます。

	A	B	C	D	E	F	G	H
2	曜日	数値のみ	文字のみ	月	日付	文字と数値	2つの数値	
3	月曜日	1	Excel	1月	1月1日	第1期	1	
4	火曜日	1	Excel	2月	1月2日	第2期	6	
5	水曜日	1	Excel	3月	1月3日	第3期		
6	木曜日	1	Excel	4月	1月4日	第4期		
7	金曜日	1	Excel	5月	1月5日	第5期		
8	土曜日	1	Excel	6月	1月6日	第6期		
9	日曜日	1	Excel	7月	1月7日	第7期		
10	月曜日	1	Excel	8月	1月8日	第8期		
11	火曜日	1	Excel	9月	1月9日	第9期		
12	水曜日	1	Excel	10月	1月10日	第10期		

4 セルG3～G4のデータを罫線や色の書式は変更せず12行目までオートフィルします。

❶ セルG3～G4を範囲選択します。

❷ フィルハンドルをダブルクリックします。

	A	B	C	D	E	F	G	H
1								
2	曜日	数値のみ	文字のみ	月	日付	文字と数値	2つの数値	
3	月曜日	1	Excel	1月	1月1日	第1期	1	❶
4	火曜日	1	Excel	2月	1月2日	第2期	6	
5	水曜日	1	Excel	3月	1月3日	第3期		❷
6	木曜日	1	Excel	4月	1月4日	第4期		
7	金曜日	1	Excel	5月	1月5日	第5期		
8	土曜日	1	Excel	6月	1月6日	第6期		
9	日曜日	1	Excel	7月	1月7日	第7期		
10	月曜日	1	Excel	8月	1月8日	第8期		
11	火曜日	1	Excel	9月	1月9日	第9期		
12	水曜日	1	Excel	10月	1月10日	第10期		
13								
14								

❸ 書式もコピーされたので、[オートフィルオプション]をクリックします。

❹ [書式なしコピー（フィル）]をクリックします。

	C	D	E	F	G	H	I	J	K
	文字のみ	月	日付	文字と数値	2つの数値				
	Excel	1月	1月1日	第1期	1				
	Excel	2月	1月2日	第2期	6				
	Excel	3月	1月3日	第3期	11				
	Excel	4月	1月4日	第4期	16				
	Excel	5月	1月5日	第5期	21				
	Excel	6月	1月6日	第6期	26				
	Excel	7月	1月7日	第7期	31				
	Excel	8月	1月8日	第8期	36				
	Excel	9月	1月9日	第9期	41				
	Excel	10月	1月10日	第10期	46				

❸

○ セルのコピー(C)
◉ 連続データ(S)
○ 書式のみコピー (フィル)(F)
○ 書式なしコピー (フィル)(O) ❹
○ フラッシュ フィル(E)

❺ 1と6の差分を計算して5ずつ増えるデータがオートフィルされ、書式は変更されません。

	A	B	C	D	E	F	G	H
1								
2	曜日	数値のみ	文字のみ	月	日付	文字と数値	2つの数値	
3	月曜日	1	Excel	1月	1月1日	第1期	1	
4	火曜日	1	Excel	2月	1月2日	第2期	6	
5	水曜日	1	Excel	3月	1月3日	第3期	11	
6	木曜日	1	Excel	4月	1月4日	第4期	16	
7	金曜日	1	Excel	5月	1月5日	第5期	21	
8	土曜日	1	Excel	6月	1月6日	第6期	26	❺
9	日曜日	1	Excel	7月	1月7日	第7期	31	
10	月曜日	1	Excel	8月	1月8日	第8期	36	
11	火曜日	1	Excel	9月	1月9日	第9期	41	
12	水曜日	1	Excel	10月	1月10日	第10期	46	
13								
14								
15								

複数の列や行を挿入する、削除する

表を作成した後、列や行を挿入したり削除したりできます。

新たに挿入された行/列は、上の行/左の列の書式を引き継ぎますが、[挿入オプション]を使用して変更できます。行/列を削除すると、下の行/右の列がスライドして上/左へ繰り上がります。

また、複数の行/列をまとめて挿入したり削除したりできます。

Lesson 34

サンプル Lesson34.xlsx

C列を削除しましょう。次に、4～5行目に2行挿入し、それぞれ以下のデータを入力しましょう。挿入した行は下の行と同じ書式にします。

・4行目：1922年　　　大正11年　　　札幌市制施行
・5行目：1927年　　　昭和2年　　　市電開業

1 C列を削除します。

❶列番号の「C」を右クリックします。

❷[削除]をクリックします。

❸C列が削除され、D列に入
力されていたデータが左
へシフトします。

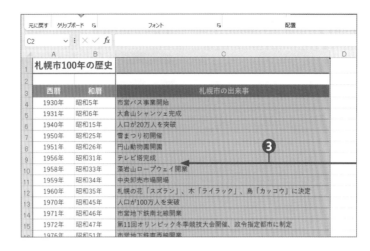

2 行を挿入します。

❶行番号の4〜5をドラッグ
して選択し、右クリック
します。
❷[挿入]をクリックします。

❸上と同じ書式が設定され
るので、[挿入オプショ
ン]をクリックします。
❹[下と同じ書式を適用]を
クリックします。

❺書式が変更されます。

3 データを入力します。

❶次のデータを入力します。
・セルA4：1922年
・セルB4：大正11年
・セルC4：札幌市制施行
・セルA5：1927年
・セルB5：昭和2年
・セルC5：市電開業

	A	B	C	D
1	札幌市100年の歴史			
2				
3	西暦	和暦	札幌市の出来事	
4	1922年	大正11年	札幌市制施行	
5	1927年	昭和2年	市電開業	
6	1930年	昭和5年	市営バス事業開始	
7	1931年	昭和6年	大倉山シャンツェ完成	
8	1940年	昭和15年	人口が20万人を突破	
9	1950年	昭和25年	雪まつり初開催	
10	1951年	昭和26年	円山動物園開園	
11	1956年	昭和31年	テレビ塔完成	
12	1958年	昭和33年	藻岩山ロープウェイ開業	
13	1959年	昭和34年	中央卸売市場開場	
14	1960年	昭和35年	札幌の花「スズラン」、木「ライラック」、鳥「カッコウ」に決定	
15	1970年	昭和45年	人口が100万人を突破	
16	1971年	昭和46年	市営地下鉄南北線開業	
17	1972年	昭和47年	第11回オリンピック冬季競技大会開催、政令指定都市に制定	
18	1976年	昭和51年	市営地下鉄東西線開業	
19	1981年	昭和56年	ホワイトイルミネーション初開催	
20	1988年	昭和63年	市営地下鉄東豊線開業	
21	1989年	平成1年	厚別区・手稲区新設	
22	1992年	平成4年	YOSAKOIソーラン祭り初開催、平和都市宣言	

Sheet1

2-1-4

セルを挿入する、削除する

2

行や列全体ではなく、セルやセル範囲を挿入したり削除したりできます。その際、隣接するデータを上へシフトするのか右へシフトするのかなどを指定します。

入力したときに1段ずれてしまった時や、他の行や列に影響を与えたくない場合に使用します。

Lesson 35 ▶

サンプル　Lesson35.xlsx

セルD5にセルを挿入し、データは下へシフトするようにしましょう。挿入したセルD5に「学生」と入力しましょう。

さらに、空白になった【会員名簿】の4行目のデータを削除しましょう。その際、【地区コード表】には影響がないようにします。

1 セルD5にセルを挿入します。

❶ セルD5を選択します。

❷ [ホーム] タブをクリックします。

❸ [セル] グループの [挿入] の 挿入 をクリックします。

❹ [セルの挿入] をクリックします。

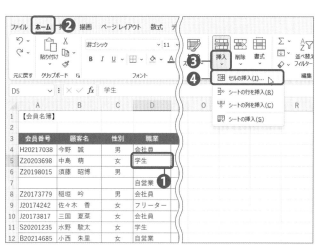

❺[下方向にシフト] をクリックします。
❻[OK] ボタンをクリックします。

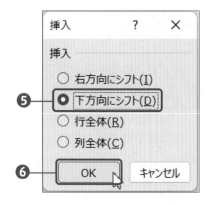

❼セル D5 に「学生」と入力します。

❷〜❹の代わりに次のいずれかの方法でも挿入できます。
・右クリックして [挿入] をクリックします。
・[Ctrl] キーを押しながら [+] を押します。

	A	B	C	D	E	F
1	【会員名簿】					
2						
3	会員番号	顧客名	性別	職業	登録年	地区コ
4	H20217038	今野　誠	男	会社員	2021	B
5	Z20203698	中島　萌	女	学生	2020	A
6	Z20198015	須藤　昭博	男	学生	2019	A
7						
8	Z20173779	稲垣　吟	男	自営業	2017	C
9	J20174242	佐々木　香	女	会社員	2017	B
10	J20173817	三国　夏菜	女	フリーター	2017	B

2 セル A7 〜 G7 を削除します。

❶セル A7 〜 G7 を範囲選択します。

	A	B	C	D	E	F	G
1	【会員名簿】						
2							
3	会員番号	顧客名	性別	職業	登録年	地区コード	住居
4	H20217038	今野　誠	男	会社員	2021	B	北晴海
5	Z20203698	中島　萌	女	学生	2020	A	川西
6	Z20198015	須藤　昭博	男	学生	2019	A	川西
7							
8	Z20173779	稲垣　吟	男	自営業	2017	C	有明
9	J20174242	佐々木　香	女	会社員	2017	B	北晴海
10	J20173817	三国　夏菜	女	フリーター	2017	B	北晴海
11	S20201235	水野　駿太	女	会社員	2020	B	北晴海
12	B20214685	小西　朱里	女	学生	2021	D	清田
13	Z20194144	松山　操	女	自営業	2019	C	有明
14	H20186721	青山　小糸	女	自営業	2018	A	川西

❷[セル] グループの [削除] の
[削除] をクリックします。
❸[セルの削除] をクリックします。

130

❹ [上方向にシフト] をクリックします。
❺ [OK] ボタンをクリックします。

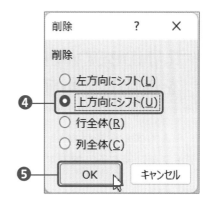

2

セルやセル範囲のデータの管理

▶ 別の方法

❷～❹の代わりに次のいずれかの方法でも削除できます。
・右クリックして [削除] をクリックします。
・Ctrl キーを押しながら ─ を押します。

3 **結果を確認します。**

❶ 他の表や列、行に
　影響せず、挿入と
　削除ができます。

	A	B	C	D	E	F	G	H	I	J
1	【会員名簿】								【地区コード表】	
2										
3	会員番号	顧客名	性別	職業	登録年	地区コード	住居		地区コード	地区
4	H20217038	今野　誠	男	会社員	2021	B	北晴海		A	川西
5	Z20203698	中島　萌	女	学生	2020	A	川西		B	北晴海
6	Z20198015	須藤　昭博	男	学生	2019	A	川西		C	有明
7	Z20173779	稲垣　吟	男	自営業	2017	C	有明		D	清田
8	J20174242	佐々木　香	女	会社員	2017	B	北晴海		E	都築
9	J20173817	三国　夏菜	女	フリーター	2017	B	北晴海			
10	S20201235	水野　駿太	女	会社員	2020	B	北晴海			
11	B20214685	小西　朱里	女	学生	2021	D	清田			
12	Z20194144	松山　操	女	自営業	2019	C	有明			
13	H20186721	青山　小糸	女	自営業	2018	A	川西			
14	H20187989	小山内　潔	男	会社員	2018	D	清田			
15	J20173417	小坂　ことり	女	主婦	2017	D	清田			
16	K20192469	薄井　健太	男	学生	2019	C	有明			
17	B20199338	上田　茜	女	学生	2019	B	北晴海			
18	B20188170	奥村　翔	男	学生	2018	E	都築			
19										
20										

2-1-5

RANDBETWEEN関数とSEQUENCE関数を使用して数値データを生成する

　手入力するのではなく、関数を使用してデータを生成できます。関数の詳細は『4-2 データを計算する、加工する』を参照してください。

● RANDBETWEEN関数

　「RANDBETWEEN関数」は、指定された範囲内の整数の乱数を返す関数です。ワークシートが再計算されるたびに、新しい乱数が表示されます。

> = RANDBETWEEN（最小値，最大値）
> 　　　　　　　　　　　❶　　　　❷

❶ 最小値：乱数の最小値を整数で指定します
❷ 最大値：乱数の最大値を整数で指定します

Lesson 36

サンプル Lesson36.xlsx

　関数を使用して、セルC4〜C13に1〜10の整数の乱数を表示しましょう。この範囲には、当選した場合に自動的に色が付く条件付き書式が設定済みです。

1 ［関数の挿入］ダイアログボックスを表示します。

❶ セルC4をクリックします。
❷ ［関数の挿入］（fx）ボタンをクリックします。

2 RANDBETWEEN関数のダイアログボックスを表示します。

❶ [関数の検索] ボックスに「rand」（「randbetween」でも可）と入力します。
❷ [検索開始] ボタンをクリックします。
❸ [RANDBETWEEN] をクリックします。
❹ [OK] ボタンをクリックします。

3 引数を設定します。

❶ [最小値] に「1」を入力します。
❷ [最大値] に「10」を入力します。
❸ [OK] ボタンをクリックします。

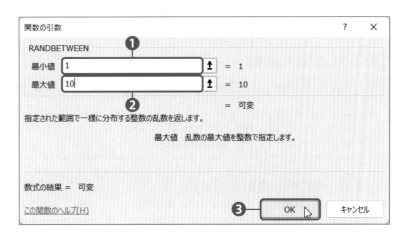

4 数式をコピーします。

❶ セルC4のフィルハンドルをダブルクリックします。

5 結果を確認します。

❶ 1〜10までの乱数
が表示されます。
❷ F9 キーを押して、
再計算されること
を確認します。

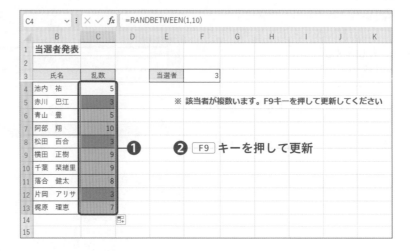

● SEQUENCE関数

「SEQUENCE関数」は、連続した数値の一覧を作成する関数です。

$$= SEQUENCE (行, 列, 開始, 目盛り)$$

❶ ❷ ❸ ❹

❶ 行：作成する行数を指定します
❷ 列：作成する列数を指定します。省略すると「1」と見なされます
❸ 開始：最初の数値を指定します。省略すると「1」と見なされます
❹ 目盛り：開始の値からの増分量を指定します。省略すると「1」と見なされます

Lesson 37

サンプル Lesson37.xlsx

関数を使用して、セルB5〜I8に501から始まる連番を表示しましょう。

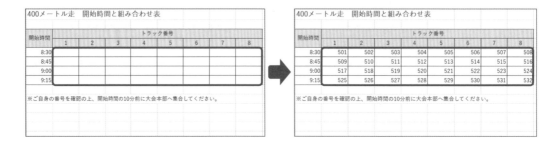

1 [関数の挿入] ダイアログボックスを表示します。

❶ セルB5を選択します。
❷ [関数の挿入] (fx) ボタンを
　クリックします。

2 SEQUENCE関数のダイアログボックスを表示します。

❶ [関数の検索] ボックスに「seq」
　(「sequence」でも可) と入力します。
❷ [検索開始] ボタンをクリックします。
❸ [SEQUENCE] をクリックします。
❹ [OK] ボタンをクリックします。

3 引数を設定します。

❶ [行] に「4」を入力します。
❷ [列] に「8」を入力します。
❸ [開始] に「501」を入力しま
　す。
❹ [OK] ボタンをクリックし
　ます。

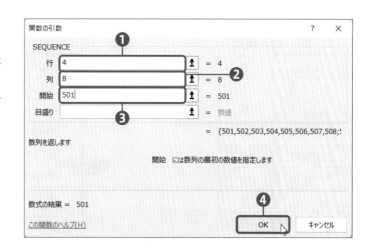

4 結果を確認します。

❶ 指定したセルから4行8列 で501から始まるデータが入力されます。

B5			f_x	=SEQUENCE(4,8,501)				
	A	B	C	D	E	F	G	H	I

	A	B	C	D	E	F	G	H	I
1	400メートル走　開始時間と組み合わせ表								
2									
3	開始時間					トラック番号			
4		1	2	3	4	5	6	7	8
5	8:30	501	502	503	504	505	506	507	508
6	8:45	509	510	511	512	513	514	515	516
7	9:00	517	518	519	520	521	522	523	524
8	9:15	525	526	527	528	529	530	531	532
9									
10	※ご自身の番号を確認の上、開始時間の10分前に大会本部へ集合してください。								
11									
12									
13									
14									

> **StepUp**
>
> この関数は複数のセルに結果が表示されます。これを「スピル」といいます。
> 「スピル」はもともと「こぼす」や「あふれる」という意味です。数式を入力したセルから結果があふれるように、隣接するセルにも自動的に数式が入力されるため、オートフィルは不要です。
> スピル領域の最初のセルだけが編集可能です。スピルによって完成したセルのことを「ゴースト」と呼びます。ゴーストの数式は数式バーに薄く表示されますが、変更はできません。

Lesson 38

サンプル Lesson38.xlsx

　セルA11には、日付が1日おき（1/1、1/3、1/5…）になるように関数が作成されています。この関数を修正し、毎日の日付（1/1、1/2、1/3…）になるようにしましょう。目盛りだけを修正し、それ以外は変更しないようにします。

日付	曜日	
2024/1/1	月	
2024/1/3	水	
2024/1/5	金	
2024/1/7	日	
2024/1/9	火	
2024/1/11	木	
2024/1/13	土	
2024/1/15	月	
2024/1/17	水	
2024/1/19	金	

▶ Sheet1 　⊕

日付	曜日	
2024/1/1	月	
2024/1/2	火	
2024/1/3	水	
2024/1/4	木	
2024/1/5	金	
2024/1/6	土	
2024/1/7	日	
2024/1/8	月	
2024/1/9	火	
2024/1/10	水	

▶ Sheet1 　⊕

■1 SEQUENCE関数のダイアログボックスを表示します。

❶ セルA11を選択します。
❷ [関数の挿入] (fx) ボタンを
クリックします。

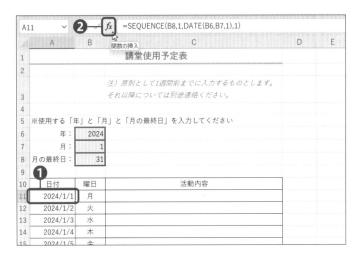

■2 引数を変更します。

❶ [目盛り] に「1」を入力し
ます。
❷ [OK] ボタンをクリックし
ます。

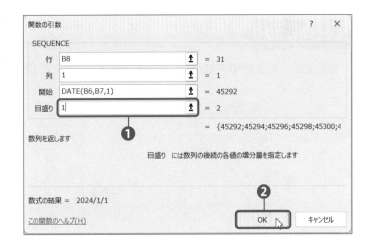

■3 結果を確認します。

❶ セルA11から始まる連続し
た日付に変更されます。

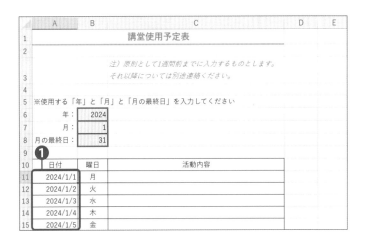

2-2 セルやセル範囲の書式を設定する

2-2-1
セルの配置を変更する、セルを結合する/解除する

　データを入力すると、文字データは左詰め、数値データは右詰めで配置されます。この配置を変更して、項目名を中央揃えにしたり、単位を右揃えにしたりして読みやすくできます。

　また、複数のセルを1つのセルにまとめたり、一度結合したセルを解除したりすることもできます。

Lesson 39

サンプル Lesson39.xlsx

セルC5～H5を中央揃えに、セルI18を右揃えに設定しましょう。

1 中央揃えの設定をします。

❶ セルC5～H5を選択します。

❷ [ホーム] タブをクリックします。

❸ [配置] グループの [中央揃え] をクリックします。

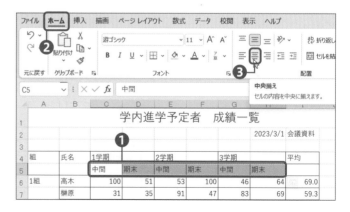

2 右揃えの設定をします。

❶ セルI18を選択します。
❷ [配置] グループの [右揃え]
　をクリックします。

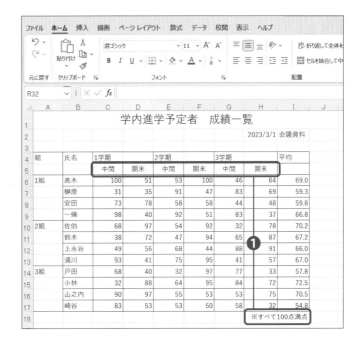

3 結果を確認します。

❶ それぞれのセルで中央揃え、
　右揃えが設定されます。

Lesson 40

次のセルをそれぞれ結合して中央に配置しましょう。

- ・セルA4〜A5
- ・セルB4〜B5
- ・セルC4〜D4

- ・セルE4〜F4
- ・セルG4〜H4
- ・セルI4〜I5

- ・セルA6〜A9
- ・セルA10〜A13
- ・セルA14〜A17

学内進学予定者　成績一覧

2023/3/1 会議資料

組	氏名	1学期		2学期		3学期		平均
		中間	期末	中間	期末	中間	期末	
1組	高木	100	51	53	100	46	64	69.0
	榊原	31	35	91	47	83	69	59.3
	安田	73	78	58	58	44	48	59.8
	一條	98	40	92	51	83	37	66.8
2組	佐伯	68	97	54	92	32	78	70.2
	鈴木	38	72	47	94	65	87	67.2
	上永谷	49	56	68	44	88	91	66.0
	浦川	93	41	75	95	41	57	67.0
3組	戸田	68	40	32	97	77	33	57.8
	小林	32	88	64	95	84	72	72.5
	山之内	90	97	55	53	53	75	70.5
	崎谷	83	53	53	50	58	32	54.8

1 セルを結合します。

❶ セルA4〜A5を選択します。

❷ [ホーム] タブをクリックします。

❸ [配置] グループの [セルを結合して中央揃え] をクリックします。

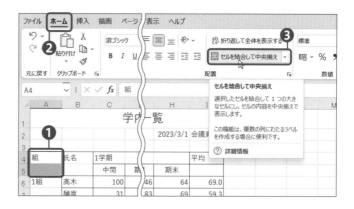

2 繰り返します。

❶ セルB4〜B5を範囲選択します。

❷ [F4] キーを押します。

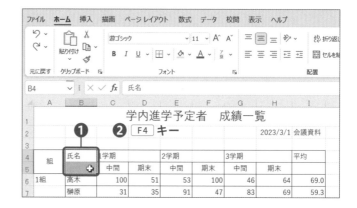

❸同様に、セルC4～D4、セ
ルE4～F4、 セルG4～
H4、 セルI4～I5、 セル
A6～A9、 セルA10～
A13、 セルA14～A17を
選択して F4 キーを押し
ます。

Column セル結合の種類

[セルを結合して中央揃え] の ∨ をクリックすると、次のような結合を選択できます。

[セルを結合して中央揃え]	選択した複数セルを結合し、中央に配置します
[横方向に結合]	選択した複数セルを横方向にだけ結合し、配置は変更しません
[セルの結合]	選択した複数セルを結合し、配置は変更しません

Lesson 41

サンプル Lesson41.xlsx

セルA1の結合を解除しましょう。

1 結合を解除します。

❶ セル A1 を選択します。

❷ [ホーム] タブをクリックします。

❸ [配置] グループの [セルを結合して中央揃え] をクリックします。

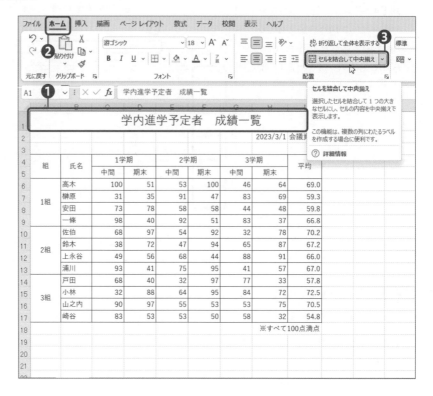

2 結果を確認します。

❶ セルの結合が解除されます。

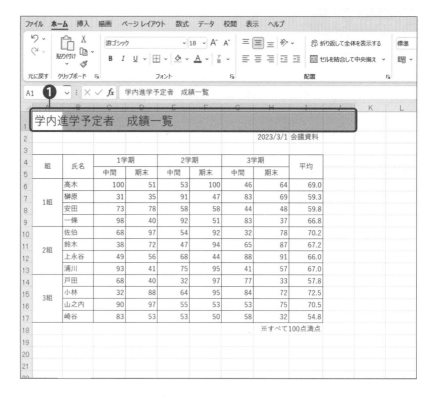

インデントを設定する

「インデント」とは、階層をわかりやすくしたり、セルの枠線との間を空けたりするためのセル内での字下げのことです。先頭にスペースを入れて字下げしてしまうと、並べ替えや計算時に不都合が生じますので、インデントを使用します。

Lesson 42

サンプル　Lesson42.xlsx

セルA5〜A9、セルA11〜A13、セルA15〜A17のインデントを2文字に設定しましょう。

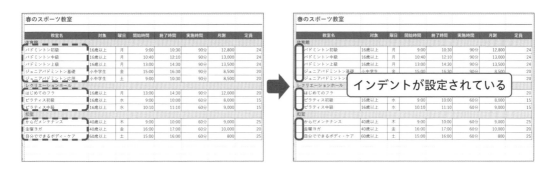

インデントが設定されている

1 複数箇所を範囲選択します。

❶ セルA5〜A9を選択します。

❷ [Ctrl]キーを押しながらセルA11〜A13を選択します。

❸ [Ctrl]キーを押しながらセルA15〜A17を選択します。

A15	✕ ✓ fx	からだメンテナンス			
	A	B	C	D	E	F

	A	B	C	D	E	F
1	春のスポーツ教室					
2						
3	教室名	対象	曜日	開始時間	終了時間	実施時間
4	体育館					
5	バドミントン初級	16歳以上	月	9:00	10:30	90分
6	バドミントン中級	16歳以上	月	10:40	12:10	90分
7	バドミントン上級	16歳以上	月	13:00	14:30	90分
8	ジュニアバドミントン基礎	小中学生	金	15:00	16:30	90分
9	ジュニアバドミントン応用	小中学生	土	9:00	10:30	90分
10	レクリエーションホール					
11	はじめてのフラ	16歳以上	月	13:00	14:30	90分
12	ピラティス初級	16歳以上	水	9:00	10:00	60分
13	ピラティス中級	16歳以上	水	10:10	11:10	60分
14	和室					
15	からだメンテナンス	40歳以上	木	9:00	10:00	60分
16	金曜ヨガ	40歳以上	金	16:00	17:00	60分
17	自分でできるボディ・ケア	60歳以上	土	15:00	16:00	60分
18						
19						
20						
21						
22						

2 インデントを設定します。

❶ [ホーム] タブを
クリックしま
す。

❷ [配置] グループ
の [インデント
を増やす] を2
回クリックしま
す。

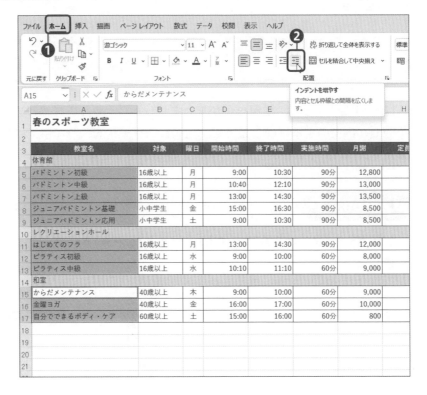

3 結果を確認します。

❶ インデントが設
定されます。

書式のコピー/貼り付け機能を使用して セルに書式を設定する

[書式のコピー/貼り付け] を使用すると、設定済みの書式をコピーできます。通常のコピーと異なりデータはコピーされず、フォントや色、罫線などの書式だけをコピーできるので、一から同じ設定をするよりも効率的です。[書式のコピー/貼り付け] は複数箇所に行うこともできます。

Lesson 43

サンプル Lesson43.xlsx

セルB3～H3の書式をセルB15～H15へ、セルB5～H5の書式をセルB17～H17へコピーしましょう。

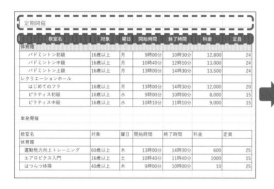 

1 元の書式をコピーします。

❶ セルB3～H3を選択します。

❷ [ホーム] タブをクリックします。

❸ [クリップボード] グループの [書式のコピー/貼り付け] をクリックします。

2 書式を貼り付けます。

❶ マウスポインターが  の形状で、セル B15〜H15 をドラッグします。

3 2か所目の書式のコピー / 貼り付けを行います。

❶ 同様に、セル B5〜H5 の書式をセル B17〜H17 へコピーし、結果を確認します。

Lesson 44

サンプル Lesson44.xlsx

セル B6 の書式を、セル B10〜H10 とセル B18〜H18 の2か所にコピーしましょう。

1 書式を複数箇所へコピーできるようにします。

❶ セルB6を選択します。

❷ [ホーム] タブをクリックします。

❸ [クリップボード] グループの [書式のコピー/貼り付け] をダブルクリックします。

Point

[書式のコピー/貼り付け] をダブルクリックすると、機能が固定され、複数箇所に貼り付けることができるようになります。 Esc キーを押すか、再度 [書式のコピー/貼り付け] をクリックすると終了します。

---

2 1か所目へ貼り付けます。

❶ マウスポインターが [⌖] の形状で、セルB10～H10をドラッグします。

3 2か所目へ貼り付けます。

❶マウスポインター
が 🔲 の形状でセ
ルB18〜H18を ド
ラッグします。

4 書式のコピー/貼り付けを終了します。

❶ Esc キーを押すか
[書式のコピー/貼
り付け] をクリック
するかして書式の
コピーを 終了し、
結果を確認します。

	教室名	対象	曜日	開始時間	終了時間	料金	定員
1	西地区センター　秋のスポーツ教室ご案内						
3	定期開催						
5	教室名	対象	曜日	開始時間	終了時間	料金	定員
6	体育館						
7	バドミントン初級	16歳以上	月	9時00分	10時30分	12,800	24
8	バドミントン中級	16歳以上	月	10時40分	12時10分	13,000	24
9	バドミントン上級	16歳以上	月	13時00分	14時30分	13,500	24
10	レクリエーションホール						
11	はじめてのフラ	16歳以上	月	13時00分	14時30分	12,000	20
12	ピラティス初級	16歳以上	水	9時00分	10時00分	8,000	15
13	ピラティス中級	16歳以上	水	10時10分	11時10分	9,000	15
15	単発開催						
17	教室名	対象	曜日	開始時間	終了時間	料金	定員
18	体育館						
19	運動能力向上トレーニング	60歳以上	木	13時00分	14時30分	600	25
20	エアロビクス入門	16歳以上	土	10時40分	11時40分	1000	15
21	はつらつ体操	40歳以上	木	9時00分	10時00分	10	25

❶ Esc キー

セル内のテキストを折り返して表示する

列の幅を超える長い文字列を、セル内で折り返して表示できます。

Lesson 45

サンプル Lesson45.xlsx

セルA3の文字列を折り返して全体を表示しましょう。

春のスポーツ教室ご案内				
※運動しやすい服装と靴でお越しください				
教室名	対象	曜日	開始時間	終了時間
バドミントン初級	16歳以上	月	9:00	10:30
バドミントン中級	16歳以上	月	10:40	12:10
バドミントン上級	16歳以上	月	13:00	14:30
ジュニアバドミントン基礎	小中学生	金	15:00	16:30
ジュニアバドミントン応用	小中学生	土	9:00	10:30

➡

秋のスポーツ教室ご案内				
※運動しやすい服装と靴でお越しください				
教室名	対象	曜日	開始時間	終了時間
バドミントン初級	16歳以上	月	9:00	10:30
バドミントン中級	16歳以上	月	10:40	12:10
バドミントン上級	16歳以上	月	13:00	14:30
ジュニアバドミントン基礎	小中学生	金	15:00	16:30

1 セル内で折り返して表示します。

❶ セルA3を選択します。

❷ [ホーム] タブをクリックします。

❸ [配置] グループの [折り返して全体を表示する] をクリックします。

2 結果を確認します。

❶ セル内に納まるように、自動的に折り返して表示されます。

➡ **StepUp**

改行しない元の状態に戻すには、[折り返して全体を表示] を再度クリックします。

Column　任意の位置での改行

　自動的に折り返すのではなく、任意の位置で改行するには、セルを編集状態にし、カーソルを合わせて [Alt] キーを押しながら [Enter] キーを押します。

数値の書式を適用する

　日付を含む数値データには、3桁区切りのカンマ（「桁区切りスタイル」といいます）を表示したり、％表示にしたり、スラッシュ区切りの日付を年月日に変えるなど、読みやすく変更できます。表示を変更するだけで、セルの中身は変わりません。

Lesson 46

サンプル　Lesson46.xlsx

セルB4～E13に「桁区切りスタイル」を設定しましょう。

	目標	4月	5月	6月	第1四半期計
札幌支店	1300000	226000	167000	275000	668000
仙台支店	1300000	214000	229000	279000	722000
新潟支店	1600000	295000	194000	280000	769000
茨城支店	1500000	299000	253000	288000	840000
神奈川支店	1200000	176000	179000	185000	540000
名古屋支店	1350000	175000	192000	175000	542000
鳥取支店	1300000	160000	195000	294000	649000
山口支店	1200000	268000	264000	165000	697000
大分支店	1150000	205000	238000	278000	721000
合計	11900000	2018000	1911000	2219000	6148000

	目標	4月	5月	6月	第1四半期計
札幌支店	1,300,000	226,000	167,000	275,000	668000
仙台支店	1,300,000	214,000	229,000	279,000	722000
新潟支店	1,600,000	295,000	194,000	280,000	769000
茨城支店	1,500,000	299,000	253,000	288,000	840000
神奈川支店	1,200,000	176,000	179,000	185,000	540000
名古屋支店	1,350,000	175,000	192,000	175,000	542000
鳥取支店	1,300,000	160,000	195,000	294,000	649000
山口支店	1,200,000	268,000	264,000	165,000	697000
大分支店	1,150,000	205,000	238,000	278,000	721000
合計	11,900,000	2,018,000	1,911,000	2,219,000	6148000

1　3桁区切りのカンマを付けます。

❶ セルB4～E13を選択します。

❷ [ホーム] タブをクリックします。

❸ [数値] グループの [桁区切りスタイル] をクリックします。

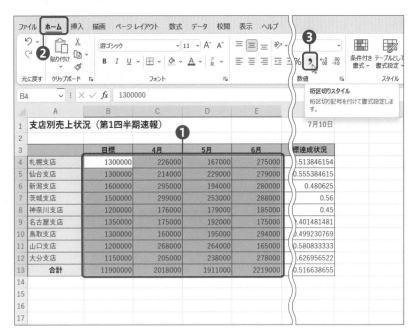

2 結果を確認します。

❶ 選択した範囲に3桁区切りのカンマが設定されます。セル内のデータは変わりません。

> セル内のデータにカンマは付いていません

| B4 | | fx | 1300000 |

	A	B	C		
1	支店別売上状況（第1四半期速報）				
3		目標	4月	5月	6月	第1四半期計
4	札幌支店	1,300,000	226,000	167,000	275,000	668000
5	仙台支店	1,300,000	214,000	229,000	279,000	722000
6	新潟支店	1,600,000	295,000	194,000	280,000	769000
7	茨城支店	1,500,000	299,000	253,000	288,000	840000
8	神奈川支店	1,200,000	176,000	179,000	185,000	540000
9	名古屋支店	1,350,000	175,000	192,000	175,000	542000
10	鳥取支店	1,300,000	160,000	195,000	294,000	649000
11	山口支店	1,200,000	268,000	264,000	165,000	697000
12	大分支店	1,150,000	205,000	238,000	278,000	721000
13	合計	11,900,000	2,018,000	1,911,000	2,219,000	6148000

Lesson 47

サンプル Lesson47.xlsx

セルF4～F13を通貨の表示にしましょう。

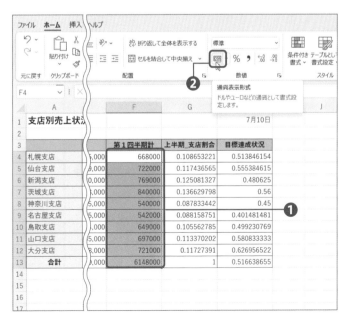

1 通貨表示形式を設定します。

❶ セルF4～F13を選択します。
❷ [数値] グループの [通貨表示形式] をクリックします。

> 通貨表示形式
> ドルやユーロなどの通貨として書式設定します。

	A	F	G	J
1	支店別売上状			7月10日
3		第1四半期計	上半期_支店割合	目標達成状況
4	札幌支店	668000	0.108653221	0.513846154
5	仙台支店	722000	0.117436565	0.555384615
6	新潟支店	769000	0.125081327	0.480625
7	茨城支店	840000	0.136629798	0.56
8	神奈川支店	540000	0.087833442	0.45
9	名古屋支店	542000	0.088158751	0.401481481
10	鳥取支店	649000	0.105562785	0.499230769
11	山口支店	697000	0.113370202	0.580833333
12	大分支店	721000	0.11727391	0.626956522
13	合計	6148000	1	0.516638655

2 結果を確認します。

❶ 選択した範囲に通貨表示形式が
設定されます。

E	F	G	H	I	J	K
			7月10日			
6月	**第1四半期計**	**上半期_支店割合**	**目標達成状況**			
275,000	¥668,000	0.108653221	0.513846154			
279,000	¥722,000	0.117436565	0.555384615			
280,000	¥769,000	0.125081327	0.480625			
288,000	¥840,000	0.136629798	0.56			
185,000	¥540,000	0.087833442	0.45	❶		
175,000	¥542,000	0.088158751	0.401481481			
294,000	¥649,000	0.105562785	0.499230769			
165,000	¥697,000	0.113370202	0.580833333			
278,000	¥721,000	0.11727391	0.626956522			
2,219,000	¥6,148,000	1	0.516638655			

> **StepUp**
>
> [通貨表示形式] の ☑ をクリックすると、日本円以外の通貨を
> 選択できます。

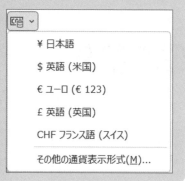

¥ 日本語

$ 英語 (米国)

€ ユーロ (€ 123)

£ 英語 (英国)

CHF フランス語 (スイス)

その他の通貨表示形式(M)...

Lesson 48

サンプル Lesson48.xlsx

セルG4〜H13に小数点以下第1位までのパーセントスタイルを設定しましょう。

上半期_支店割合	目標達成状況
0.108653221	0.513846154
0.117436565	0.555384615
0.125081327	0.480625
0.136629798	0.56
0.087833442	0.45
0.088158751	0.401481481
0.105562785	0.499230769
0.113370202	0.580833333
0.11727391	0.626956522
1	0.516638655

上半期_支店割合	目標達成状況
10.9%	51.4%
11.7%	55.5%
12.5%	48.1%
13.7%	56.0%
8.8%	45.0%
8.8%	40.1%
10.6%	49.9%
11.3%	58.1%
11.7%	62.7%
100.0%	51.7%

1 パーセントスタイルを設定します。

❶ セルG4～H13を選択します。

❷ [ホーム] タブをクリックします。

❸ [数値] グループの [パーセントスタイル] をクリックします。

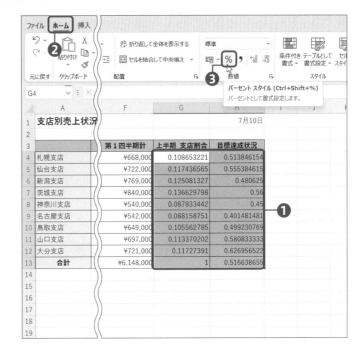

2 小数点以下の表示桁数を増やします。

❶ [数値] グループの [小数点以下の表示桁数を増やす] をクリックします。

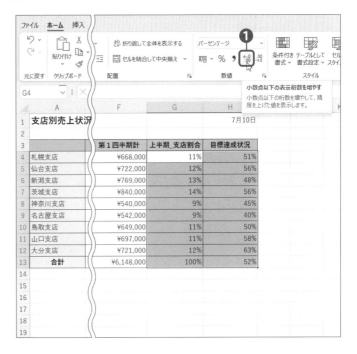

3 結果を確認します。

❶ 選択した範囲に小数点以下第1位までのパーセントスタイルが設定されます。

	E	F	G	H	I	J	K
				7月10日			
	6月	**第1四半期計**	**上半期_支店割合**	**目標達成状況**			
	275,000	¥668,000	10.9%	51.4%			
	279,000	¥722,000	11.7%	55.5%			
	280,000	¥769,000	12.5%	48.1%			
	288,000	¥840,000	13.7%	56.0%			
	185,000	¥540,000	8.8%	45.0%			
	175,000	¥542,000	8.8%	40.1%			
	294,000	¥649,000	10.6%	49.9%			
	165,000	¥697,000	11.3%	58.1%			
	278,000	¥721,000	11.7%	62.7%			
	2,219,000	¥6,148,000	100.0%	51.7%			

Point

小数点表示の桁数は、[小数点以下の表示桁数を増やす] をクリックするごとに小数点以下の桁数が第1位、第2位…と増えていきます。[小数点以下の表示桁数を減らす] をクリックすると第2位、第1位と減っていきます。

Lesson 49

サンプル Lesson49.xlsx

セルH1の日付を「2023/7/10」の表示へ変更しましょう。

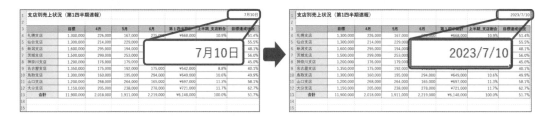

1 日付を変更するセルを選択します。

❶ セルH1を選択します。

	E	F	G	H	I	J	K
				7月10日 ❶			
	6月	**第1四半期計**	**上半期_支店割合**	**目標達成状況**			
	275,000	¥668,000	10.9%	51.4%			
	279,000	¥722,000	11.7%	55.5%			
	280,000	¥769,000	12.5%	48.1%			
	288,000	¥840,000	13.7%	56.0%			
	185,000	¥540,000	8.8%	45.0%			
	175,000	¥542,000	8.8%	40.1%			
	294,000	¥649,000	10.6%	49.9%			
	165,000	¥697,000	11.3%	58.1%			
	278,000	¥721,000	11.7%	62.7%			
	2,219,000	¥6,148,000	100.0%	51.7%			

2 日付の表示形式を変更します。

❶ [ホーム] タブをクリックします。

❷ [数値] グループの [数値の書式] (ユーザー定義) の ✔ をクリックします。

❸ [短い日付形式] をクリックします。

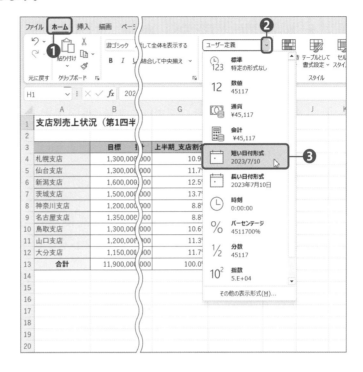

3 結果を確認します。

❶ 日付の表示形式が変更されます。

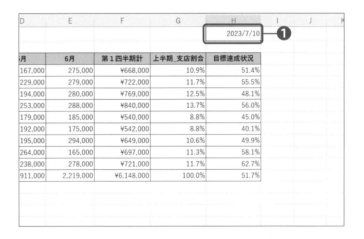

2-2-6

[セルの書式設定] ダイアログボックスからセルの書式を適用する

学習日チェック

月　日 ☑

月　日 ☑

月　日 ☑

　[セルの書式設定] ダイアログボックスを使用すると、リボンに表示されていない表示形式を指定したり、フォントや数値の表示形式、罫線などをまとめて設定したりできます。

Lesson 50

サンプル Lesson50.xlsx

　[セルの書式設定] ダイアログボックスを使用して、セルD4～E11の時刻を「9時30分」の表示形式に変更し、右インデントを「1」に設定しましょう。

曜日	開始時間	終了時間	実施時間	回数	料金	定員
月	9:00	10:30	90分	12	12,800	24
月	10:40	12:10	90分	12	13,000	24
月	13:00	14:30	90分	12	13,500	24
金	15:00	16:30	90分	11	8,500	20
土	9:00	10:30	90分	11	8,500	20
木	9:00	10:00	60分	10	9,000	25
金	16:00	17:00	60分	10	10,000	20
土	15:00	16:00	60分	8	800	25

曜日	開始時間	終了時間	実施時間	回数	料金	定員
月	9時00分	10時30分	90分	12	12,800	24
月	10時40分	12時10分	90分	12	13,000	24
月	13時00分	14時30分	90分	12	13,500	24
金	15時00分	16時30分	90分	11	8,500	20
土	9時00分	10時30分	90分	11	8,500	20
木	9時00分	10時00分	60分	10	9,000	25
金	16時00分	17時00分	60分	10	10,000	20
土	15時00分	16時00分	60分	8	800	25

1 [セルの書式設定] ダイアログボックスを表示します。

❶ セルD4～E11を選択し、右クリックします。

❷ [セルの書式設定] をクリックします。

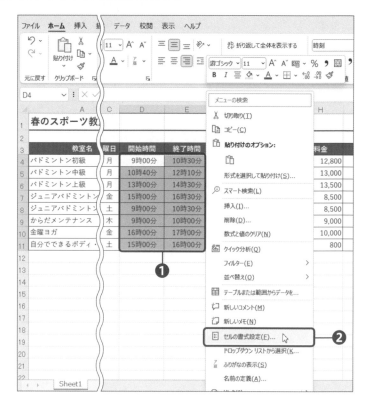

2 時刻の表示形式を設定します。

❶ [表示形式] タブをクリックします。
❷ [分類] の [時刻] をクリックします。
❸ [種類] の [13時30分] をクリックします。

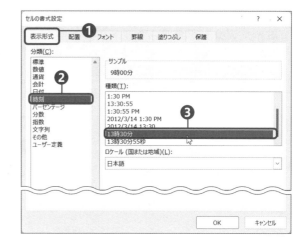

3 右インデントを設定します。

❶ [配置] タブをクリックします。
❷ [横位置] の▽をクリックします。
❸ [右詰め (インデント)] をクリックします。

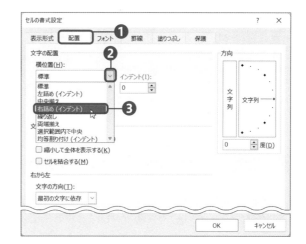

❹ [インデント] を「1」に設定します。
❺ [OK] ボタンをクリックします。

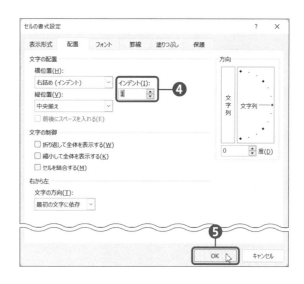

4 結果を確認します。

❶時刻の表示形式が変更され、右インデントが設定されます。

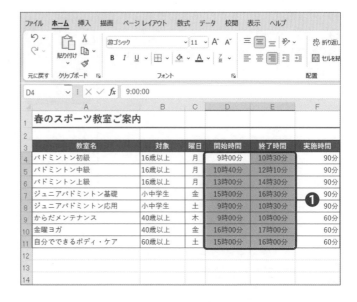

別の方法

[セルの書式設定] ダイアログボックスの表示には、Lessonで実習した以外に次の方法があります。
・[ホーム] タブ→ [フォント] [配置] [数値] のグループの 🔽 ボタン
・[ホーム] タブ→ [セル] のグループの [書式] → [セルの書式設定]
・[Ctrl]+ 🔽 キー

Column [セルの書式設定] ダイアログボックスのタブ

・[表示形式] タブ：数値や通貨、パーセントなどの表示を設定できます。
・[配置] タブ：横位置や縦位置、結合などを設定できます。
・[フォント] タブ：フォントやフォントサイズ、フォントの色などを同時に設定できます。
・[罫線] タブ：線のスタイルや色、斜線などを設定できます。
・[塗りつぶし] タブ：塗りつぶしの色、ドットなどのパターンを設定できます。
・[保護] タブ：シートを保護するときのロックの解除、数式の非表示を設定できます。

2-2-7

セルのスタイルを適用する

「セルのスタイル」は、複数の書式をまとめて登録したものです。自分でフォントサイズを変更したり塗りつぶしを設定したりする手間を省き、簡単な操作で見映えの良いスタイルを設定できます。

Lesson 51

サンプル Lesson51.xlsx

セルA1〜G1にセルのスタイル「見出し1」を、セルA3〜G3にセルのスタイル「薄い青、40%-アクセント5」を適用しましょう。

1 1か所目にセルのスタイルを適用します。

❶ セルA1〜G1を選択します。

❷ [ホーム] タブをクリックします。

❸ [スタイル] グループの [セルのスタイル] をクリックします。

❹ [タイトルと見出し] の [見出し1] をクリックします。

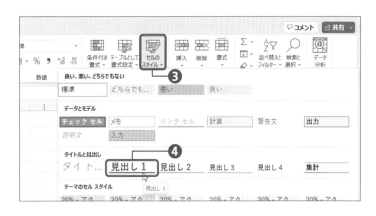

② 2か所目にセルのスタイルを適用します。

❶ セルA3〜G3を選択します。

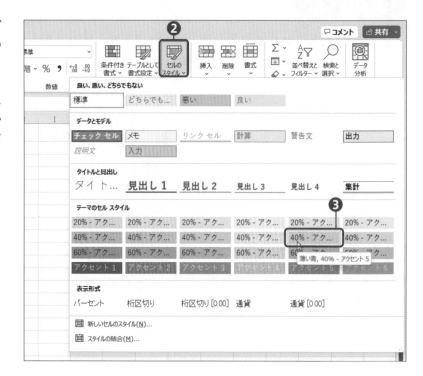

❷ [スタイル] グループの [セルのスタイル] をクリックします。

❸ [テーマのセル スタイル] の [薄い青、40%-アクセント5] をクリックします。

③ 結果を確認します。

❶ セルのスタイルが設定されます。

	教室名	対象	曜日	開始時間	終了時間	月謝	定員
	春のスポーツ教室ご案内						
4	バドミントン初級	16歳以上	月	9時00分	10時30分	12,800	24
5	バドミントン中級	16歳以上	月	10時40分	12時10分	13,000	24
6	バドミントン上級	16歳以上	月	13時00分	14時30分	13,500	24
7	ジュニアバドミントン基礎	小中学生	金	15時00分	16時30分	8,500	20
8	ジュニアバドミントン応用	小中学生	土	9時00分	10時30分	8,500	20
9	からだメンテナンス	40歳以上	木	9時00分	10時00分	9,000	25
10	金曜ヨガ	40歳以上	金	16時00分	17時00分	10,000	20
11	自分でできるボディ・ケア	60歳以上	土	15時00分	16時00分	800	25

セルの書式設定をクリアする

[書式のクリア] を使用すると、セルに設定済みのフォントや数値の書式や罫線、配置、塗りつぶしの色などをまとめて消去できます。入力直後の状態に戻してやり直したい場合に使用します。

Lesson 52

サンプル Lesson52.xlsx

シートに設定されている書式をすべてクリアしましょう。

1 すべてのデータを選択します。

❶ 全セル選択ボタンをクリックします。

2 書式をクリアします。

❶ [ホーム] タブを
クリックします。
❷ [編集] グルー
プの [クリア]
をクリックし
ます。
❸ [書式のクリア]
をクリックしま
す。

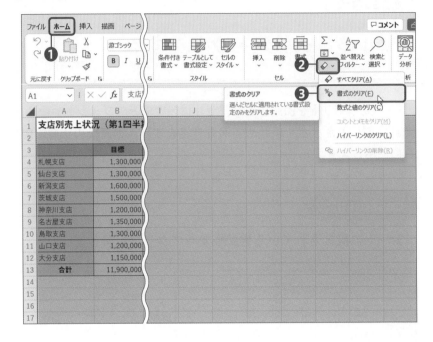

3 結果を確認します。

❶ すべての書式が
クリアされます。

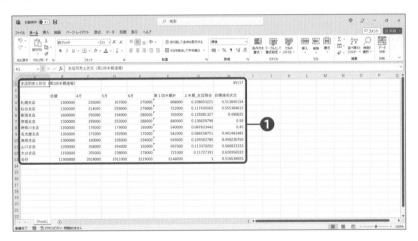

| Column | クリアの種類 |

[クリア] の ▼ をクリックすると、次のようなクリアを選択できます。

[すべてクリア]	書式だけでなくデータもすべて削除されます
[書式のクリア]	書式だけクリアされ、データはそのままです
[数式と値のクリア]	データだけクリアされ、書式はそのままです
[ハイパーリンクのクリア]	ハイパーリンクだけクリアされ、書式はそのままです

複数のシートをグループ化して書式設定する

　ワークシートを「グループ化」すると、1つのワークシートに行った操作が他のすべてのワークシートの同じ範囲に設定されます。例えば、複数のワークシートの同じセルに同じタイトルを入力したり、同じ範囲に罫線を引いたりできるので、同じパターンで入力されたワークシートの操作を効率的に行えます。

　グループ化するとタイトルバーに［グループ］と表示されます。

Lesson 53

サンプル　Lesson53.xlsx

　［1学期］シートから［3学期］シートをグループ化し、次の設定をしましょう。設定後、グループを解除します。
・**タイトルサイズ：16Pt**
・**セルA3〜J13：格子線を引く**
・**シート見出しの色：オレンジ**

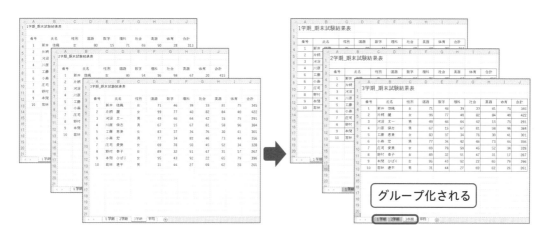

1 シートをグループ化します。

❶［1学期］シートが選択されていることを確認します。

❷ Shift キーを押しながら［3学期］シート見出しをクリックします。

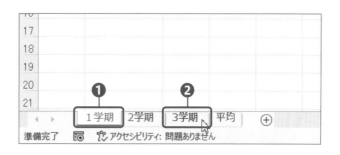

❸3枚のシートがグルー
プ化され、タイトル
バーに［グループ］と
表示されます。

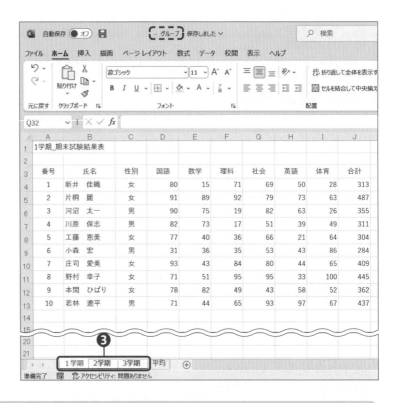

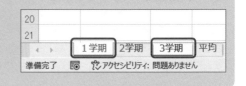

2 タイトルのサイズを変更します。

❶セルA1を選択します。
❷［ホ ー ム］タ ブ を ク
リックします。
❸［フォント］グループの
［フォントサイズ］の
▽をクリックします。
❹［16］をクリックします。

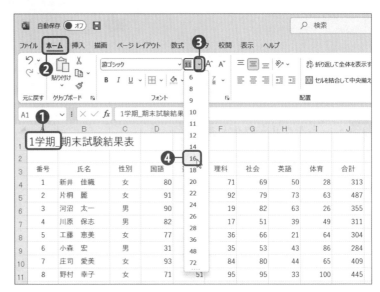

3 罫線を引きます。

❶ セルA3〜J13を選択します。

❷ [フォント] グループの [罫線] の ⌄ をクリックします。

❸ [格子] をクリックします。

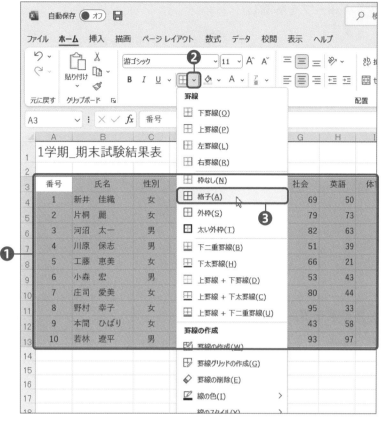

4 シート見出しの色を変更します。

❶ [1学期] から [3学期] のいずれかのシート見出しを右クリックします。

❷ [シート見出しの色] をポイントし、[オレンジ] をクリックします。

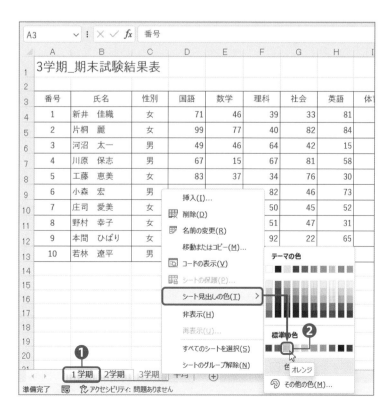

5 グループを解除します。

❶[平均] シートをクリックします。

▶別の方法

このLessonで実習した方法は、グループ化されていないシートがある場合のものです。グループの解除にはほかに次の方法があります。

・グループ化されたシートのいずれかのシート見出しを右クリックし、[シートのグループ解除] をクリックします
・アクティブシート以外のシート見出しをクリックします (すべてのシートがグループ化されている場合)

6 結果を確認します。

❶[1学期] から [3学期] の3枚のシートで、タイトルのフォントサイズ、罫線、ワークシートの色が同じに設定されます (アクティブシートのシート見出しの色は少し薄く表示されます)。

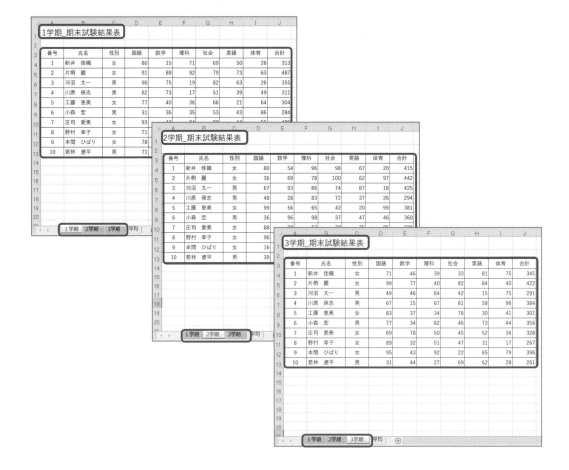

166

2-3 名前付き範囲を定義する、参照する

2-3-1

名前付き範囲を定義する

　セル、またはセル範囲に名前を付けることができます。作成した名前は、範囲選択に使用したり、数式の引数に使用したりできます。

　名前を付けるには、[名前ボックス]を使用して1つずつ作成する方法と、選択した範囲から自動的に作成する方法があります。作成した後に、範囲を変更することもできます。

　範囲選択に名前付き範囲を使用する方法は『1-2-2 名前付きのセル、セル範囲、ブックの要素へ移動する』を参照してください。

　数式に使用する方法は『4-1-2 数式の中で構造化参照を使用する』のColumnを参照してください。

Lesson 54

サンプル Lesson54.xlsx

**　セルC13～H13に「受験人数」という名前を定義しましょう。セルC3～H12の範囲には、上端行を使用して名前を定義しましょう。**

**　次に、セルI4～I13に定義済みの名前「合計」の範囲をセルI4～I12に変更しましょう。**

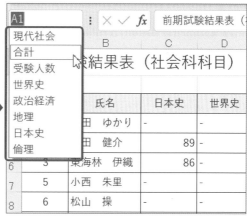

1 名前ボックスを使用して名前を定義します。

❶ セルC13～H13を
範囲選択します。

❷ [名前ボックス]
内をクリックし、
カーソルを表示し
ます。

❸ 「受験人数」と入
力し、 Enter キー
を押します。

2 選択した範囲から自動的に名前を作成します。

❶セルC3〜H12を
範囲選択します。
❷[数式] タブをク
リックします。
❸[定義された名前]
グループの[選択
範囲から作成]を
クリックします。

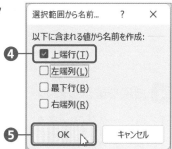

❹[以下に含まれる値から名前を作成] の [上端行] だけチェッ
クを入れます。
❺[OK] ボタンをクリックします。

3 定義済みの名前のセル範囲を変更します。

❶[数式] タブをク
リックします。
❷[定義された名前]
グループの[名前
の管理] をクリッ
クします。

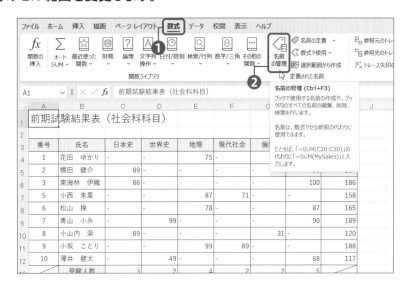

❸[合計] をクリックします。
❹[参照範囲] を「=Sheet 1!$I$4:$I$12」に変更します。
❺[閉じる] ボタンをクリックします。

❻[はい] ボタンをクリックします。

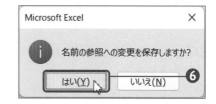

4 結果を確認します。

❶名前ボックスの ☑ をクリックすると、登録された名前が表示されます。

Point

名前の先頭は文字かアンダースコア (_) しか設定できません。自動的に設定される名前が「4月」「5月」のような数字の場合は先頭にアンダースコアが付与され、「_4月」「_5月」となります。

名前付き範囲を参照する

名前を付けたセル、またはセル範囲に簡単にジャンプし、範囲選択できます。

Lesson 55

サンプル Lesson55.xlsx

定義された名前「受験人数」に、塗りつぶしの色 [青、アクセント1、白+基本色80%] を設定しましょう。

1 名前付き範囲にジャンプします。

❶名前ボックスの ✓ をクリックします。

❷[受験人数] をクリックします。

❸セルC13〜H13 が選択されます。

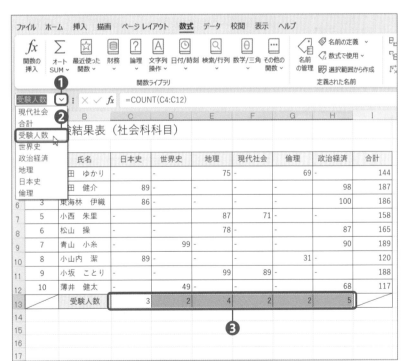

セルやセル範囲のデータの管理

2 塗りつぶしの色を設定します。

❶ [ホーム] タブを
クリックします。
❷ [フォント] グ
ループの [塗り
つぶしの色] の
☑ をクリックし
ます。
❸ [青、アクセント
1、白 + 基本色
80%] をクリック
します。

3 結果を確認します。

❶ 定義された名前
[受験人数] に塗
りつぶしの色が
設定されます。

	A	B	C	D	E	F	G	H	I
1	前期試験結果表（社会科科目）								
2									
3	番号	氏名	日本史	世界史	地理	現代社会	倫理	政治経済	合計
4	1	花田　ゆかり	-	-	75	-	69	-	144
5	2	横田　健介	89	-	-	-	-	98	187
6	3	東海林　伊織	86	-	-	-	-	100	186
7	5	小西　朱里	-	-	87	71	-	-	158
8	6	松山　操	-	-	78	-	-	87	165
9	7	青山　小糸	-	99	-	-	-	90	189
10	8	小山内　潔	89	-	-	-	31	-	120
11	9	小坂　ことり	-	-	99	89	-	-	188
12	10	薄井　健太	-	49	-	-	-	68	117
13		受験人数	3	2	4	2	2	5	❶
14									

> **StepUp**
> 定義した名前は、ジャンプしたり範囲選択したりするほかに、数式に使用することができます。
> 数式に名前を使用する方法は『4-1-2 数式の中で構造化参照を使用する』のColumnを参照してくだ
> さい。

2-4 データを視覚的にまとめる

2-4-1

スパークラインを挿入する

「スパークライン」は、一つ一つのセルの中に納まる小さなグラフです。1行分のデータを同じ行の一つのセルに表示します。スパークラインを挿入すると、グラフを作成するよりも単純な操作で、データのパターンを簡潔にわかりやすく表示できます。

スパークラインには次の3種類があります。

・折れ線スパークライン

番号	氏名	1年	2年	3年	4年	推移
1	新井 佳織	979	754	913	886	
2	片桐 麗	940	846	948	771	
3	河沼 太一	817	792	746	892	
4	川原 保志	781	939	880	763	
5	工藤 恵美	770	824	872	705	
6	小森 宏	450	954	782	708	

・縦棒スパークライン

	札幌店	仙台店	横須賀店	岐阜店	沖縄店	傾向
パソコン	445	419	530	588	568	
デジカメ	304	376	346	346	394	
冷蔵庫	352	539	493	600	577	
洗濯機	190	184	262	283	278	
テレビ	43	172	338	180	381	
そうじ機	173	127	123	170	163	
エアコン	12	43	52	60	280	

・勝敗スパークライン

	2018年	2019年	2020年	2021年	2022年	2023年	前年度との差
見学者	80	50	55	50	−120	−110	
志願者	60	40	20	50	10	−30	
入学者	35	20	−10	60	−45	−55	

　4月〜9月のデータをもとに、H列に折れ線スパークラインを作成しましょう。作成したスパークラインは、マーカーを表示し、スパークラインの太さを2.25ポイントに変更しましょう。

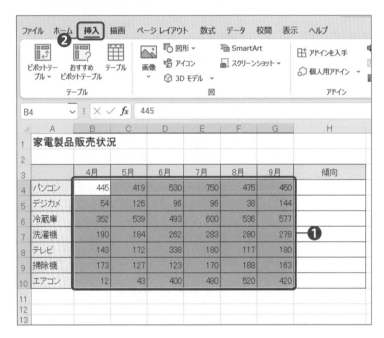

1 元範囲とスパークラインの種類を選択します。

❶ セルB4〜G10を範囲選択します。

❷［挿入］タブをクリックします。

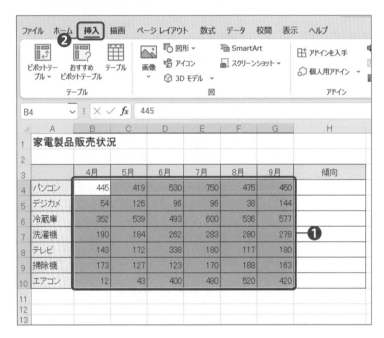

❸［スパークライン］グループの［折れ線スパークライン］（折れ線）をクリックします。

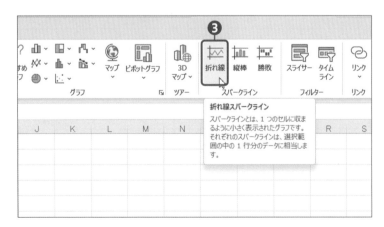

2 作成場所を設定してスパークラインを作成します。

❶ [データ範囲] に [B4:G10] が設定されていることを確認します。

❷ [場所の範囲] にカーソルがあることを確認し、セルH4〜H10をドラッグします。

❸ [OK] ボタンをクリックします。

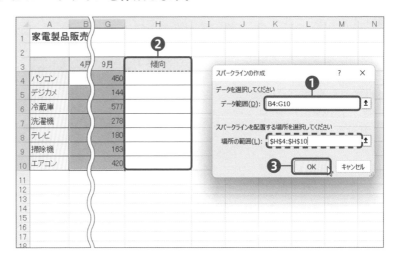

3 マーカーを表示します。

❶ [スパークライン] タブをクリックします。

❷ [表示] グループの [スパークラインのマーカーの表示/非表示] (マーカー) にチェックを入れます。

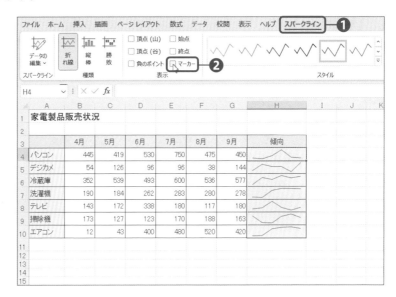

❸ スパークラインにマーカーが表示されます。

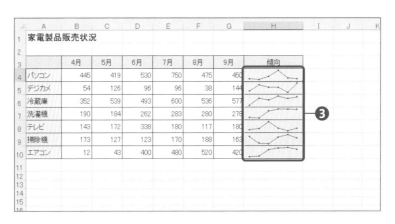

4 スパークラインの線を変更します。

❶「スタイル」グループ
の［スパークライン
の色］をクリックし
ます。

❷［太さ］をポイント
し、［2.25 pt］をク
リックします。

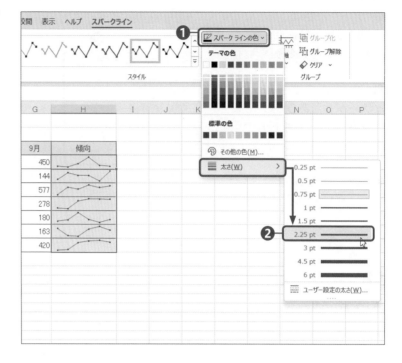

5 結果を確認します。

❶ スパークラインに
マーカーが表示され、
線の太さが変更され
ます。

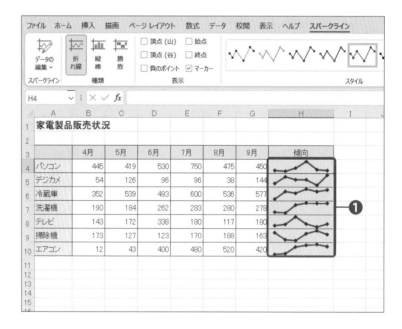

Point

作成したスパークラインは、データ（行）ごとに最小値と最大値が自動で設定されるため、他の行との比較ができません。データごとの推移も確認し、同時に他の行との比較もする場合、軸の最小値と最大値を調整します。次のLessonで学習しましょう。

Lesson 57

サンプル Lesson57.xlsx

折れ線スパークラインを縦棒スパークラインへ変更しましょう。スパークラインの縦軸の最小値を「0、最大値をすべてのスパークラインで同じ値にしましょう。

	4月	5月	6月	7月	8月	9月	傾向
パソコン	445	419	530	750	475	450	
デジカメ	54	126	96	96	38	144	
冷蔵庫	352	539	493	600	536	577	
洗濯機	190	184	262	283	280	278	
テレビ	143	172	338	180	117	180	
掃除機	173	127	123	170	188	163	
エアコン	12	43	400	480	520	420	

	4月	5月	6月	7月	8月	9月	傾向
パソコン	445	419	530	750	475	450	
デジカメ	54	126	96	96	38	144	
冷蔵庫	352	539	493	600	536	577	
洗濯機	190	184	262	283	280	278	
テレビ	143	172	338	180	117	180	
掃除機	173	127	123	170	188	163	
エアコン	12	43	400	480	520	420	

1 スパークラインの種類を変更します。

❶ スパークラインのいずれかのセルをクリックします。

❷ [スパークライン] タブをクリックします。

❸ [種類] グループの [縦棒スパークラインに変換] (縦棒) をクリックします。

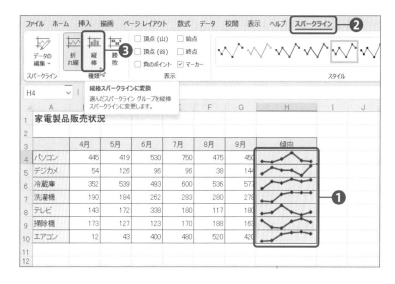

2 軸の最小値と最大値を変更します。

❶ [グループ] グループの [スパークラインの軸] (軸) をクリックします。

❷ [縦軸の最小値のオプション] の [ユーザー設定値] をクリックします。

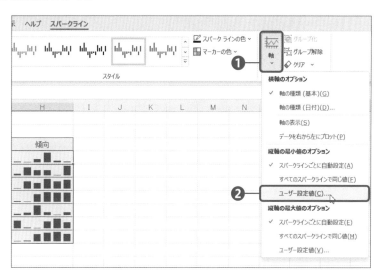

❸ [縦軸の最小値を入力してください] に「0.0」が設定されていることを確認します。
❹ [OK] ボタンをクリックします。

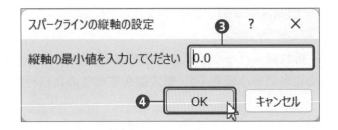

❺ 再度 [グループ] グループの [スパークラインの軸] (軸) をクリックします。
❻ [縦軸の最大値のオプション] の [すべてのスパークラインで同じ値] をクリックします。

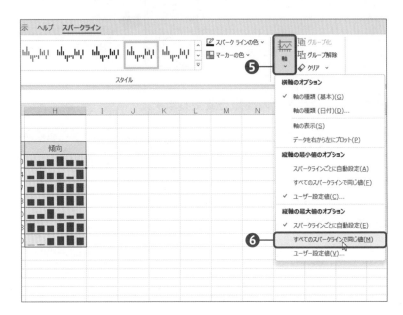

3 結果を確認します。

❶ 縦棒スパークラインへ変更され、軸の最小値と最大値が統一されます。

	A	B	C	D	E	F	G	H
1	家電製品販売状況							
2								
3		4月	5月	6月	7月	8月	9月	傾向
4	パソコン	445	419	530	750	475	450	
5	デジカメ	54	126	96	96	38	144	
6	冷蔵庫	352	539	493	600	536	577	
7	洗濯機	190	184	262	283	280	278	
8	テレビ	143	172	338	180	117	180	
9	掃除機	173	127	123	170	188	163	
10	エアコン	12	43	400	480	520	420	
11								
12								
13								

サンプル Lesson58.xlsx

縦棒スパークラインのデザインを次のように変更しましょう。

・スタイル：茶、スパークライン スタイル アクセント 2、黒＋基本色 25%

・表示：頂点（山）、頂点（谷）

	4月	5月	6月	7月	8月	9月	傾向
パソコン	445	419	530	750	475	450	
デジカメ	54	126	96	96	38	144	
冷蔵庫	352	539	493	600	536	577	
洗濯機	190	184	262	283	280	278	
テレビ	143	172	338	180	117	180	
掃除機	173	127	123	170	188	163	
エアコン	12	43	400	480	520	420	

	4月	5月	6月	7月	8月	9月	傾向
パソコン	445	419	530	750	475	450	
デジカメ	54	126	96	96	38	144	
冷蔵庫	352	539	493	600	536	577	
洗濯機	190	184	262	283	280	278	
テレビ	143	172	338	180	117	180	
掃除機	173	127	123	170	188	163	
エアコン	12	43	400	480	520	420	

1 スタイルを変更します。

❶ スパークラインのいずれかのセルをクリックします。

❷ ［スパークライン］タブをクリックします。

❸ ［スタイル］グループの［その他］をクリックします。

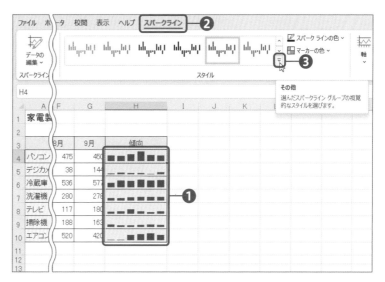

❹ ［茶、スパークラインスタイル アクセント2、黒＋基本色25%］をクリックします。

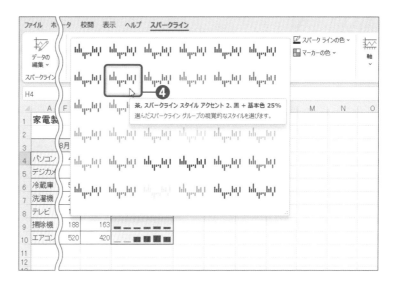

2 表示を変更します。

❶[表示] グループの
[頂点 (山)] と [頂点
(谷)] にチェックを
入れます。

3 結果を確認します。

❶スパークラインのデ
ザインが変更されま
す。

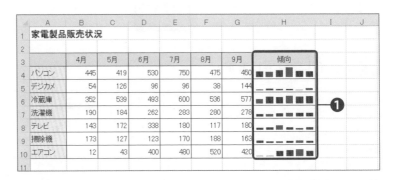

⇨ StepUp

不要になったスパークラインは削除できます。

❶ スパークラインのいずれかのセルをクリックします。
❷ [スパークライン] タブをクリックします。
❸ [グループ] グループの [クリア] の ☑ をクリックし、[選択したスパークライングループのクリア] をクリックします。

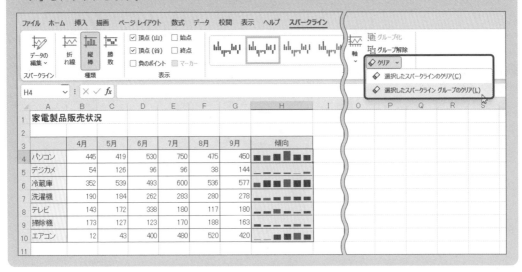

組み込みの条件付き書式を適用する

「条件付き書式」は、あらかじめ条件を設定しておき、入力したデータがその条件を満たす場合に自動的に書式を設定する機能です。「土曜日の文字を青く、日曜日の文字を赤くしたい」、「1,000以上の数値が入力されたらマークを表示したい」などというときに使います。同じ箇所に複数の条件付き書式を設定することもできます。

条件付き書式には次の5種類があります。

・セルの強調表示ルール：「100より大きい」「1〜10の間」などの条件に応じて、特定の書式を設定します

・上位/下位ルール：「平均より上」「上位10%」などの条件に応じて、特定の書式を設定します

・データバー：値の大小を比較して、セルの背景に棒グラフを表示します

・アイコンセット：値の大小を比較して、3〜4種類のアイコンを表示します

・カラースケール：値の大小を比較して、背景色を変更します

Lesson 59

サンプル Lesson59.xlsx

セルC5〜H16のデータが90より大きい場合、自動的に「濃い赤の文字、明るい赤い背景」が設定されるようにしましょう。

組	氏名	1学期		2学期		3学期	
		中間	期末	中間	期末	中間	期末
3年1組	横浜	100	51	53	100	46	64
3年2組	戸部	31	35	91	47	83	69
3年3組	瀬谷	73	78	58	58	44	48
3年4組	西谷	98	40	92	51	83	37
3年2組	太田	68	97	54	92	32	78
3年3組	石川	38	72	47	94	65	87
3年4組	上永谷	49	56	68	44	88	91
3年5組	中田	93	41	75	95	41	57
3年3組	立場	68	40	32	97	77	33
3年4組	阪東	32	88	64	95	84	72
3年5組	杉田	90	97	55	53	53	75
3年6組	金沢	83	53	53	50	58	32

組	氏名	1学期		2学期		3学期	
		中間	期末	中間	期末	中間	期末
3年1組	横浜	100	51	53	100	46	64
3年2組	戸部	31	35	91	47	83	69
3年3組	瀬谷	73	78	58	58	44	48
3年4組	西谷	98	40	92	51	83	37
3年2組	太田	68	97	54	92	32	78
3年3組	石川	38	72	47	94	65	87
3年4組	上永谷	49	56	68	44	88	91
3年5組	中田	93	41	75	95	41	57
3年3組	立場	68	40	32	97	77	33
3年4組	阪東	32	88	64	95	84	72
3年5組	杉田	90	97	55	53	53	75
3年6組	金沢	83	53	53	50	58	32

1 セルの強調ルールを設定します。

❶ セルC5～H16を選択します。
❷ [ホーム] タブをクリックします。

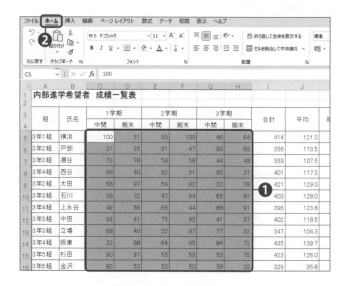

❸ [スタイル] グループの [条件
付き書式] をクリックします。
❹ [セルの強調表示ルール] をポ
イントし、[指定の値より大き
い] をクリックします。
❺ [次の値より大きいセルを書式
設定] に「90」と入力します。
❻ [書式] が「濃い赤の文字、明
るい赤の背景」に設定されてい
ることを確認します。
❼ [OK] ボタンをクリックします。

2 結果を確認します。

❶「90」より大きいセルに書式が
設定されます。

	A	B	C	D	E	F	G	H	
1	内部進学希望者　成績一覧表								
2									
3	組	氏名	1学期		2学期		3学期		合
4			中間	期末	中間	期末	中間	期末	
5	3年1組	横浜	100	51	53	100	46	64	
6	3年2組	戸部	31	35	91	47	83	69	
7	3年3組	瀬谷	73	78	58	58	44	48	
8	3年4組	西谷	98	40	92	51	83	37	
9	3年2組	太田	68	97	54	92	32	78	
10	3年3組	石川	38	72	47	94	65	87	
11	3年4組	上永谷	49	56	68	44	88	91	❶
12	3年5組	中田	93	41	75	95	41	57	
13	3年3組	立場	68	40	32	97	77	33	
14	3年4組	阪東	32	88	64	95	84	72	
15	3年5組	杉田	90	97	55	53	53	75	
16	3年6組	金沢	83	53	53	50	58	32	

セルJ5～J16にアイコンセット［3つの記号（丸囲みなし）］を設定しましょう。

組	氏名	1学期		2学期		3学期		合計	平均	順位
		中間	期末	中間	期末	中間	期末			
3年1組	横浜	100	51	53	100	46	64	414	121.3	4
3年2組	戸部	31	35	91	47	83	69	356	113.5	10
3年3組	瀬谷	73	78	58	58	44	48	359	107.5	9
3年4組	西谷	98	40	92	51	83	37	401	117.3	7
3年2組	太田	68	97	54	92	32	78	421	129.0	3
3年3組	石川	38	72	47	94	65	87	403	128.0	5
3年4組	上永谷	49	56	68	44	88	91	396	123.8	8
3年5組	中田	93	41	75	95	41	57	402	118.5	6
3年3組	立場	68	40	32	97	77	33	347	104.3	11
3年4組	阪東	32	88	64	95	84	72	435	139.7	1
3年5組	杉田	90	97	55	53	53	75	423	126.0	2
3年6組	金沢	83	53	53	50	58	32	329	95.8	12

1 アイコンセットを設定します。

❶ セルJ5～J16を選択します。

❷ ［ホーム］タブをクリックします。

❸ ［スタイル］グループの［条件付き書式］をクリックします。

❹ ［アイコンセット］をポイントし、［3つの記号（丸囲みなし）］をクリックします。

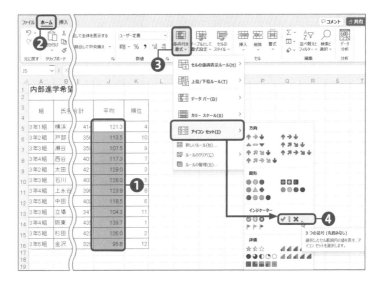

2 結果を確認します。

❶ アイコンセットが設定されます。

組	氏名	1学期		2学期		3学期		合計	平均	順位
		中間	期末	中間	期末	中間	期末			
3年1組	横浜	100	51	53	100	46	64	414	121.3	4
3年2組	戸部	31	35	91	47	83	69	356	113.5	10
3年3組	瀬谷	73	78	58	58	44	48	359	107.5	9
3年4組	西谷	98	40	92	51	83	37	401	117.3	7
3年2組	太田	68	97	54	92	32	78	421	129.0	3
3年3組	石川	38	72	47	94	65	87	403	128.0	5
3年4組	上永谷	49	56	68	44	88	91	396	123.8	8
3年5組	中田	93	41	75	95	41	57	402	118.5	6
3年3組	立場	68	40	32	97	77	33	347	104.3	11
3年4組	阪東	32	88	64	95	84	72	435	139.7	1
3年5組	杉田	90	97	55	53	53	75	423	126.0	2
3年6組	金沢	83	53	53	50	58	32	329	95.8	12

内部進学希望者　成績一覧表

アイコンセットは、入力されたデータの数値を読み取り、Excelが%を計算して記号を付けます。そのため、「なぜこの数値に対してこの記号なのか」が分かりにくいです。ここでは、120以上なら「✓」、110以上なら「！」に変更する方法を紹介します。

❶セルJ5〜J16を選択します。
❷[ホーム] タブをクリックします。
❸[スタイル] グループの [条件付き書式] をクリックし、[ルールの管理] をクリックします。

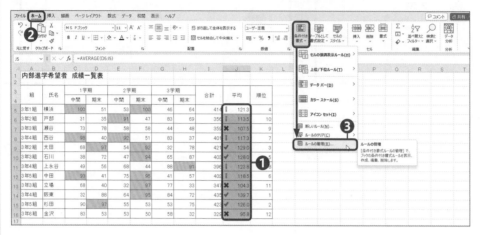

❹[ルールの編集] をクリックします。

❺[✓] の [種類] を [数値] に変更し、[値] に「120」と入力します。
❻[！] の [種類] を [数値] に変更し、[値] に「110」と入力します。
❼[OK] ボタンをクリックします。

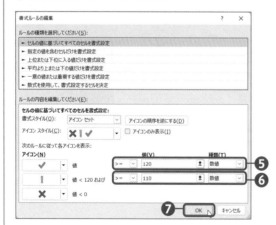

❽ [OK] ボタンをクリックします。

Lesson 61

サンプル Lesson61.xlsx

セルK5〜K16のデータが3位以上 (数値で表すと3以下) の場合、塗りつぶしの
色を「緑、アクセント6」に設定しましょう。

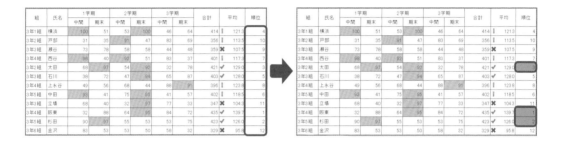

❶ 上位/下位ルールを設定します。

❶ セルK5〜K16を
選択します。

❷ [ホーム] タブを
クリックします。

❸ [スタイル] グ
ループの [条件付
き書式] をクリッ
クします。

❹ [上位/下位ルー
ル] をポイント
し、[その他の
ルール] をクリッ
クします。

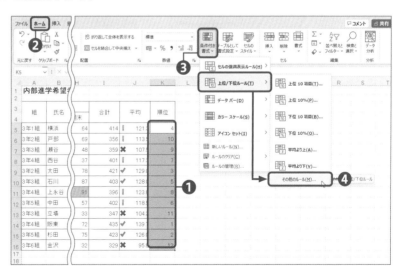

❺[次に入る値を書式設定] に [下位]、
「3」をそれぞれ選択、入力します。
❻[書式] ボタンをクリックします。

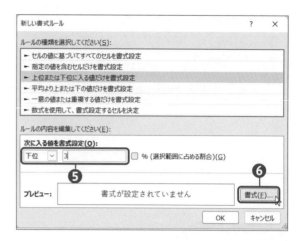

2 書式を設定します。

❶[塗りつぶし] タブをクリックします。
❷[背景色] の [緑、アクセント6] をク
リックします。
❸[OK] ボタンをクリックします。

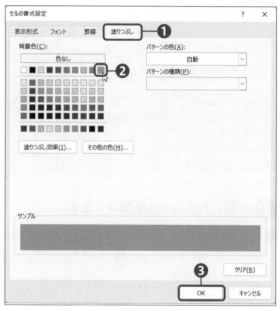

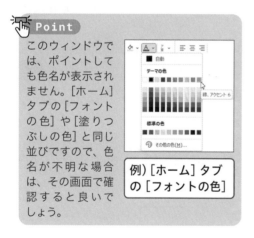

Point

このウィンドウで
は、ポイントして
も色名が表示され
ません。[ホーム]
タブの [フォント
の色] や [塗りつ
ぶしの色] と同じ
並びですので、色
名が不明な場合
は、その画面で確
認すると良いで
しょう。

例) [ホーム] タブ
の [フォントの色]

❹[OK] ボタンをクリックします。

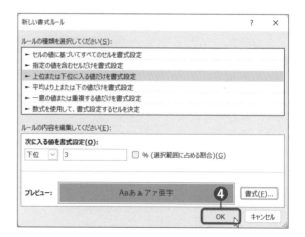

3 結果を確認します。

❶「3」以下のセルに書式が設定されます。

3学期		合計	平均	順位
間	期末			
46	64	414	▮ 121.3	4
83	69	356	▮ 113.5	10
44	48	359	✖ 107.5	9
83	37	401	▮ 117.3	7
32	78	421	✔ 129.0	3
65	87	403	✔ 128.0	5
88	91	396	▮ 123.8	8
41	57	402	▮ 118.5	6
77	33	347	✖ 104.3	11
84	72	435	✔ 139.7	1
53	75	423	✔ 126.0	2
58	32	329	✖ 95.8	12

❶

Lesson 62

サンプル Lesson62.xlsx

　セルI5～I16に [塗りつぶし（グラデーション）] の [青のデータバー] を設定しましょう。データバーは最小値を「300」、最大値を「500」にします。

　さらに、データが平均より下の場合、文字色を赤の太字、斜体に設定しましょう。

1 データバーを設定します。

❶ セル I5～I16 を選択します。

❷ [ホーム] タブをクリックします。

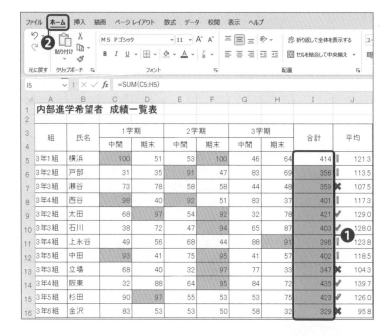

❸ [スタイル] グループの [条件付き書式] をクリックします。

❹ [データバー] をポイントし、[塗りつぶし (グラデーション)] の [青のデータバー] をクリックします。

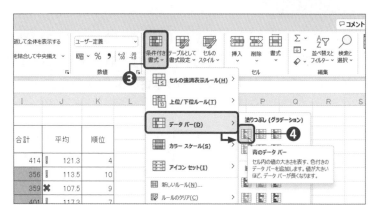

❺ データバーが設定されます。

2 データバーを編集します。

❶ [スタイル] グループの
[条件付き書式] をク
リックします。
❷ [ルールの管理] をク
リックします。

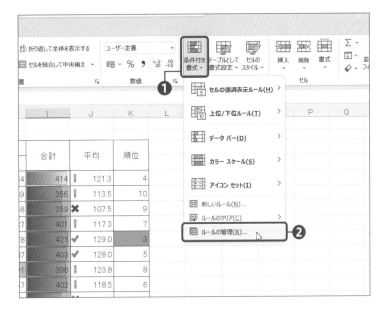

❸ [データバー] をクリッ
クします。
❹ [ルールの編集] をク
リックします。

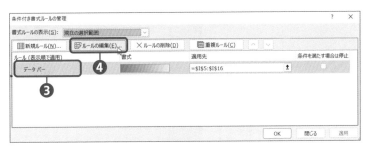

❺ [最小値] の [種類] を「数値」に変更
し、[値] に「300」と入力します。
❻ [最大値] の [種類] を「数値」に変更
し、[値] に「500」と入力します。
❼ [OK] ボタンをクリックします。

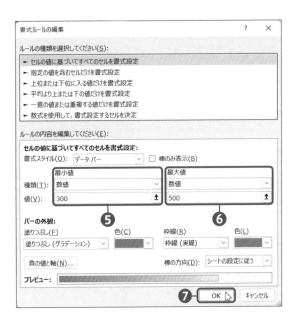

❽ [OK] ボタンをクリックします。

3 条件付き書式を追加します。

❶ 再度、[スタイル] グループの [条件付き書式] をクリックします。

❷ 「上位/下位ルール」をポイントし、[平均より下] をクリックします。

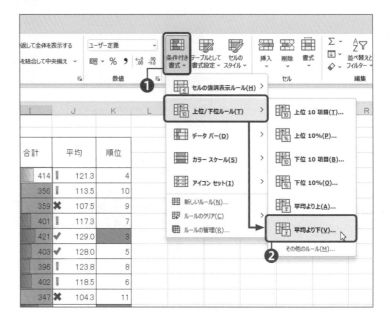

❸ [選択範囲内での書式] の ☑ をクリックし、[ユーザー設定の書式...] をクリックします。

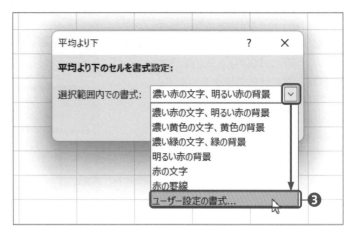

④［フォント］タブをクリックします。

⑤［スタイル］の「太字　斜体」をクリックします。

⑥［色］の▽をクリックします。

⑦［赤］をクリックします。

⑧［OK］ボタンをクリックします。

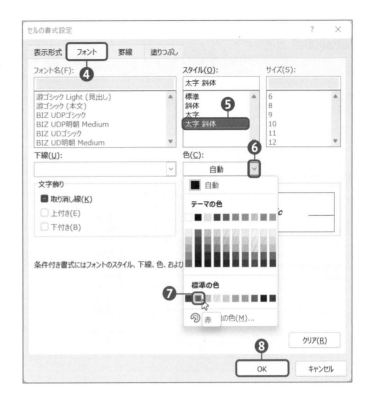

⑨［OK］ボタンをクリックします。

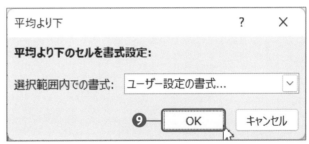

4 結果を確認します。

① 複数の条件付き書式が設定されます。

2学期		3学期		合計	平均	順位
	期末	中間	期末			
53	100	46	64	414	121.3	4
91	47	83	69	*356*	113.5	10
58	58	44	48	*359*	107.5	9
92	51	83	37	401	117.3	7
54	92	32	78	421	129.0	3
47	94	65	87	403	128.0	5
58	44	88	91	396	123.8	8
75	95	41	57	402	118.5	6
82	97	77	33	*347*	104.3	11
54	95	84	72	435	139.7	1
55	53	53	75	423	126.0	2
53	50	58	32	*329*	95.8	12

アイコンセットと同様の操作で［カラースケール］を設定できます。この例は［緑、黄、赤のカラースケール］です。値の大小を比較して、セルの背景を塗りつぶしの色や色の濃淡で表します。

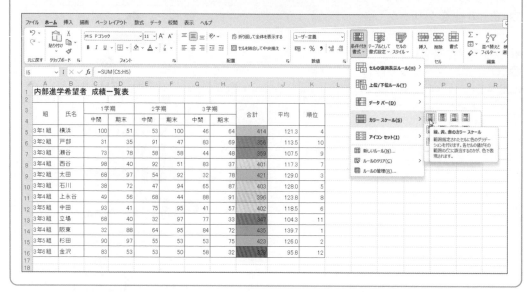

条件付き書式を削除する

セルまたは範囲に複数の条件付き書式が設定されている場合、すべての条件付き書式を一括で削除したり、1つだけ削除したりできます。

Lesson 63

サンプル　Lesson63.xlsx

セルK5〜K16に設定されている条件付き書式と、セルI5〜I16のデータバーを削除しましょう。セルI5〜I16の範囲には2つの条件付き書式が設定済みですが、データバーだけ削除します。

次に、ワークシート上のすべての条件付き書式を削除しましょう。

組	氏名	1学期		2学期		3学期	
		中間	期末	中間	期末	中間	期末
3年1組	横浜	100	51	53	100	46	64
3年2組	戸部	31	35	91	47	83	69
3年3組	瀬谷	73	78	58	58	44	48
3年4組	西谷	98	40	92	51	83	37
3年2組	太田	68	97	54	92	32	78
3年3組	石川	38	72	47	94	65	87
3年4組	上永谷	49	56	68	44	88	91
3年5組	中田	93	41	75	95	41	57
3年3組	立場	68	40	32	97	77	33
3年4組	阪東	32	88	64	95	84	72
3年5組	杉田	90	97	55	53	53	75
3年6組	金沢	83	53	53	50	58	32

組	氏名	1学期		2学期		3学期	
		中間	期末	中間	期末	中間	期末
3年1組	横浜	100	51	53	100	46	64
3年2組	戸部	31	35	91	47	83	69
3年3組	瀬谷	73	78	58	58	44	48
3年4組	西谷	98	40	92	51	83	37
3年2組	太田	68	97	54	92	32	78
3年3組	石川	38	72	47	94	65	87
3年4組	上永谷	49	56	68	44	88	91
3年5組	中田	93	41	75	95	41	57
3年3組	立場	68	40	32	97	77	33
3年4組	阪東	32	88	64	95	84	72
3年5組	杉田	90	97	55	53	53	75
3年6組	金沢	83	53	53	50	58	32

1 K列の条件付き書式を削除します。

❶ セルK5〜K16を範囲選択します。

❷ [ホーム] タブをクリックします。

❸ [スタイル] グループの [条件付き書式] をクリックします。

❹ [ルールのクリア] をポイントし、[選択したセルからルールをクリア] をクリックします。

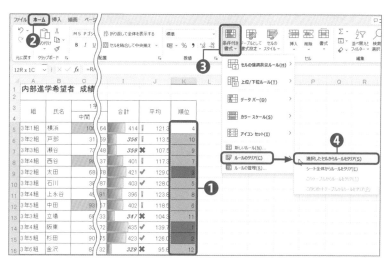

セルやセル範囲のデータの管理

2 I列のデータバーだけを削除します。

❶ セルI5〜I16を範囲選択します。

❷ [スタイル] グループの [条件付き書式] をクリックします。

❸ [ルールの管理] をクリックします。

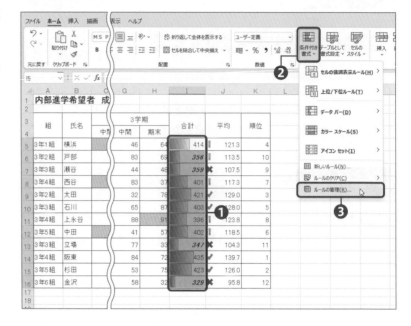

❹ ルールの一覧から [データバー] をクリックします。

❺ [ルールの削除] をクリックします。

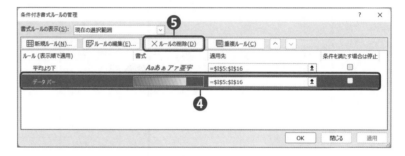

❻ [OK] ボタンをクリックします。

3 ワークシート上のすべての条件付き書式を削除しましょう。

❶ [スタイル] グルー
プの [条件付き書
式] をクリックし
ます。

❷ [ルールのクリア]
をポイントし、
[シート全体から
ルールをクリア]
をクリックします。

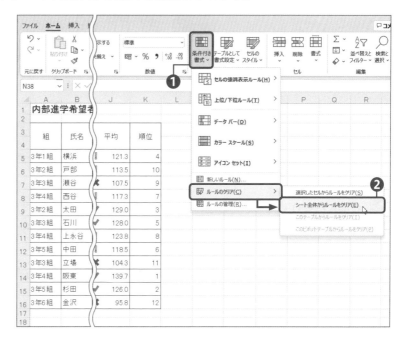

2

セルやセル範囲のデータの管理

4 結果を確認します。

❶ ワークシート上の条件付
き書式がすべて削除され
ます。

組	氏名	1学期		2学期		3学期		合計	平均	順位
		中間	期末	中間	期末	中間	期末			
3年1組	横浜	100	51	53	100	46	64	414	121.3	4
3年2組	戸部	31	35	91	47	83	69	356	113.5	10
3年3組	瀬谷	73	78	58	58	44	48	359	107.5	9
3年4組	西谷	98	40	92	51	83	37	401	117.3	7
3年2組	太田	68	97	54	92	32	78	421	129.0	3
3年3組	石川	38	72	47	94	65	87	403	128.0	5
3年4組	上永谷	49	56	68	44	88	91	396	123.8	8
3年5組	中田	93	41	75	95	41	57	402	118.5	6
3年3組	立場	68	40	32	97	77	33	347	104.3	11
3年4組	阪東	32	88	64	95	84	72	435	139.7	1
3年5組	杉田	90	97	55	53	53	75	423	126.0	2
3年6組	金沢	83	53	53	50	58	32	329	95.8	12

内部進学希望者　成績一覧表

[売上実績表] シートで次の **1** 〜 **13** を解きましょう。

1 セルA1〜B1にセルの組み込みスタイル「見出し2」を設定しましょう。

2 セルD2の文字列を折り返して全体を表示する設定にしましょう。

3 C列の後ろに2列、空白列を挿入しましょう。

4 セルC3の「4月」をオートフィルして、セルD3〜E3に「5月」「6月」のデータを入力しましょう。

5 セルA3の書式を、セルB3〜F3までコピーしましょう。

6 セルK3〜R4をコピーして、行と列を入れ替えて、セルD4に貼り付けましょう。

7 J列〜R列を削除しましょう。

8 B列の社員名に1文字のインデントを設定しましょう。

9 C列〜E列の数値に桁区切りスタイルを設定しましょう。

10 C列〜E列の数値が2,500より大きい場合、自動的に [濃い黄色の文字、黄色の背景] が設定されるようにしましょう。

11 SEQUENCE関数を使用して、セルA4から下に8つのセルに1001から始まる連番を入力しましょう。

12 F列の推移の欄に、4月〜6月のデータをもとにして折れ線スパークラインを挿入しましょう。スパークラインにはマーカーを表示し、[ゴールド、スパークラインスタイル アクセント4、(基本色)] のスタイルを設定します。

13 セルC3〜E11の上端行を使用して名前を定義しましょう。

[お祭りスケジュール] シートで次の問題を解きましょう。

14 SEQUENCE関数を使用して、セルA4〜A19の16個のセルに8:30から30分刻みの時刻（「8:30」、「9:00」）を入力してください。関数の引数の [開始] に「"8:30"」を、[目盛] に「0.5/24」を設定します。

Chapter

3

テーブルとテーブルの
データの管理

3-1 テーブルを作成する、書式設定する

3-1-1
セル範囲から Excel の
テーブルを作成する

「テーブル」は、ワークシートに入力した表をまとめて使いやすく管理するための機能です。作成したデータをテーブルに変換すると、次の機能が自動的に表に追加されます。

・テーブルスタイル：塗りつぶしやフォントの色、罫線などが設定されます

・フィルターモード：フィールド名に、データを抽出するための ▼ が表示されます

・テーブルの拡張：すぐ右やすぐ下にデータを追加すると、自動的にテーブルサイズが拡張されます

・フィールド名の固定：テーブルの中にアクティブセルがある状態で下にスクロールすると、列番号がフィールド名に置き換わって固定されます

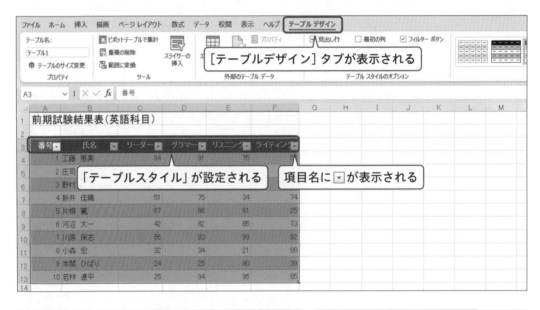

テーブルの元データになる表は、下記の形式で作成します。

番号	氏名	リーダー	グラマー	リスニング	ライティング	← フィールド名
1	工藤 恵美	94	91	75	57	
2	庄司 愛美	95	95	65	45	
3	野村 幸子	66		33	80	← フィールド
4	新井 佳織	51		34	74	
5	片桐 麗	67	66	91	25	
6	河沼 太一	42	82	85	73	← レコード
7	川原 保志	66	83	99	92	
8	小森 宏	32	34	21	88	
9	本間 ひばり	24	25	80	39	
10	若林 遼平	25	94	96	85	

・フィールド名：表の先頭行に入力する項目名のことです。2行目以降のデータとは異なる書式にします
・フィールド：列のことです。同じフィールドには同じ種類のデータしか入力しません
・レコード：1件分のデータのことです。1つのレコードは1行に入力します
・その他：範囲が自動的に認識されるため、タイトルなどのほかのデータとの間に必ず1行の空白行を設けます。また、セルを結合してはいけません

Lesson 64

サンプル Lesson64.xlsx

3行目以降の表をテーブルに変換しましょう。

■ ［テーブルの作成］ダイアログボックスを表示します。

❶3行目以降のデータが入力されたセルを選択します。

❷［挿入］タブをクリックします。

❸［テーブル］グループの［テーブル］をクリックします。

■ テーブルに変換する範囲を設定します。

❶［テーブルに変換するデータ範囲を指定してください］に［$A$3：$F$13］が設定されていることを確認します。

❷［先頭行をテーブルの見出しとして使用する］にチェックを入れます。

❸［OK］ボタンをクリックします。

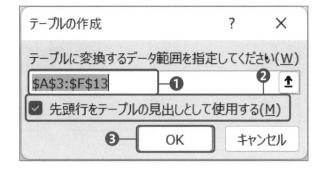

3 結果を確認します。

❶ テーブルに変換
されます。

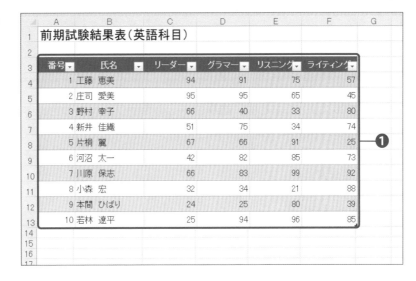

3

テーブルとテーブルのデータの管理

Column **テーブル名の変更**

　テーブルを選択すると表示される［テーブルデザイン］タブの［プロパティ］グループには、［テーブル名］
が表示されます。作成された順に「テーブル1」「テーブル2」…が設定されますが、名前付き範囲と同じ方法
でテーブル名を変更できます。名前付き範囲の詳細は『2-3-1 名前付き範囲を定義する』を参照してください。

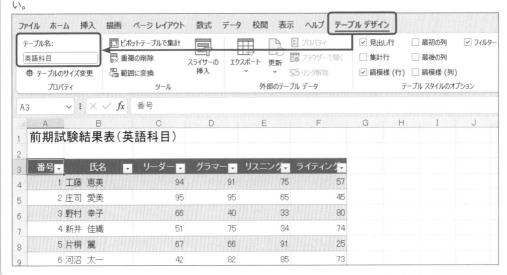

テーブルにスタイルを適用する

「テーブルスタイル」とは、塗りつぶしの色やフォントの色、罫線などのテーブル全体の書式をまとめたものです。

表をテーブルに変換すると自動的にテーブルスタイルが設定されますが、後から自由に変更できます。

Lesson 65

サンプル Lesson65.xlsx

テーブルにテーブルスタイル「緑、テーブルスタイル（中間）14」を設定しましょう。

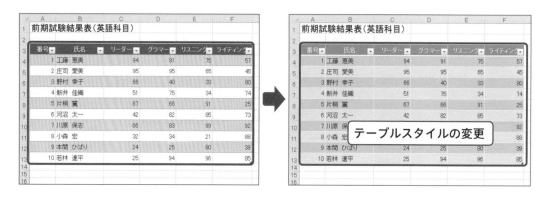

1 テーブルのスタイルの一覧を表示します。

❶ テーブル内の任意のセルを選択します。

❷ [テーブルデザイン] タブを選択します。

❸ [テーブルスタイル] グループの ☑（その他）をクリックします。

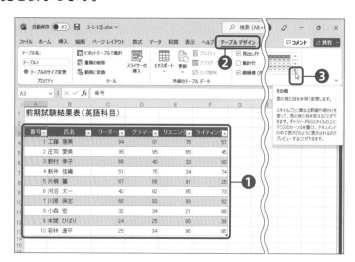

2 スタイルの一覧からスタイルを選択します。

❶ 一覧から［緑、テーブルスタイル
（中間）14］をクリックします。

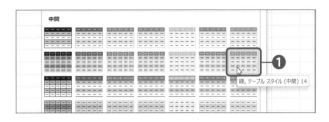

❷ テーブルスタイルが変更されます。

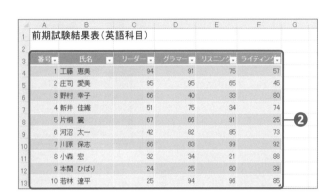

3-1-3

テーブルをセル範囲に変換する

テーブルを解除して通常のセル範囲に戻すことを「範囲に変換」するといいます。

Lesson 66

サンプル Lesson66.xlsx

テーブルを解除して、元のセル範囲に変換しましょう。

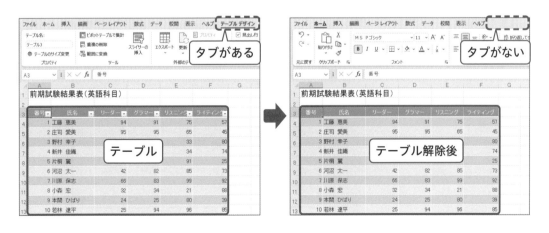

1 テーブルを解除します。

❶ テーブル内の任意のセル
を選択します。
❷ [テーブルデザイン] タブ
を選択します。
❸ [ツール] グループの [範
囲に変換] をクリックしま
す。

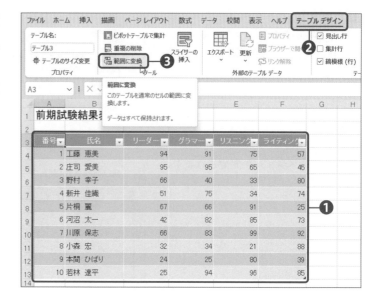

❹ メッセージの [はい] ボタンをク
リックします。

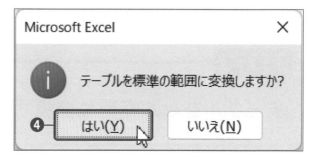

2 結果を確認します。

❶ テーブルが解除され、通
常のセル範囲に変換され
ます。

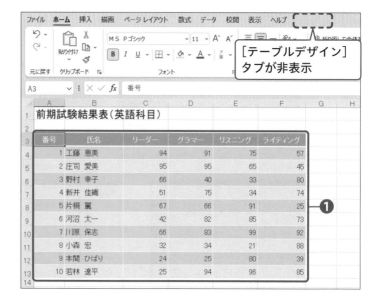

204

セル範囲に変換しても、テーブルで設定された縞模様などの書式は残ります。テーブルが解除された
かどうかは、［テーブルデザイン］タブが非表示になることで確認できます。
テーブルの書式が残ると不都合がある場合は、テーブルを解除する前に、テーブルスタイルを［なし］
に設定すると良いでしょう。

テーブルを解除した後に書式をクリアするには、範囲選択し、［ホーム］タブの［編集］グループの
［クリア］をクリックし、［書式のクリア］をクリックします。クリアの詳細は『2-2-8 セルの書式設定
をクリアする』を参照してください。

3-2 テーブルを変更する

テーブルに行や列を追加する、削除する

　テーブルに隣接したすぐ下の行やすぐ右の列にデータを追加すると、テーブルの範囲が自動的に拡張され、書式も設定されます。

　また、他の行や列に影響を与えず、テーブルにだけ行や列を挿入することもできます。

Lesson 67

サンプル Lesson67.xlsx

「ライティング」の右側に列を挿入し、フィールド名に「合計」と入力しましょう。

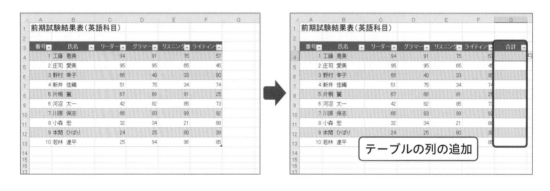

テーブルの列の追加

---

1 テーブルの右端に列を追加します。

❶ セルG3に「合計」と
入力します。

	A	B	C	D	E	F	G
1	前期試験結果表（英語科目）						❶
2							
3	番号	氏名	リーダー	グラマー	リスニング	ライティング	合計
4	1	工藤 恵美	94	91	75	57	
5	2	庄司 愛美	95	95	65	45	
6	3	野村 幸子	66	40	33	80	
7	4	新井 佳織	51	75	34	74	
8	5	片桐 麗	67	66	91	25	
9	6	河沼 太一	42	82	85	73	
10	7	川原 保志	66	83	99	92	
11	8	小森 宏	32	34	21	88	
12	9	本間 ひばり	24	25	80	39	
13	10	若林 遼平	25	94	96	85	
14							

❷ Enter キーで確定すると、テーブルが拡張され、G列にも書式が設定されます。

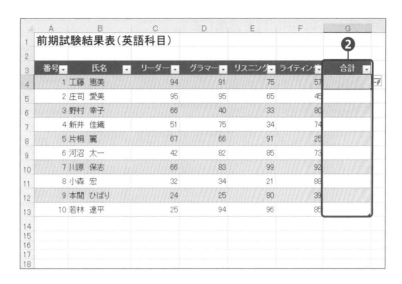

StepUp

テーブルの右下の■をドラッグして、テーブルのサイズを変更することもできます。

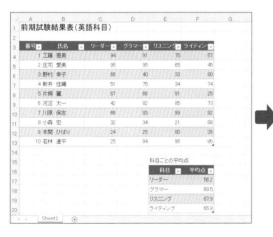

Lesson 68

サンプル Lesson68.xlsx

「ライティング」の左側に列を挿入し、フィールド名に「スピーキング」と入力しましょう。15行目以降に入力されているデータには影響がないようにしてください。

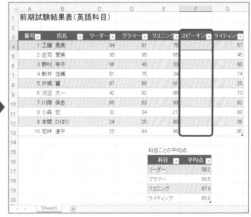

1 テーブルの中に列を追加します。

❶ テーブル内のF列で
右クリックします。
❷ [挿入] をポイントし
ます。
❸ [テーブルの列 (左)]
をクリックします。

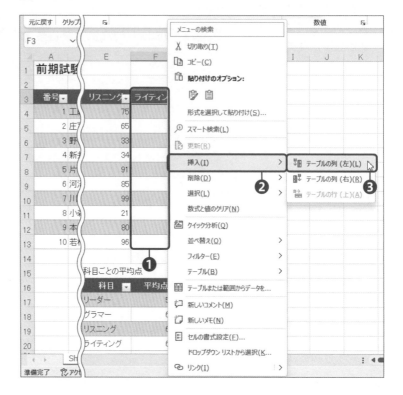

❹ 「列1」という見出し
の列が挿入されるの
で、「スピーキング」
と入力します。

2 結果を確認します。

❶ 15行目以降のデータ
に影響を与えていな
いことを確認します。

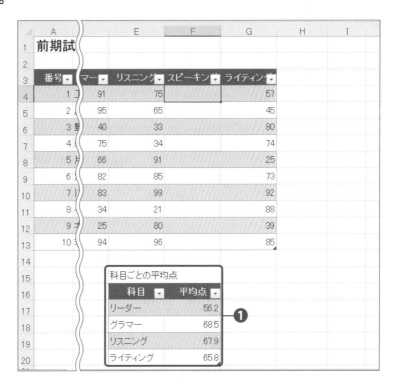

Lesson 69

サンプル Lesson69.xlsx

テーブルから「庄司　愛美」のレコードを削除しましょう。H列〜I列に入力され
ているデータには影響がないようにしてください。

レコードが削除される

1 テーブルの中に列を追加します。

❶ テーブル内の
5行目で右ク
リックします。
❷ [削除] をポイ
ントします。
❸ [テーブルの
行] をクリック
します。

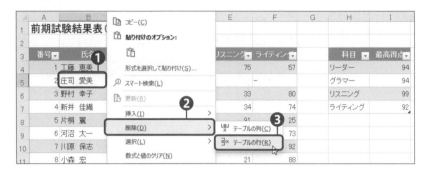

2 結果を確認します。

❶ 「庄司 愛美」の
レコードが削
除されます。
❷ H列以降のデー
タに影響を与
えていないこと
を確認します。

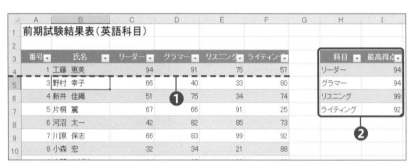

3-2-2
テーブルスタイルのオプションを
設定する

学習日チェック

月　日　☑

月　日　☑

月　日　☑

　テーブルは、組み込みのスタイルを適用するほかにも、見出しを設定したり、最後の
列を強調したりできます。

Lesson 70

サンプル Lesson70.xlsx

テーブルの縞模様を解除し、最後の列を強調表示しましょう。

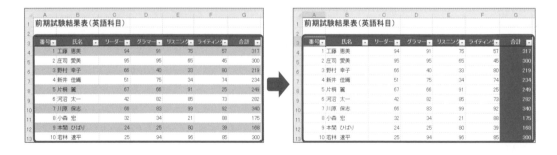

1 テーブルのオプションを設定します。

❶ テーブル内の任意の
セルをクリックします。
❷ [テーブルデザイン]
タブをクリックします。
❸ [テーブルスタイルの
オプション]グループ
の[縞模様（行）]の
チェックを外します。

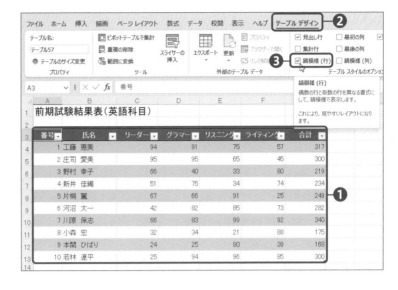

❹ 同様に[最後の列]に
チェックを入れます。

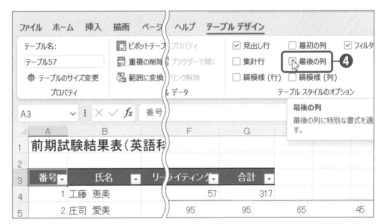

2 結果を確認します。

❶ テーブルのオプショ
ンが変更されます。

集計行を挿入する、設定する

テーブルの最終行に集計行を追加すると、列ごとに「合計」や「平均」などの集計を簡単に表示できます。

Lesson 71

サンプル Lesson71.xlsx

テーブルに次の集計を追加しましょう。
・[氏名] のデータの個数
・[リーダー] から [ライティング] の平均
・[性別] の集計を解除

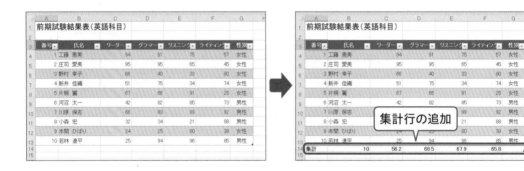

集計行の追加

1 集計行を表示します。

❶ テーブル内の任意のセルをクリックします。

❷ [テーブルデザイン]タブをクリックします。

❸ [テーブルスタイルのオプション] グループの[集計行]にチェックを入れます。

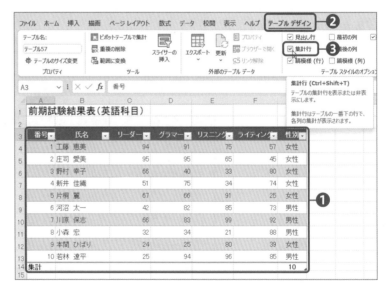

集計行 (Ctrl+Shift+T)
テーブルの集計行を表示または非表示にします。

集計行はテーブルの一番下の行で、各列の集計が表示されます。

2 集計方法を選択します。

❶ セルB14（集計行の[氏名]のセル）を選択します。

❷ ▽をクリックします。

❸ [個数]をクリックします。

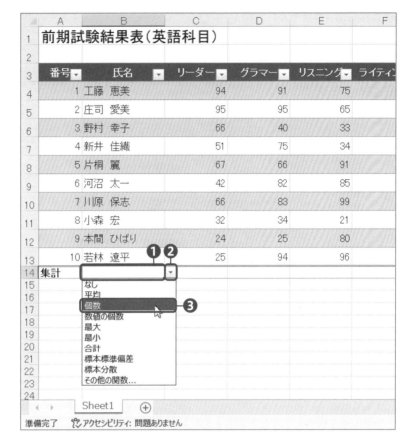

❹ セルC14〜F14（集計行の[リーダー]から[ライティング]のセル）を選択し、❷と同様の方法で集計方法を表示して[平均]を選択します。

3 不要な集計を解除します。

❶ セルG14（集計行の
[性別]のセル）を選
択します。
❷ ▼ をクリックします。
❸ [なし]をクリック
します。

▲	A	B	E	F	G
1	前期試験結果表（英				
2					
3	番号 ▼	氏名 ▼	マー ▼ リスニング ▼	ライティング ▼	性別 ▼
4	1 工藤 恵美		91 75	57	女性
5	2 庄司 愛美		95 65	45	女性
6	3 野村 幸子		40 33	80	女性
7	4 新井 佳織		75 34	74	女性
8	5 片桐 麗		66 91	25	女性
9	6 河沼 太一		82 85	73	男性
10	7 川原 保志		83 99	92	男性
11	8 小森 宏		34 21	88	男性
12	9 本間 ひばり		25 80	39	女性
13	10 若林 遠平		94 96	85	男性 ❶ ❷
14	集計 10		68.5 67.9	65.8 ▼	10 ▼
15				❸ なし	
16				平均	
17				個数	
18				数値の個数	
19				最大	
20				最小	
21				合計	
22				標本標準偏差	
23				標本分散	
24				その他の関数…	

Sheet1 （＋）

準備完了　♿アクセシビリティ: 問題あり

4 結果を確認します。

❶ それぞれの列に集計
結果が表示されま
す。

▲	A	B	C	D	E	F	G
1	前期試験結果表（英語科目）						
2							
3	番号 ▼	氏名 ▼	リーダー ▼	グラマー ▼	リスニング ▼	ライティング ▼	性別 ▼
4	1 工藤 恵美		94	91	75	57	女性
5	2 庄司 愛美		95	95	65	45	女性
6	3 野村 幸子		66	40	33	80	女性
7	4 新井 佳織		51	75	34	74	女性
8	5 片桐 麗		67	66	91	25	女性
9	6 河沼 太一		42	82	85	73	男性
10	7 川原 保志		66	83	99	92	男性
11	8 小森 宏		32	34	21	88	男性
12	9 本間 ひばり		24	25	80	39	女性
13	10 若林 遠平		25	94	96	85	男性
14	集計	10	56.2	68.5	67.9	65.8	
15							
16			❶				
17							

3-3 テーブルのデータをフィルターする、並べ替える

3-3-1

レコードをフィルターする

「フィルター」はテーブルの機能の1つで、大量のデータから特定の条件で抽出することができます。データをテーブルに変換すると自動的にフィルターモードが設定されますので、▼をクリックしてデータを簡単に抽出できます。

Lesson 72

サンプル Lesson72.xlsx

[商品] が「きんつば」で、[売上代金] が4,000円以上のデータを抽出しましょう。

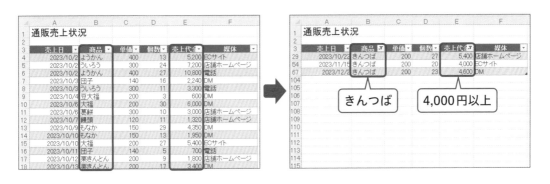

1 商品名でフィルターをします。

❶ [商品] の▼をクリックします。
❷ [すべて選択] のチェックを外します。
❸ [きんつば] にチェックを入れます。
❹ [OK] ボタンをクリックします。

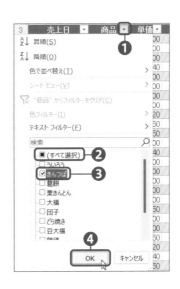

2 結果を確認します。

❶「きんつば」の8件の
データが抽出されます。
[商品]の▼は🔽に
変わり、ステータス
バーに「100レコード
中8個が見つかりまし
た」と表示されます。
また、行番号が青く
なります。

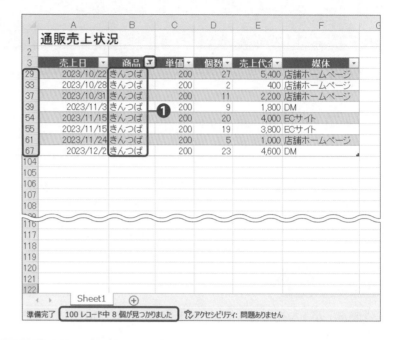

3 金額のフィルターを追加します。

❶ [売上代金]の▼をク
リックします。
❷ [数値フィルター]を
ポイントします。
❸ [指定の値以上]をク
リックします。

216

4 売上金額の条件を指定します。

❶ [売上金額]の[以上]に「4000」と入力します。

❷ [OK]ボタンをクリックします。

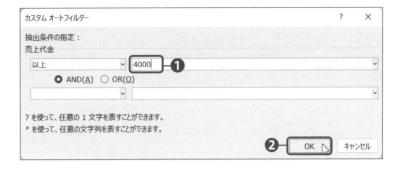

5 結果を確認します。

❶「きんつば」で4,000円以上のデータが3件抽出されます。

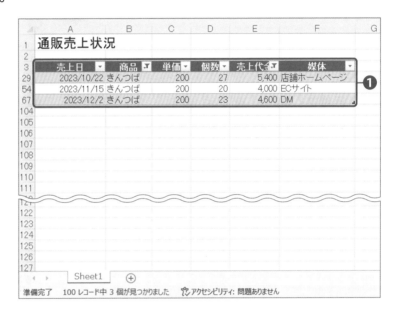

Lesson 73

Lesson73.xlsx

　商品が大福か豆大福で、売上日が2023年10月1日～10月31日のデータを抽出しましょう。確認後、フィルターの条件をすべて解除してください。

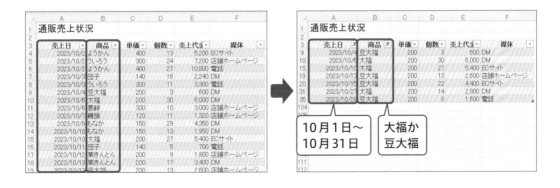

1 商品名でデータを抽出します。

❶ [商品] の ▼ をクリックします。
❷ [すべて選択] のチェックを外します。
❸ [大福] と [豆大福] にチェックを入れます。
❹ [OK] ボタンをクリックします。

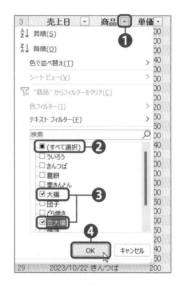

2 [日付フィルター] を設定します。

❶ [売上日] の ▼ をクリックします。
❷ [日付フィルター] をポイントします。
❸ [指定の範囲内] をクリックします。

 Point
> 日付が入力されたセルでは、[数値フィルター] ではなく [日付フィルター] が表示されます。文字が入力されたセルでは [テキストフィルター] が表示されます。

3 [カスタムオートフィルター] ウィンドウで条件を指定します。

❶ [売上日] の [以降] に「2023/10/1」と入力します。
❷ [以前] に [2023/10/31] と入力します。
❸ [OK] ボタンをクリックします。

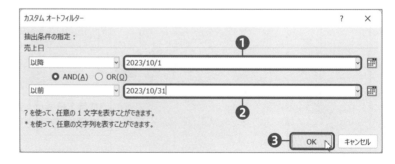

4 フィルター結果を確認します。

❶ 大福か豆大福の2023年10月1日 ～ 10月31日のデータが7件抽出されます。

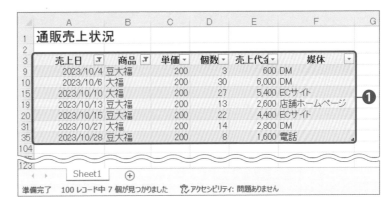

5 フィルターの条件を解除します。

❶ テーブル内の任意のセルを選択します。
❷ [データ] タブを選択します。
❸ [並べ替えとフィルター] グループの [クリア] をクリックします。

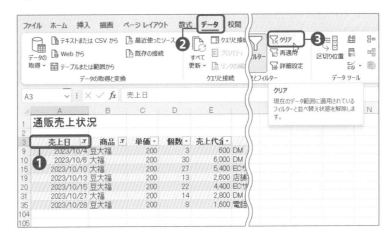

6 結果を確認します。

❶ フィルターが解除されます。

フィルターの条件が1つだけのとき、もしくは複数条件の
うち1つだけ解除したいときは、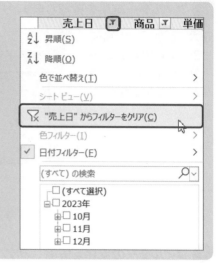をクリックし、["○
○"（フィールド名）からフィルターをクリア] をクリック
します。

Column　**テーブルに変換されていない表のフィルター**

テーブルに変換されていないときにフィルターモードにするには、表内にアクティブセルを置き、［デー
タ］タブの［並べ替えとフィルター］グループの［フィルター］ボタンをクリックします。

複数の列でデータを並べ替える

テーブルのフィルターボタンをクリックしてデータを並べ替えることができます。

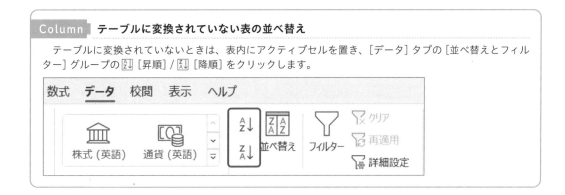

並べ替えには次の種類があります。

	昇順 (小さい順)	降順 (大きい順)
数値	小さい→大きい	大きい→小さい
文字列	あいうえお順 ABC順	昇順の逆
日付	古い→新しい	新しい→古い

　複数のフィールドを利用した並べ替えをするときは、[データ] タブの [並べ替えとフィルター] グループの ▦ [並べ替え] を使用します。

Column　**テーブルに変換されていない表の並べ替え**

　テーブルに変換されていないときは、表内にアクティブセルを置き、[データ] タブの [並べ替えとフィルター] グループの ⊞ [昇順] / ⊞ [降順] をクリックします。

[商品]の五十音順に並べ替え、その後、[売上代金]の安い順に並べ替えましょう。

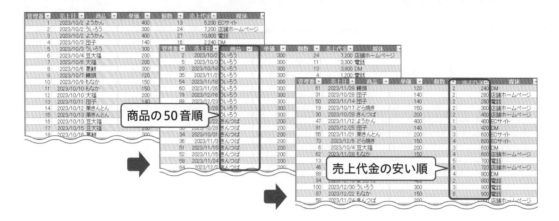

商品の50音順

売上代金の安い順

---

1 [商品]の五十音順に並べ替えます。

❶[商品]の▼を
クリックします。

❷[昇順]をクリックします。

管理番▼	売上日 ▼	商品 ▼	単価 ▼	個数 ▼	売上代金▼	媒体 ▼
A↓ 昇順(S) ❷			400	13	5,200	ECサイト
Z↓ 降順(O)			300	24	7,200	店舗ホームページ
色で並べ替え(T)			400	27	10,800	電話
シート ビュー(V)			140	16	2,240	DM
			300	11	3,300	電話
▽ "商品" からフィルターをクリア(C)			200	3	600	DM
			200	30	6,000	DM
			300	10	3,000	店舗ホームページ

❶が商品の▼、❷が昇順(S)

❸「商品」が50音順に並びます。[商品]の▼は↑に変わります。

管理番▼	売上日 ▼	商品 ▼↑	単価 ▼	個数 ▼	売上代金 ▼	媒体 ▼
2	2023/10/2	ういろう	300	24	7,200	店舗ホームページ
5	2023/10/3	ういろう	300	11	3,300	電話
20	2023/10/18	ういろう	300	13	3,900	DM
35	2023/11/2	ういろう	300	4	1,200	電話
54	2023/11/18	ういろう	300	25	7,500	ECサイト
60	2023/11/26	ういろう	300	8	2,400	店舗ホームページ
79	2023/12/16	ういろう	300	15	4,500	電話
89	2023/12/23	ういろう	300	12	3,600	電話
96	2023/12/28	ういろう	300	11	3,300	DM
100	2023/12/30	ういろう	300	3	900	電話
26	2023/10/22	きんつば	200	27	5,400	店舗ホームページ
30	2023/10/28	きんつば	200	2	400	店舗ホームページ
34	2023/10/31	きんつば	200	11	2,200	店舗ホームページ
36	2023/11/3	きんつば	200	9	1,800	DM
51	2023/11/15	きんつば	200	20	4,000	ECサイト
52	2023/11/15	きんつば	200	19	3,800	ECサイト
58	2023/11/24	きんつば	200	5	1,000	店舗ホームページ
64	2023/12/2	きんつば	200	23	4,600	DM

---

2 [売上代金]の安い順に並べ替えます。

❶[売上代金]の▼をクリックします。

❷[昇順]をクリックします。

管理番▼	売上日 ▼	商品 ▼	単価 ▼	個数 ▼	売上代金 ▼	媒体 ▼
2	2023/10/2	ういろう	A↓ 昇順(S) ❷		❶	店舗ホームページ
5	2023/10/3	ういろう	Z↓ 降順(O)			電話
20	2023/10/18	ういろう				DM
35	2023/11/2	ういろう	色で並べ替え(T)			電話
54	2023/11/18	ういろう	シート ビュー(V)			ECサイト
60	2023/11/26	ういろう				店舗ホームページ
79	2023/12/16	ういろう				電話

❸ [商品] の並べ替えは無視され、[売上代金] の安い順に並びます。

管理番▼	売上日▼	商品 ▼	単価 ▼	個数 ▼	売上代金▼	媒体 ▼
61	2023/11/28	饅頭	120	2	240	DM
31	2023/10/28	団子	140	2	280	店舗ホームページ
50	2023/11/14	団子	140	2	280	電話
19	2023/10/17	どら焼き	150	2	300	店舗ホームページ
30	2023/10/28	きんつば	200	2	400	店舗ホームページ
47	2023/11/12	ようかん	400	1	400	ECサイト
91	2023/12/25	団子	140	3	420	DM
55	2023/11/21	栗きんとん	200	3	600	ECサイト
73	2023/12/6	どら焼き	150	4	600	ECサイト
6	2023/10/4	豆大福	200	3	600	DM
62	2023/11/28	もなか	150	4	600	店舗ホームページ
13	2023/10/11	団子	140	5	700	電話
46	2023/11/10	饅頭	120	6	720	店舗ホームページ
88	2023/12/23	豆大福	200	4	800	DM
84	2023/12/18	ようかん	400	2	800	電話
100	2023/12/30	ういろう	300	3	900	電話
87	2023/12/22	もなか	150	6	900	電話
58	2023/11/24	きんつば	200	5	1,000	店舗ホームページ
23	2023/10/19	饅頭	120	9	1,080	電話
35	2023/11/2	ういろう	300	4	1,200	電話
92	2023/12/25	大福	200	6	1,200	電話
43	2023/11/7	もなか	150	8	1,200	電話

▶ **StepUp**

並べ替えを設定しても、テーブルの書式は結果に対して再適用されますので、縞模様が崩れることはありません。

Column　ふりがなで並べ替え

Excelは漢字に変換したときのふりがな情報を保存しています。並べ替えは、そのふりがな情報を利用しますので、漢字でもひらがなでもふりがなの五十音順で並べ替えられます。

ふりがなが誤っていると並べ替えも正しく行われないため、次のようにして修正します。

セルを選択し、[ホーム] タブの「フォント」グループの [ふりがなの表示/非表示] の ☑ をクリックし、[ふりがなの編集] をクリックして正しいデータを入力します。

Lesson 75

サンプル Lesson75.xlsx

[媒体] で五十音順に並べ替え、同じ媒体の場合は [売上代金] の高い順に並べ替えましょう。

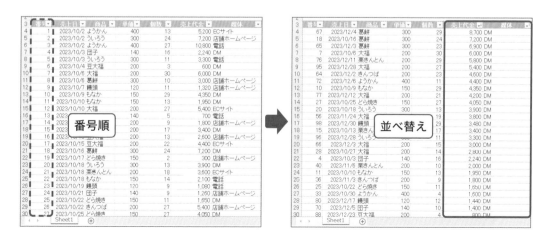

1 複数の条件で並べ替えます。

❶ テーブル内の任意の
セルを選択します。
❷ [データ] タブを選択
します。

❸ [並べ替えとフィル
ター] グループの [並
べ替え] をクリック
します。

2 [並べ替え] ウィンドウで条件を指定します。

❶ [最優先されるキー]
の ✓ をクリックし、
[媒体] をクリックし
ます。
❷ [並べ替えのキー] に
[セルの値] が設定さ
れていることを確認
します。
❸ [順序] を [昇順] に
設定します。

3 並べ替えの条件を追加します。

❶ [レベルの追加] をク
リックします。

❷ [次に優先される
キー] の ▼ をクリッ
クし、[売上代金]
をクリックします。

❸ [並べ替えのキー] に
[セルの値] が設定さ
れていることを確認
します。

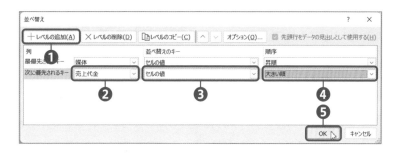

❹ [順序] を [大きい順] に設定します。

❺ [OK] ボタンをクリックします。

4 複数の条件で並べ替わったことを確認します。

❶ [媒体] で五十音順に
並べ替え、同じ媒体
の場合は [売上金額]
の高い順に並びます。

練習問題

サンプル 第3章_練習問題.xlsx
解答 別冊04ページ

1 4行目以降の表をテーブルに変換しましょう。1行目を見出しとして使用します。

2 テーブルのスタイルを「薄い青、テーブルスタイル（淡色）16」にしましょう。

3 テーブルに集計行を追加し、男性と女性の平均を表示しましょう。

4 15〜17（歳）の行がダブっていますので削除しましょう。テーブル以外の行/列には影響がないようにします。

5 テーブルに「活動レベル普通」というテーブル名を設定しましょう。

6 「男性」の数値の高い順に並べましょう。

Chapter

4

数式や関数を使用した 演算の実行

4-1 参照を追加する

4-1-1 セルの相対参照、絶対参照、複合参照を追加する

学習日チェック
月　日 ☑
月　日 ☑
月　日 ☑

Excelで数式を作成するには、先頭に「=」を入力し、「=A1+B1」や「=A1*0.8」のように、具体的な数値ではなくセル番地を使用します。これを「セル参照」といいます。

計算に使用する記号を「演算子」といい、半角で入力します。

演算子	意味	使用例
+（プラス）	加算（足し算）	=A1+B1
-（マイナス）	減算（引き算）	=A1-B1
*（アスタリスク）	乗算（掛け算）	=A1*B1
/（スラッシュ）	除算（割り算）	=A1/B1
^（ハットマーク）	べき乗	=A1^3

セル参照で作成された数式は、セルの数値が変更された場合には結果も自動的に変更されます。

セル参照には次の3種類があります。

・**相対参照**：「相対参照」で作成した数式は、オートフィルなどでコピーすると、コピー先に応じて計算対象セルが自動的に変更されます。

・**絶対参照**：数式をコピーしても必ず同じセルを参照する場合は、セル参照を「絶対参照」にします。絶対参照のセルは「$A$1」のように、行と列番号の前に「$」を付けます。「$」は手入力する代わりに、**セルをクリックして** `F4` **キー**を押しても入力できます。

・**複合参照**：行だけ、もしくは列だけを固定する参照を「複合参照」といいます。複合参照は「$A1」（A列だけ固定）、「A$1」（1行目だけ固定）のように、固定する行か列の前に「$」を付けます。「$」は手入力する代わりに、セルをクリックして `F4` キーを数回押すことで入力できます。

Lesson 76

サンプル Lesson76.xlsx

　セルG4に「目標達成率」を求めましょう。「第1四半期計」÷「目標」で計算します。その後、セルG11までオートフィルしましょう。G列には小数点以下第1位までの％表示が設定済みです。

新規顧客獲得数

支店名	目標	4月	5月	6月	第1四半期計	目標達成率
札幌	7,000	1,150	1,800	2,490	5,440	
石川	8,000	3,600	2,800	2,400	8,800	
横浜	5,600	1,650	1,530	1,730	4,910	
千葉	7,500	1,890	3,250	3,450	8,590	
鳥取	5,000	2,200	2,190	1,380	5,770	
広島	7,700	800	2,340	2,030	5,170	
福岡	6,800	1,130	1,500	2,100	4,730	
沖縄	7,200	1,670	2,900	1,600	6,170	

新規顧客獲得数

支店名	目標	4月	5月	6月	第1四半期計	目標達成率
札幌	7,000	1,150	1,800	2,490	5,440	77.7%
石川	8,000	3,600	2,800	2,400	8,800	110.0%
横浜	5,600	1,650	1,530	1,730	4,910	87.7%
千葉	7,500	1,890	3,250	3,450	8,590	114.5%
鳥取	5,000	2,200	2,190	1,380	5,770	115.4%
広島	7,700	800	2,340	2,030	5,170	67.1%
福岡	6,800	1,130	1,500	2,100	4,730	69.6%
沖縄	7,200	1,670	2,900	1,600	6,170	85.7%

1 目標達成率を求めます。

❶ セルG4に「＝」を入力します。
❷ セルF4をクリックします。
❸「/」を入力します。
❹ セルB4をクリックします。
❺ Enter キーで確定します。

B4	⌄	⋮	× ✓	fx	=F4/B4		
	A	B	C	D	E	F	G
1	新規顧客獲得数						
2							
3	支店名	目標	4月	5月	6月	第1四半期計	目標達成率
4	札幌	7,000	1,150	1,800	2,490	5,440	=F4/B4
5	石川	8,000	3,600	2,800	2,400	8,800	
6	横浜	5,600	1,650	1,530	1,730	4,910	
7	千葉	7,500	1,890	3,250	3,450	8,590	
8	鳥取	5,000	2,200	2,190	1,380	5,770	Enter
9	広島	7,700	800	2,340	2,030	5,170	
10	福岡	6,800	1,130	1,500	2,100	4,730	
11	沖縄	7,200	1,670	2,900	1,600	6,170	
12							

2 数式をコピーします。

❶ セルG4のフィルハンドルをダブルクリックして、セルG11までオートフィルます。

G4	⌄	⋮	× ✓	fx	=F4/B4		
	A	B	C	D	E	F	G
1	新規顧客獲得数						
2							
3	支店名	目標	4月	5月	6月	第1四半期計	目標達成率
4	札幌	7,000	1,150	1,800	2,490	5,440	77.7%
5	石川	8,000	3,600	2,800	2,400	8,800	110.0%
6	横浜	5,600	1,650	1,530	1,730	4,910	87.7%
7	千葉	7,500	1,890	3,250	3,450	8,590	114.5%
8	鳥取	5,000	2,200	2,190	1,380	5,770	115.4%
9	広島	7,700	800	2,340	2,030	5,170	67.1%
10	福岡	6,800	1,130	1,500	2,100	4,730	69.6%
11	沖縄	7,200	1,670	2,900	1,600	6,170	85.7%
12							

3 結果を確認します。

❶ 4行目の数式が5行目～11行目に変更されています。この図では [数式の表示] をしています（詳細は『1-4-6 数式を表示する』を参照してください）。

	A	B	F	G
1	新規顧客獲得数			
2				
3	支店名	目標	第1四半期計	目標達成率 ❶
4	札幌	7000	5440	=F4/B4
5	石川	8000	8800	=F5/B5
6	横浜	5600	4910	=F6/B6
7	千葉	7500	8590	=F7/B7
8	鳥取	5000	5770	=F8/B8
9	広島	7700	5170	=F9/B9
10	福岡	6800	4730	=F10/B10
11	沖縄	7200	6170	=F11/B11
12				
13				

Lesson 77

サンプル Lesson77.xlsx

　セルG4に第1四半期の合計に対する各支店の「割合」を求めましょう。各支店の「第1四半期計」÷「合計」で計算し、その際、合計は絶対参照に設定します。その後、セルG12までオートフィルしましょう。G列には小数点以下第1位までの％表示が設定済みです。

1 割合を求めます。

❶ セルG4に「=」を入力します。
❷ セルF4をクリックします。
❸「/」を入力します。
❹ セルF12をクリックします。
❺ F4 キーを押し、「$F$12」にします。
❻ Enter キーで確定します。

F12			f_x	=F4/$F$12		
	A	B	C	D	E	F	G
1	新規顧客獲得数						
2							
3	支店名	目標	4月	5月	6月	第1四半期計	割合
4	札幌	7,000	1,150	1,800	2,490	5,440	=F4/$F$12
5	石川	8,000	3,600	2,800	2,400	8,800	
6	横浜	5,600	1,650	1,530	1,730	4,910	
7	千葉	7,500	1,890	3,250	3,450	8,590	
8	鳥取	5,000	2,200	2,190	1,380	5,770	
9	広島	7,700	800	2,340	2,030	5,170	
10	福岡	6,800	1,130	1,500	2,100	4,730	
11	沖縄	7,200	1,670	2,900	1,600	6,170	
12	合計	54,800	14,090	18,310	17,180	49,580	
13							
14							
15							

❺ F4 キー　❻ Enter キー

2 数式をコピーします。

❶セルG4のフィルハンドルをダブルクリックしてG12までオートフィルします。

	A	B	C	D	E	F	G
1	新規顧客獲得数						
2							❶
3	支店名	目標	4月	5月	6月	第1四半期計	割合
4	札幌	7,000	1,150	1,800	2,490	5,440	11.0%
5	石川	8,000	3,600	2,800	2,400	8,800	17.7%
6	横浜	5,600	1,650	1,530	1,730	4,910	9.9%
7	千葉	7,500	1,890	3,250	3,450	8,590	17.3%
8	鳥取	5,000	2,200	2,190	1,380	5,770	11.6%
9	広島	7,700	800	2,340	2,030	5,170	10.4%
10	福岡	6,800	1,130	1,500	2,100	4,730	9.5%
11	沖縄	7,200	1,670	2,900	1,600	6,170	12.4%
12	合計	54,800	14,090	18,310	17,180	49,580	100.0%
13							
14							

3 結果を確認します。

❶セルF 12が固定されたまま12行目に数式がコピーされます。この図では［数式の表示］をしています（［数式の表示］の詳細は『1-4-6 数式を表示する』を参照してください）。

	A	B	F	G
1	新規顧客獲得数			
2				❶
3	支店名	目標	第1四半期計	割合
4	札幌	7000	1150	5440	=F4/$F$12
5	石川	8000	3600	8800	=F5/$F$12
6	横浜	5600	1650	4910	=F6/$F$12
7	千葉	7500	1890	8590	=F7/$F$12
8	鳥取	5000	2200	5770	=F8/$F$12
9	広島	7700	800	5170	=F9/$F$12
10	福岡	6800	1130	4730	=F10/$F$12
11	沖縄	7200	1670	6170	=F11/$F$12
12	合計	54800	14090	49580	=F12/$F$12
13				
14				
15				

Lesson 78

サンプル Lesson78.xlsx

九九の表を完成しましょう。

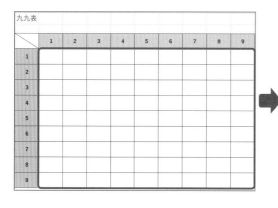

4 数式や関数を使用した演算の実行

1 複合参照で計算式を作成します。

❶ セルB4に「=」を
入力します。
❷ セルA4をクリッ
クします。
❸ [F4] キーを3回押
し、「$A4」にし
ます。

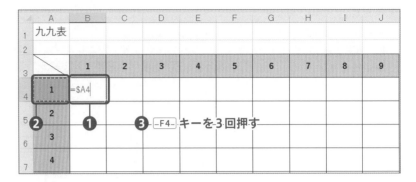

Point

セルA4 (1の段) は、「2の段」「3の段」…のように行は変更されても列はAのままコピーしたいので、
A列だけを固定する「$A4」という複合参照にします。

❹ 「*」を入力します。
❺ セルB3をクリック
します。
❻ [F4] キーを2回押
し、「B$3」にしま
す。

Point

セルB3 (1の列) は、「2の列」「3の列」…のように列は変更されても行は3行目のままコピーしたい
ので、3行目だけを固定する「B$3」という複合参照にします。

❼ [Enter] キーで確
定します。

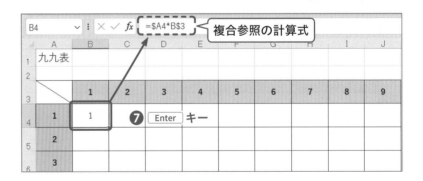

Point

数式の入力中に [F4] キーを押すと、相対参照→絶対参照→複合参照 (行だけ固定) →複合参照 (列だ
け固定) を繰り返します。

2 数式をコピーします。

❶ セル B4 のフィル
ハンドルを J4 ま
でドラッグしま
す。
❷ 範囲選択はそのま
まで、フィルハン
ドルをダブルク
リックします。

3 結果を確認します。

❶ 複合参照を使用し
て、数式がコピー
されます。この図
では [数式の表
示] をしています
([数式の表示] の
詳細は『1-4-6 数
式を表示する』を
参照してください)。

Column　スピルを使った方法

　今回は複合参照を使用して九九表を作成しましたが、「スピル」を使用して作成することもできます。手順
を表記します (スピルの詳細は『2-1-5 RANDBETWEEN 関数と SEQUENCE 関数を使用して数値データを生
成する』を参照してください)。

❶ セル B4 をクリックします。
❷「=」を入力します。
❸ セル B3～J3 を選択します。
❹「*」を入力します。
❺ セル A4～A12 を選択します。
❻ Enter キーを押します。

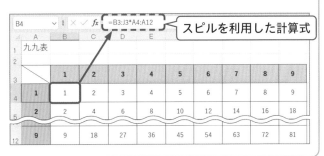

スピルを利用した計算式

数式の中で構造化参照を使用する

　テーブル内で数式を入力する途中、セルをクリックするとセル番地ではなく [@令和2年] のようにテーブルの項目名を使用した参照になります。これを「構造化参照」といいます。構造化参照を使用した数式はフィールド全体が対象となるので、オートフィルしなくても**テーブルの最終行まで数式が自動的に入力されます**（テーブルの作成方法は『3-1-1 セル範囲から Excel のテーブルを作成する』を参照してください）。

Lesson 79

サンプル ▶ Lesson79.xlsx

　E列に令和2年から平成27年を引き算した増減数を求めましょう。この表はテーブルに変換されています。

1 E列に増減数を求めます。

❶ セルE5に「=」を入力します。
❷ セルC5をクリックします。
❸「=[@令和2年]」と表示されます。

❹「-」を入力します。

❺ セルD5をクリックします。

❻「=[@令和2年]-[@平成27年]」
と表示されます。

❼ Enter キーを押して確定します。

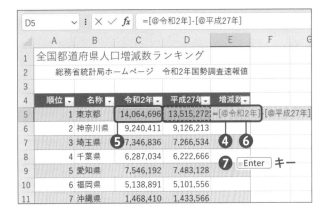

2 結果を確認します。

❶ E列に数式が作成されます。

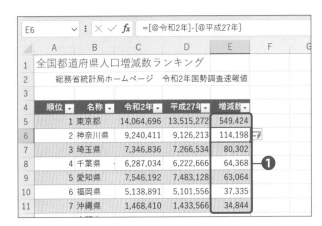

4

数式や関数を使用した演算の実行

Column 数式で名前を利用する

　数式には、「=国語+数学」のように、セル番地ではなく名前を設定することができます。名前を使用することで数式がわかりやすくなったり、「$」を付けなくてもセルが固定されたりするなどのメリットがあります（名前の作成方法は『2-3 名前付き範囲を定義する、参照する』を参照してください）。

　ここでは、C列にカード種類「ブラック」の販売価格を求めるという例で紹介します。

　販売価格は「一般価格×(1-割引率)」で計算します。割引率は、セルH4に設定済みの範囲名「ブラック」を使用します。

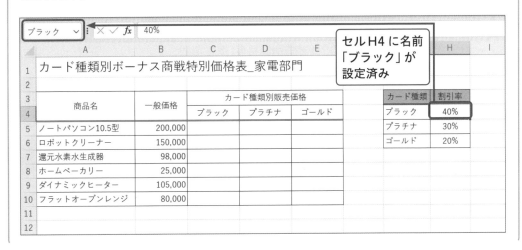

❶セルC5に「=」を入力します。

❷セルB5をクリックします。

❸「* (1-」を入力します。

❹[数式] タブをクリックします。

❺[定義された名前] グループの [数式で使用] をクリックします。

❻[ブラック] をクリックします。

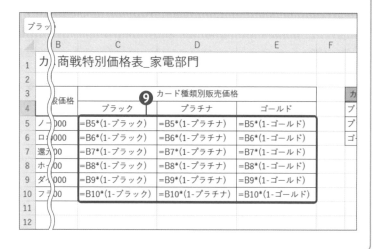

❼「)」を入力します。

❽[Enter] キーを押して確定します。

❾同様にセルD5に「=B5* (1-プラチナ)」、セルE5に「=B5*(1-ゴールド)」と入力して完成しましょう。名前を使用して数式が作成されます (この図では [数式の表示] をしています。[数式の表示] の詳細は『1-4-6 数式を表示する』を参照してください)。

4-2 データを計算する、加工する

4-2-1

SUM関数、AVERAGE関数、MAX関数、MIN関数を使用して計算を行う

学習日チェック	
月 日 ☐	
月 日 ☐	
月 日 ☐	

「関数」とは、Excelであらかじめ定義されている数式のことです。数式に必要な情報を指定するだけで、計算結果を求めることができます。

関数の書式は次のように決まっています。

> ＝関数名（引数1，引数2，…）

記号や関数名はすべて半角で入力し、英字の大文字/小文字は問いません。引数の種類や数は関数によって異なりますが、セル範囲や文字列、数値などを指定します。

● SUM関数

「SUM関数」は指定した引数の合計を求める関数です。

> ＝SUM（数値1，数値2，…）

引数にはセル範囲やセルを指定します。255個まで指定できます。

Lesson 80

サンプル Lesson80.xlsx

12行目に合計件数を、F列に支店合計を求めましょう。

新規顧客獲得数

支店名	目標	4月	5月	6月	支店合計
札幌	7,000	1,150	1,800	2,490	
石川	8,000	3,600	2,800	2,400	
横浜	5,600	1,650	1,530	1,730	
千葉	7,500	1,890	3,250	3,450	
鳥取	5,000	2,200	2,190	1,380	
広島	7,700	800	2,340	2,030	
福岡	6,800	1,130	1,500	2,100	
沖縄	7,200	1,670	2,900	1,600	
合計件数					

新規顧客獲得数

支店名	目標	4月	5月	6月	支店合計
札幌	7,000	1,150	1,800	2,490	5,440
石川	8,000	3,600	2,800	2,400	8,800
横浜	5,600	1,650	1,530	1,730	4,910
千葉	7,500	1,890	3,250	3,450	8,590
鳥取	5,000	2,200	2,190	1,380	5,770
広島	7,700	800	2,340	2,030	5,170
福岡	6,800	1,130	1,500	2,100	4,730
沖縄	7,200	1,670	2,900	1,600	6,170
合計件数	54,800	14,090	18,310	17,180	49,580

1 セルB12に合計を求めます。

❶ セルB12をクリックします。
❷ [ホーム] タブをクリックします。
❸ [編集] グループの Σ (合計) を
　 クリックします。

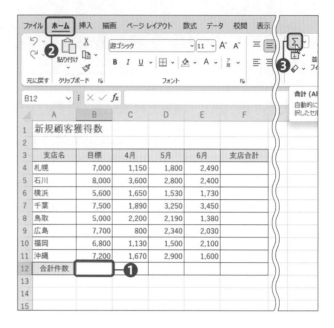

❹ 範囲を自動的に認識し、「=SUM
　 (B4:B11)」と表示されます。
❺ Enter キーを押して確定します。

2 数式をコピーします。

❶ セルB12のフィルハンドルをセ
　 ルF12までオートフィルします。

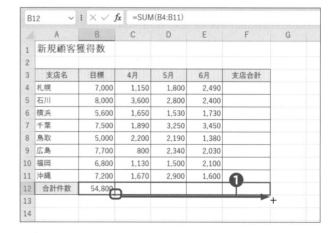

👆 **Point**

SUM関数の引数「B4：B11」は
セルB4～B11の連続した範囲
を表します。

3 セル F4 に合計を求めます。

❶ セル F4 をクリックします。
❷ 再度 [編集] グループの Σ (合計)
をクリックします。

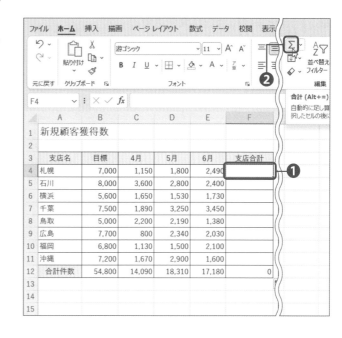

	支店名	目標	4月	5月	6月	支店合計
1	新規顧客獲得数					
2						
3	支店名	目標	4月	5月	6月	支店合計
4	札幌	7,000	1,150	1,800	2,490	
5	石川	8,000	3,600	2,800	2,400	
6	横浜	5,600	1,650	1,530	1,730	
7	千葉	7,500	1,890	3,250	3,450	
8	鳥取	5,000	2,200	2,190	1,380	
9	広島	7,700	800	2,340	2,030	
10	福岡	6,800	1,130	1,500	2,100	
11	沖縄	7,200	1,670	2,900	1,600	
12	合計件数	54,800	14,090	18,310	17,180	0
13						
14						
15						

❸ 認識された範囲が誤っている
(目標は合計に含めない) ので、
セル C4〜E4 をドラッグします。
❹「=SUM(C4:E4)」と表示されま
す。
❺ Enter キーを押して確定しま
す。

	A	B	C	D	E	F	G	H
						=SUM(C4:E4)		
1	新規顧客獲得数							
2								
3	支店名	目標	4月	5月	6月	支店合計		
4	札幌	7,000	1,150	1,800	2,490	=SUM(C4:E4)		
5	石川	8,000	3,600	2,800	2,400	SUM(数値1, [数値2], ...)		
6	横浜	5,600	1,650	1,530	1,730			
7	千葉	7,500	1,890	3,250	3,450			
8	鳥取	5,000	2,200	2,190	1,380			
9	広島	7,700	800	2,340	2,030			
10	福岡	6,800	1,130	1,500	2,100			
11	沖縄	7,200	1,670	2,900	1,600			
12	合計件数	54,800	14,090	18,310	17,180	0		
13								
14								

❺ Enter キー

4 数式をコピーします。

❶ セル F4 のフィルハンドルをダ
ブルクリックします。

F4			=SUM(C4:E4)					
	A	B	C	D	E	F	G	H
1	新規顧客獲得数							
2								
3	支店名	目標	4月	5月	6月	支店合計		
4	札幌	7,000	1,150	1,800	2⚠0	5,440		
5	石川	8,000	3,600	2,800	2,400		+	❶
6	横浜	5,600	1,650	1,530	1,730			
7	千葉	7,500	1,890	3,250	3,450			
8	鳥取	5,000	2,200	2,190	1,380			
9	広島	7,700	800	2,340	2,030			
10	福岡	6,800	1,130	1,500	2,100			
11	沖縄	7,200	1,670	2,900	1,600			
12	合計件数	54,800	14,090	18,310	17,180	5,440		
13								
14								

5 **結果を確認します。**

❶12行目とF列に合計が表示されます。

	A	B	C	D	E	F	G
1	新規顧客獲得数						
2							
3	支店名	目標	4月	5月	6月	支店合計	
4	札幌	7,000	1,150	1,800	⚠2,490	5,440	
5	石川	8,000	3,600	2,800	2,400	8,800	
6	横浜	5,600	1,650	1,530	1,730	4,910	
7	千葉	7,500	1,890	3,250	3,450	8,590	
8	鳥取	5,000	2,200	2,190	1,380	5,770	
9	広島	7,700	800	2,340	2,030	5,170	
10	福岡	6,800	1,130	1,500	2,100	4,730	
11	沖縄	7,200	1,670	2,900	1,600	6,170	
12	合計件数	54,800	14,090	18,310	17,180	49,580	

F4 =SUM(C4:E4)

❶

StepUp

セルF4〜F11の左上には▣が表示されています。これは「エラーインジケーター」といい、Excelが数式をチェックした結果、何らかのエラーの可能性がある時に表示されるものです。
セルをクリックして左側に表示される⚠をクリックするとエラーの内容が確認できます。
今回はSUM関数の引数の範囲に「目標」が含まれていないために表示されているので、[エラーを無視する]をクリックしても良いですし、何もしなくても良いです。このマークは印刷されません。

6月	支店合計
2⚠▾	5,440

数式は隣接したセルを使用していません
数式を更新してセルを含める(U)
このエラーに関するヘルプ(H)
エラーを無視する(I)
数式バーで編集(F)
エラー チェック オプション(O)…

⊙ AVERAGE関数

「AVERAGE関数」は指定した引数の平均を求める関数です。

> ＝AVERAGE（数値1，数値2，…）

引数にはセル範囲やセルを指定します。255個まで指定できます。

Lesson 81

サンプル Lesson81.xlsx

J列に試験の平均点数を求めましょう。小数点以下第1位まで表示します。

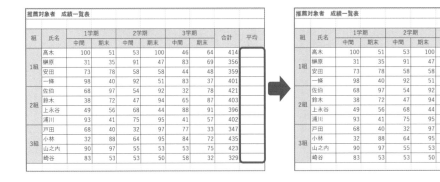

1 セルJ5に合計を求めます。

❶ セルJ5をクリックします。

❷ [ホーム] タブをクリックします。

❸ [編集] グループの Σ（合計）の ▽ をクリックします。

❹ [平均] をクリックします。

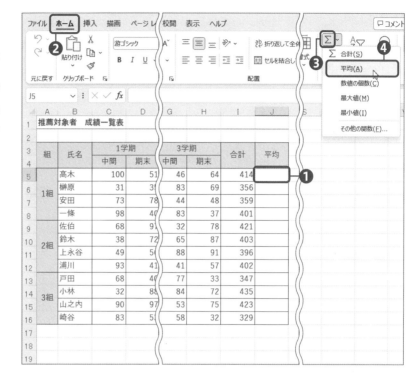

❺ 認識された範囲が誤っている（合計は含めない）ので、セルC5〜H5をドラッグします。

❻ 「=AVERAGE(C5:H5)」と表示されたことを確認し、Enter キーを押して確定します。

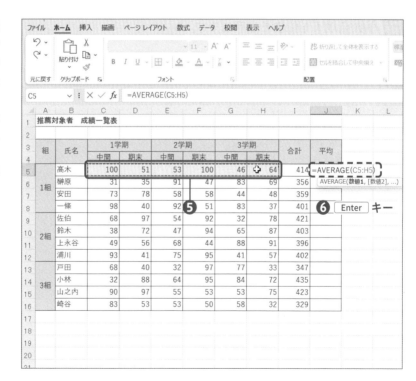

2 数式をコピーします。

❶ セルJ5のフィル
ハンドルをダブル
クリックしてセル
J16までオート
フィルします。

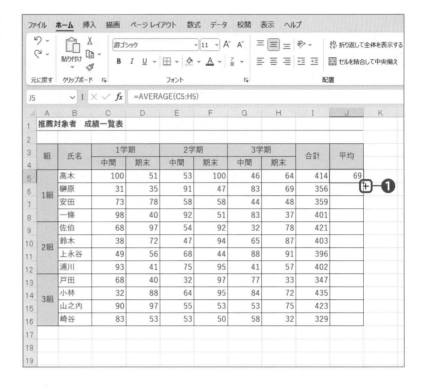

3 小数点以下1位まで表示します。

❶ セルJ5〜J16を選
択します。
❷ [数値] グループ
の [小数点以下の
表示桁数を減ら
す] を複数回ク
リックします。

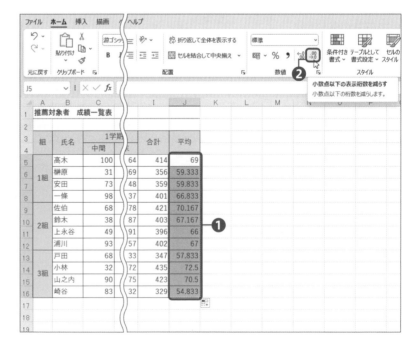

4 結果を確認します。

❶ J列に平均点が小数点以下第1位まで表示されます。

J5 ∨ : × ✓ fx =AVERAGE(C5:H5)

組	氏名	1学期		2学期		3学期		合計	平均
		中間	期末	中間	期末	中間	期末		
1組	高木	100	51	53	100	46	64	414	69.0
	榊原	31	35	91	47	83	69	356	59.3
	安田	73	78	58	58	44	48	359	59.8
	一條	98	40	92	51	83	37	401	66.8
2組	佐伯	68	97	54	92	32	78	421	70.2
	鈴木	38	72	47	94	65	87	403	67.2
	上永谷	49	56	68	44	88	91	396	66.0
	浦川	93	41	75	95	41	57	402	67.0
3組	戸田	68	40	32	97	77	33	347	57.8
	小林	32	88	64	95	84	72	435	72.5
	山之内	90	97	55	53	53	75	423	70.5
	崎谷	83	53	53	50	58	32	329	54.8

○ MAX関数

「MAX関数」は指定した引数の最大値を求める関数です。

＝MAX（数値1，数値2，…）

引数にはセル範囲やセルを指定します。255個まで指定できます。

Lesson 82

サンプル Lesson82.xlsx

18行目に試験ごとの最高点を求めましょう。

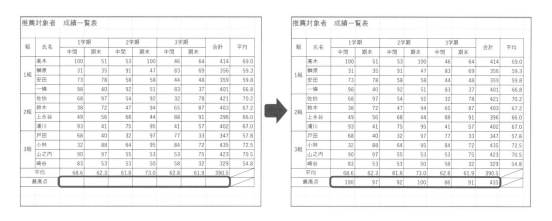

1 セルC18に最大値を求めます。

❶ セルC18をクリックします。

❷ [ホーム] タブをクリックします。

❸ [編集] グループの Σ (合計) の ✓ をクリックします。

❹ [最大値] をクリックします。

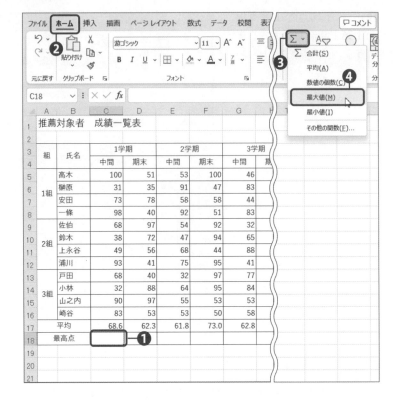

❺ 認識された範囲が誤っている（平均は含めない）ので、セルC5〜C16をドラッグします。

❻ 「=MAX(C5:C16)」と表示されたことを確認し、 Enter キーを押して確定します。

2 数式をコピーします。

❶ セルC18のフィルハンドルをドラッグしてセルI18までオートフィルします。

	A	B	C	D	E	F	G	H	I	J	K
1	推薦対象者		成績一覧表								
2											
3	組	氏名	1学期		2学期		3学期		合計	平均	
4			中間	期末	中間	期末	中間	期末			
5	1組	高木	100	51	53	100	46	64	414	69.0	
6		榊原	31	35	91	47	83	69	356	59.3	
7		安田	73	78	58	58	44	48	359	59.8	
8		一條	98	40	92	51	83	37	401	66.8	
9	2組	佐伯	68	97	54	92	32	78	421	70.2	
10		鈴木	38	72	47	94	65	87	403	67.2	
11		上永谷	49	56	68	44	88	91	396	66.0	
12		浦川	93	41	75	95	41	57	402	67.0	
13	3組	戸田	68	40	32	97	77	33	347	57.8	
14		小林	32	88	64	95	84	72	435	72.5	
15		山之内	90	97	55	53	53	75	423	70.5	
16		崎谷	83	53	53	50	58	32	329	54.8	
17		平均	68.6	62.3	61.8	73.0	62.8	61.9	390.5		
18		最高点	100				❶				
19											
20											
21											
22											

3 結果を確認します。

❶ 18行目に最大値が表示されます。

	A	B	C	D	E	F	G	H	I	J	K
1	推薦対象者		成績一覧表								
2											
3	組	氏名	1学期		2学期		3学期		合計	平均	
4			中間	期末	中間	期末	中間	期末			
5	1組	高木	100	51	53	100	46	64	414	69.0	
6		榊原	31	35	91	47	83	69	356	59.3	
7		安田	73	78	58	58	44	48	359	59.8	
8		一條	98	40	92	51	83	37	401	66.8	
9	2組	佐伯	68	97	54	92	32	78	421	70.2	
10		鈴木	38	72	47	94	65	87	403	67.2	
11		上永谷	49	56	68	44	88	91	396	66.0	
12		浦川	93	41	75	95	41	57	402	67.0	
13	3組	戸田	68	40	32	97	77	33	347	57.8	
14		小林	32	88	64	95	84	72	435	72.5	
15		山之内	90	97	55	53	53	75	423	70.5	
16		崎谷	83	53	53	50	58	32	329	54.8	
17		平均	68.6	62.3	61.8	73.0	62.8	61.9	390.5		
18		最高点	100	97	92	100	88	91	435		
19							❶				
20											
21											
22											

○ MIN 関数

ミン（ミニマム）
「MIN 関数」は指定した引数の最小値を求める関数です。

＝MIN（数値1，数値2，…）

引数にはセル範囲やセルを指定します。255個まで指定できます。

Lesson 83

サンプル Lesson83.xlsx

19行目に試験ごとの最低点を求めましょう。

推薦対象者　成績一覧表

組	氏名	1学期		2学期		3学期		合計	平均
		中間	期末	中間	期末	中間	期末		
1組	高木	100	51	53	100	46	64	414	69.0
	榊原	31	35	91	47	83	69	356	59.3
	安田	73	78	58	58	44	48	359	59.8
	一條	98	40	92	51	83	37	401	66.8
2組	佐伯	68	97	54	92	32	78	421	70.2
	鈴木	38	72	47	94	65	87	403	67.2
	上永谷	49	56	68	44	88	91	396	66.0
	浦川	93	41	75	95	41	57	402	67.0
3組	戸田	68	40	32	97	77	33	347	57.8
	小林	32	88	64	95	84	72	435	72.5
	山之内	90	97	55	53	53	75	423	70.5
	嶋谷	83	53	53	50	58	32	329	54.8
平均		68.6	62.3	61.8	73.0	62.8	61.9	390.5	
最高点		100	97	92	100	88	91	435	
最低点									

推薦対象者　成績一覧表

組	氏名	1学期		2学期		3学期		合計	平均
		中間	期末	中間	期末	中間	期末		
1組	高木	100	51	53	100	46	64	414	69.0
	榊原	31	35	91	47	83	69	356	59.3
	安田	73	78	58	58	44	48	359	59.8
	一條	98	40	92	51	83	37	401	66.8
2組	佐伯	68	97	54	92	32	78	421	70.2
	鈴木	38	72	47	94	65	87	403	67.2
	上永谷	49	56	68	44	88	91	396	66.0
	浦川	93	41	75	95	41	57	402	67.0
3組	戸田	68	40	32	97	77	33	347	57.8
	小林	32	88	64	95	84	72	435	72.5
	山之内	90	97	55	53	53	75	423	70.5
	嶋谷	83	53	53	50	58	32	329	54.8
平均		68.6	62.3	61.8	73.0	62.8	61.9	390.5	
最高点		100	97	92	100	88	91	435	
最低点		31	35	32	44	32	32	329	

1 セルC19に最小値を求めます。

❶ セルC19をクリックします。

❷ ［ホーム］タブをクリックします。

❸ ［編集］グループの Σ（合計）の ▽ をクリックします。

❹ ［最小値］をクリックします。

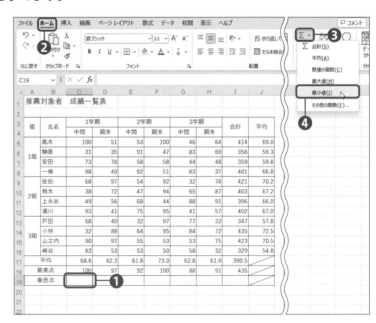

246

❺ 認識された範囲が誤っている（平均と最大値は含めない）ので、セルC5～C16をドラッグします。

❻「=MIN(C5:C16)」と表示されたことを確認し、Enterキーを押して確定します。

2 数式をコピーします。

❶ セルC19のフィルハンドルをドラッグしてセルI19までオートフィルします。

3 結果を確認します。

❶ 19行目に最小値が表示されます。

学習日チェック

月　日

月　日

月　日

COUNT関数、COUNTA関数、COUNTBLANK関数を使用してセルの数を数える

● COUNT関数

「COUNT関数」は、指定した範囲内に数値が入力されたセルがいくつあるかを数える関数です。

=COUNT（値1，値2，…）

引数にはデータの数を数えたいセル範囲やセルを指定します。255個まで指定できます。COUNT関数では数値データだけが数えられます。

Lesson 84

サンプル Lesson84.xlsx

セルG3に「Word受験者数」を、セルG4に「Excel受験者数」を求めましょう。点数が入力されているセルが受験者数です。セルA3～D19は「模擬試験」という名称のテーブルに変換されています。

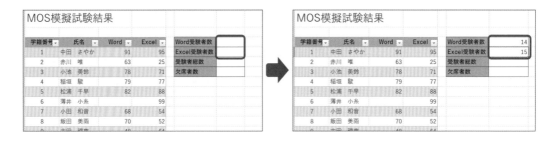

1 Wordの受験者数を求めます。

❶ セルG3をクリックします。

❷ [ホーム] タブをクリックします。

❸ [編集] グループの∑ (合計) の✓をクリックします。

❹ [数値の個数] をクリックします。

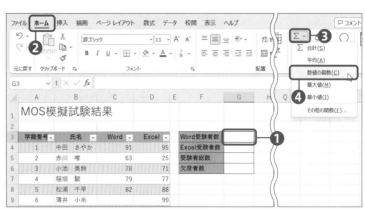

❺ セルC4〜C19をドラッグします。

❻「=COUNT(模擬試験[Word])」と表示されたことを確認し、Enter キーで確定します。

4

数式や関数を使用した演算の実行

Point

「=COUNT(模擬試験[Word])」の「模擬試験」はテーブル名を、[Word] はフィールド名 (項目名) を表します。

2 Excelの受験者数を求めます。

❶ 手順1と同様に、セルG4にExcelの受験者数を求めます。

3 結果を確認します。

❶各受験者数が表示さ
れます。

	A	B	C	D	E	F	G	H
1	MOS模擬試験結果							
2								
3	学籍番号	氏名	Word	Excel		Word受験者数	14	
4	1	中田　さやか	91	95		Excel受験者数	15	❶
5	2	赤川　唯	63	25		受験者総数		
6	3	小池　美鈴	78	71		欠席者数		
7	4	稲垣　駿	79	77				
8	5	松浦　千早	82	88				
9	6	薄井　小糸		99				
10	7	小田　和音	68	54				
11	8	飯田　美雨	70	52				
12	9	古田　理恵	48	64				

○ COUNTA関数

「COUNTA関数」は、データ（数値も文字列も問わず）が入力されたセルが指定した範囲内にいくつあるかを数える関数です。ここまでで使用してきた［オートSUM］の⌄にはないため、［fx］ボタンを使用します。

> ＝COUNTA（値1，値2，…）

引数にはデータの数を数えたいセル範囲やセルを指定します。255個まで指定できます。COUNTA関数ではすべてのデータが数えられます。

Lesson 85

サンプル Lesson85.xlsx

セルG5に「受験者総数」を求めましょう。氏名が入力されているセルが受験者数です。セルA3～D19は「模擬試験」という名称のテーブルに変換されています。

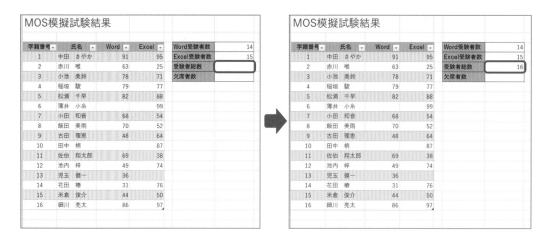

1 [関数の挿入] ダイアログボックスを表示します。

❶ セルG5をクリックします。

❷ [関数の挿入] (fx) ボタンをクリックします。

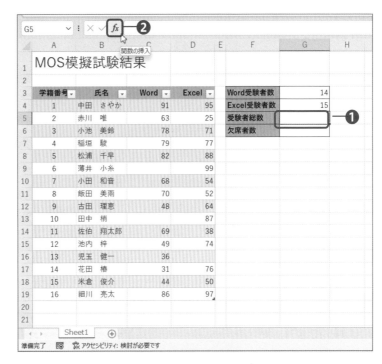

2 COUNTA関数のダイアログボックスを表示します。

❶ [関数の検索] ボックスに「counta」と入力します。

❷ [検索開始] ボタンをクリックします。

❸ 「COUNTA」をクリックします。

❹ [OK] ボタンをクリックします。

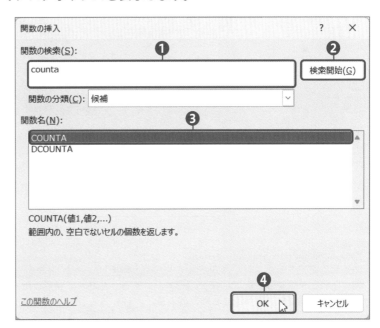

3 受験者総数を算出します。

❶ [値1] にカーソル
があることを確認
し、セルB4をク
リックします。

❷ Ctrl キーと Shift
キーを押しながら
↓ キーを押します。

❸ [OK] ボタンをク
リックします。

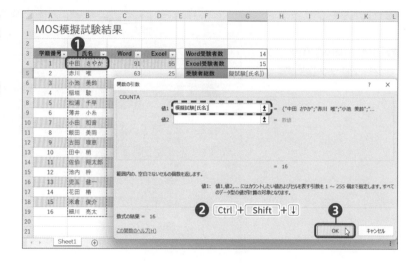

4 結果を確定します。

❶「=COUNTA(模擬
試験 [氏名])」が
作成されます。

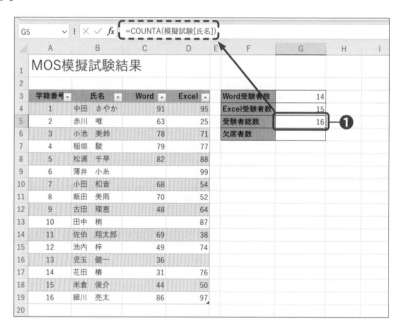

Point

先頭セルをアクティブにしてから Ctrl キーと Shift キーを押しながら ↓ キーを押すと、下方向に連
続した範囲を簡単に選択できます。→ キーにすると右方向に連続した範囲を選択できます。大きな範
囲の場合、ドラッグするよりも効率的です。

Column 関数の入力方法

簡単な関数や慣れた関数は手入力することもできます。入力する際、英字の大文字/小文字は問いません。上記の [COUNTA関数] の例で記載します。

❶ セルG5をクリックします。

❷ 「=c」と入力すると、「c」で始まる関数名の一覧が表示されます。スクロールして「COUNTA」を探しても良いですが、ここでは「ou」を続けて入力します。

❸ 「COU」で始まる関数名に絞り込まれますので、↓キーを押して「COUNTA」を反転させ、tabキーを押します。または、「COUNTA」をダブルクリックします。

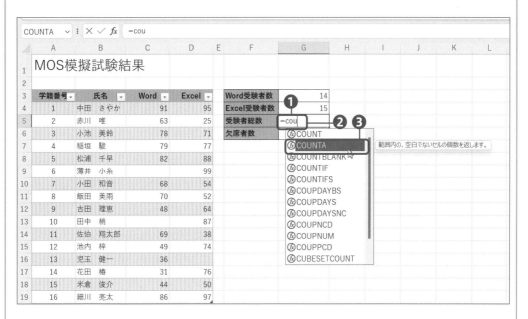

❹ セルに「=COUNTA(」が入力さます。

❺ セルB4～B19を選択します。

❻ 「)」を入力し、Enterキーを押します。

● COUNTBLANK関数

「COUNTBLANK関数」は、入力されていないセルが指定した範囲内にいくつあるかを数える関数です。

=COUNTBLANK（範囲）

Lesson 86

サンプル Lesson86.xlsx

セルG6に「欠席者数」を求めましょう。欠席者数は、各科目を1つでも欠席した人数とします。

セルA3〜D19は「模擬試験」という名称のテーブルに変換されています。

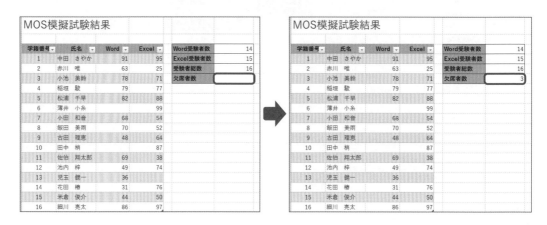

1 ［COUNTBLANK関数］を使用して、欠席者数を算出します。

❶ セルG6をクリックします。

❷ Lesson85 ❶と同様にして、COUNTBLANK関数のダイアログボックスを表示します。

❸ ［範囲］にカーソルがあることを確認し、セルC4〜D19を選択します。

❹ ［OK］ボタンをクリックします。

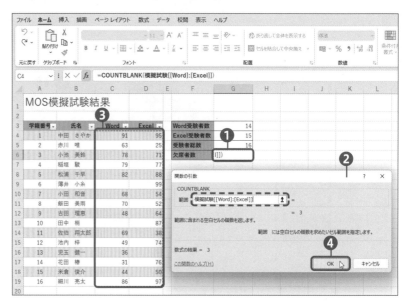

2 結果を確定します。

❶「=COUNTBLANK(模擬試験 [[Word]:[Excel]])」が作成 されます。

| G6 | | : | × ✓ fx | =COUNTBLANK(模擬試験[[Word]:[Excel]]) |

	A	B	C	D	E	F	G
1	MOS模擬試験結果						
2							
3	学籍番号	氏名	Word	Excel		Word受験者数	14
4	1	中田 さやか	91	95		Excel受験者数	15
5	2	赤川 唯	63	25		受験者総数	16
6	3	小池 美鈴	78	71		欠席者数	3
7	4	稲垣 駿	79	77			
8	5	松浦 千早	82	88			
9	6	薄井 小糸		99			
10	7	小田 和音	68	54			
11	8	飯田 美雨	70	52			
12	9	古田 理恵	48	64			
13	10	田中 梢		87			

4-2-3

IF関数を使用して条件付きの計算を実行する

学習日チェック

月　日 ▽

月　日 ▽

月　日 ▽

「IF関数」は、条件を設定し、その条件を満たしている場合と満たしていない場合の2つの解答を表示する関数です。

= IF（論理式，値が真の場合，値が偽の場合）

❶ 論理式　❷ 値が真の場合　❸ 値が偽の場合

---

❶ 論理式：比較演算子を使用して条件を指定します
❷ 値が真の場合：論理式の結果が正しい場合の値や処理を指定します
❸ 値が偽の場合：論理式の結果が正しくない場合の値や処理を指定します

論理式で使用する比較演算子は次のとおりです。いずれも半角で入力します。

記号	読み方	書き方例	意味
=	イコール	A1＝B1	A1とB1が等しい
>=	大なりイコール	A1>=B1	A1がB1以上
<=	小なりイコール	A1<=B1	A1がB1以下
>	大なり	A1>B1	A1がB1より大きい
<	小なり	A1<B1	A1がB1より小さい
<>	小なり大なり	A1<>B1	A1とB1が等しくない

次のLessonのIF関数を図解すると以下のように表せます。

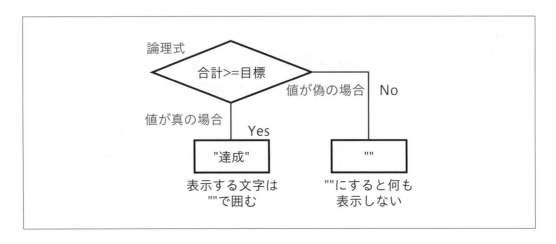

Lesson 87

関数を使用して、セルG4～G11に、第一四半期計が目標以上だったら「達成」、そうでなければ何も表示しないようにしましょう。

社員名	目標	4月	5月	6月	第1四半期計	達成
関根　豊	7,000	1,150	1,800	2,490	5,440	
江川　結衣	8,000	3,600	2,800	2,400	8,800	
堺　美穂	5,600	1,650	1,530	1,730	4,910	
加藤　葵	7,500	1,890	3,250	3,450	8,590	
長谷川　奏	5,000	2,200	2,190	1,380	5,770	
石川　あやめ	7,700	800	2,340	2,030	5,170	
若林　聡	6,800	1,130	1,500	2,100	4,730	
桜木　明菜	7,200	1,670	2,900	1,600	6,170	

→

社員名	目標	4月	5月	6月	第1四半期計	達成
関根　豊	7,000	1,150	1,800	2,490	5,440	
江川　結衣	8,000	3,600	2,800	2,400	8,800	達成
堺　美穂	5,600	1,650	1,530	1,730	4,910	
加藤　葵	7,500	1,890	3,250	3,450	8,590	達成
長谷川　奏	5,000	2,200	2,190	1,380	5,770	達成
石川　あやめ	7,700	800	2,340	2,030	5,170	
若林　聡	6,800	1,130	1,500	2,100	4,730	
桜木　明菜	7,200	1,670	2,900	1,600	6,170	

1 関数のダイアログボックスを表示します。

❶ セルG4をクリックします。

❷ [関数の挿入] (fx) ボタンをクリックします。

G4			fx				
	A	B	C	D	E	F	G
1	新規顧客獲得数						
2							
3	社員名	目標	4月	5月	6月	第1四半期計	達成
4	関根　豊	7,000	1,150	1,800	2,490	5,440	
5	江川　結衣	8,000	3,600	2,800	2,400	8,800	
6	堺　美穂	5,600	1,650	1,530	1,730	4,910	
7	加藤　葵	7,500	1,890	3,250	3,450	8,590	
8	長谷川　奏	5,000	2,200	2,190	1,380	5,770	
9	石川　あやめ	7,700	800	2,340	2,030	5,170	
10	若林　聡	6,800	1,130	1,500	2,100	4,730	
11	桜木　明菜	7,200	1,670	2,900	1,600	6,170	
12							
13							

❸ [関数の検索] ボックスに「if」と入
力します。
❹ [検索開始] ボックスをクリックし
ます。
❺ [IF] をクリックします。
❻ [OK] ボタンをクリックします。

2 [論理式] を指定します。

❶ [論理式] にカー
ソルがあること
を確認し、セル
F4をクリックし
ます。
❷「>=」を 入 力 し
ます。
❸ セルB4をクリッ
クします。
❹「F4>=B4」と 表
示されます。

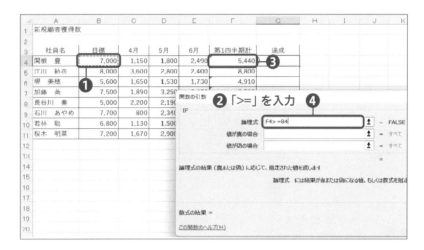

3 他の引数を指定します。

❶ Tab キーを押す
か [値が真の場
合] をクリック
してカーソルを
移動し、「達成」
と入力します。

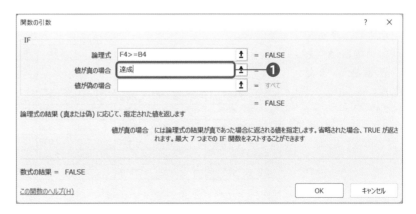

❷ [値が偽の場合]
にカーソルを移
動し、「""」と入
力します。
❸ [OK] ボタンを
クリックします。

4 数式をコピーします。

❶ セルG4のフィ
ルハンドルをダ
ブルクリックし
ます。

G4			f_x	=IF(F4>=B4,"達成","")			
	A	B	C	D	E	F	G	H
1	新規顧客獲得数							
2								
3	社員名	目標	4月	5月	6月	第1四半期計	達成	
4	関根　豊	7,000	1,150	1,800	2,490	5,440		
5	江川　結衣	8,000	3,600	2,800	2,400	8,800		
6	堺　美穂	5,600	1,650	1,530	1,730	4,910		
7	加藤　葵	7,500	1,890	3,250	3,450	8,590		
8	長谷川　奏	5,000	2,200	2,190	1,380	5,770		
9	石川　あやめ	7,700	800	2,340	2,030	5,170		
10	若林　聡	6,800	1,130	1,500	2,100	4,730		
11	桜木　明菜	7,200	1,670	2,900	1,600	6,170		
12								
13								
14								

5 結果を確認します。

❶ 第一四半期計が
目標以上だった
ら「達成」と表
示され、そうで
ない場合は何も
表示されませ
ん。

G4			f_x	=IF(F4>=B4,"達成","")			
	A	B	C	D	E	F	G	H
1	新規顧客獲得数							
2								
3	社員名	目標	4月	5月	6月	第1四半期計	達成	
4	関根　豊	7,000	1,150	1,800	2,490	5,440		
5	江川　結衣	8,000	3,600	2,800	2,400	8,800	達成	
6	堺　美穂	5,600	1,650	1,530	1,730	4,910		
7	加藤　葵	7,500	1,890	3,250	3,450	8,590	達成	
8	長谷川　奏	5,000	2,200	2,190	1,380	5,770	達成	
9	石川　あやめ	7,700	800	2,340	2,030	5,170		
10	若林　聡	6,800	1,130	1,500	2,100	4,730		
11	桜木　明菜	7,200	1,670	2,900	1,600	6,170		
12								
13								
14								
15								

Point

数式の中で、表示する文字列は""（ダブルクォーテーション）で囲む必要があります。ただし、この例のように[fx]ボタンを使用して関数を作成する場合は自動的に囲まれます。引数を区切るカンマも自動的に入力されます。手入力する場合は、カンマもダブルクォーテーションも自分で入力する必要があります。

また、**何も表示しない場合は「""」のようにダブルクォーテーションを2つ続けて入力**します。

4-2-4

SORT関数を使用してデータを並べ替える

学習日チェック

月 日 ☑

月 日 ☑

月 日 ☑

「SORT関数」は、表のデータを指定した項目順に並べ替えて取り出す関数です。テーブルの並べ替え機能を使用すると、もとの表自体が並べ替わるため、その表を使用したグラフに影響を与えたり、もとの並びに戻せなかったりする可能性があります。SORT関数を使用すると、もとの表はそのままで、指定した項目で並べ替えた新しい表を作成できます。

＝SORT（配列，並べ替えインデックス，並べ替え順序，並べ替え基準）

① 配列：もとのデータの範囲を指定します。タイトル行/タイトル列は含めません
② 並べ替えインデックス：何列目/何行目を基準に並べ替えるのか数値で指定します
③ 並べ替え順序：昇順に並べる場合は「1」を、降順に並べる場合は「-1」を指定します。
省略すると昇順が設定されます
④ 並べ替え基準：行で並べ替えるには「FALSE」（もしくは「0」）を、列で並べ替えるには
「TRUE」（もしくは「1」）を指定します。省略するとFALSEとみなされます

Point

SORT関数はスピルに対応した関数なので、先頭のセルを選択するだけで、必要な行数の表が作成されます。スピルの詳細は『2-1-5 RANDBETWEEN関数とSEQUENCE関数を使用して数値データを生成する』を参照してください。

4 数式や関数を使用した演算の実行

Lesson 88

サンプル Lesson88.xlsx

A～G列の表の5列目の「GROSS」の昇順に並べて、セルI4に新しい表を作成しましょう。

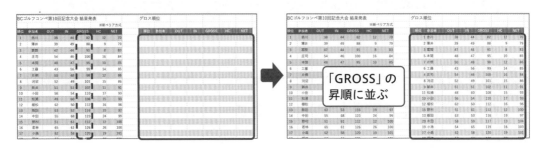

「GROSS」の昇順に並ぶ

1 関数のダイアログボックスを表示します。

❶ セルI4をクリックします。

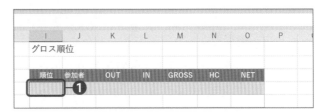

❷ [関数の挿入] (fx) ボタンをクリックします。

❸ [関数の検索] ボックスに「sort」と入力します。
❹ [検索開始] ボタンをクリックします。
❺ [SORT] をクリックします。
❻ [OK] ボタンをクリックします。

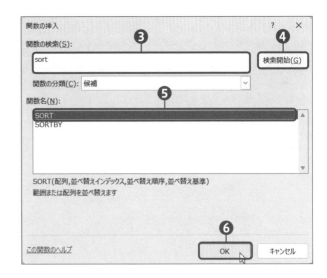

2 [配列] を指定します。

❶ [配列] にカーソル
があることを確認
し、セルA4をク
リックします。

❷ Ctrl キーと Shift
キーを押しながら
→ キーを押します。

❸ そのまま Ctrl キー
と Shift キーを押
しながら ↓ キーを
押します。

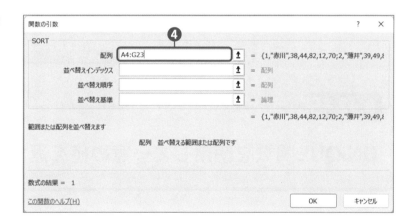

❹ 「A4:G23」と入力
されます。

3 そのほかの引数を指定します。

❶ [並べ替えインデッ
クス] に「5」を入
力します。

❷ [OK] ボタンをク
リックします（[並
べ替え順序] と [並
べ替え基準] はこ
こでは省略します
が、それぞれ「1」
「0」と入力しても
同様です）。

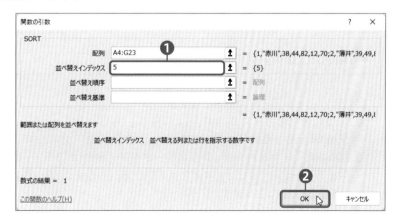

4 結果を確認します。

❶I列〜O列に新しい
表が作成されます。

順位	参加者	OUT	IN	GROSS	HC	NET
1	赤川	38	44	82	12	70
2	薄井	39	49	88	9	79
3	富樫	47	44	91	8	83
5	本間	48	47	95	10	85
7	片桐	50	48	98	12	86
6	工藤	43	56	99	14	85
4	庄司	54	46	100	16	84
8	河沼	52	49	101	15	86
9	新井	51	51	102	11	91
11	松浦	48	60	108	15	93
10	小田	56	54	110	17	93
12	植松	62	50	112	16	96
15	野村	51	61	112	12	100
13	飯田	63	53	116	19	97
20	木田	58	59	117	13	104
19	小池	54	65	119	16	103
17	小森	62	58	120	19	101
18	稲垣	57	64	121	20	101
14	中田	55	68	123	24	99

4-2-5

学習日チェック

月　日 ☑

月　日 ☑

月　日 ☑

UNIQUE関数を使用して一意の値を返す

　「UNIQUE関数」は、範囲の中から、重複を取り除いて一意（ユニーク）の値だけを取り出す関数です。「SORT関数」と同様に、スピルに対応した関数なので、先頭のセルを選択するだけで、必要な行数の表が完成します。

---

❶　❷　　❸
=UNIQUE（配列，列の比較，回数指定）

---

❶ 配列：もとのデータの範囲を指定します

❷ 列の比較：右方向に探す場合は「TRUE」（もしくは「1」）を、下方向に探す場合は
「FALSE」（もしくは「0」）を指定します。省略すると下方向に探します

❸ 回数指定：そもそも1つしかないデータを探す場合は「TRUE」（もしくは「1」）を、複
数あるデータを1つだけにするには「FALSE」（もしくは「0」）を指定します。省略する
とFALSEとみなされます

セルK4以降に、E列の商品名を使用して「商品名一覧」を表示しましょう。

1 関数のダイアログボックスを表示します。

❶ セルK4をクリックします。

❷ [関数の挿入] (fx) ボタンをクリックします。

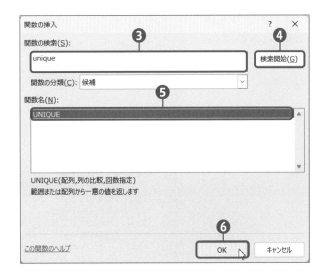

❸ [関数の検索] ボックスに「unique」と入力します。

❹ [検索開始] ボタンをクリックします。

❺ [UNIQUE] をクリックします。

❻ [OK] ボタンをクリックします。

2 [配列] を指定します。

❶ [配列] にカーソ
ルがあることを
確認し、セルE4
をクリックしま
す。

❷ Ctrl キーと Shift
キーを押しなが
ら ↓ キーを押し
ます。

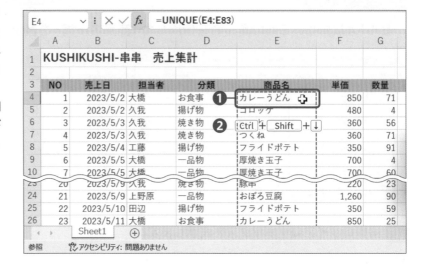

❸ [OK] ボタンをク
リックします
（ [列の比較] と
[回数指定] はこ
こでは省略しま
すが、「0」と入力
しても同様で
す）。

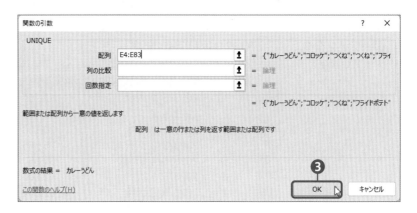

3 結果を確認します。

❶ セルK4以降に一
意のデータが表
示されます。

264

4-3 文字列を変更する、書式設定する

4-3-1

RIGHT関数、LEFT関数、MID関数を使用して文字の書式を設定する

○ LEFT関数

「LEFT関数」は、指定した文字列の左側から、指定した文字数を取り出す関数です。

> =LEFT（文字列 **1**，文字数 **2**）

1 文字列：対象のセルか文字列を指定します
2 文字数：取り出す文字数を数値で指定します。省略すると1文字取り出されます

Lesson 90

サンプル Lesson90.xlsx

C列の社員コードを使用して、左側1文字をD列の「所属コード」に取り出しましょう。

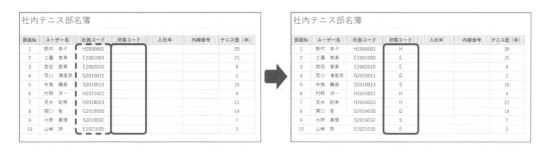

1 関数のダイアログボックスを表示します。

❶ セルD4をクリックします。
❷ [関数の挿入] (fx) ボタンをクリックします。

❸ [関数の検索] ボックスに「left」と
入力します。

❹ [検索開始] ボタンをクリックしま
す。

❺ [LEFT] をクリックします。

❻ [OK] ボタンをクリックします。

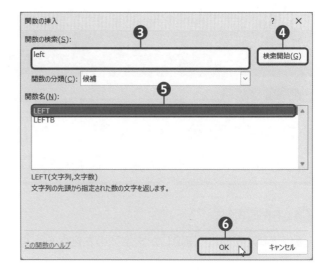

2 関数の引数を指定します。

❶ [文字列] にカー
ソルがあること
を確認し、セル
C4をクリックし
ます。

❷ [文字数] に「1」
を入力します。

❸ [OK] ボタンを
クリックしま
す。

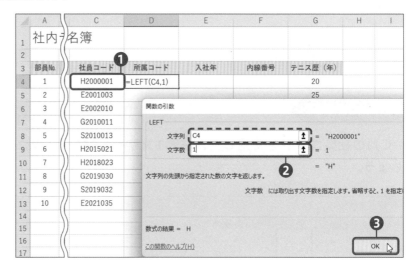

3 数式をコピーします。

❶ セルD4の フィ
ルハンドルをダ
ブルクリックし
て、数式をコ
ピーします。

	A	B	C	D	E	F	G	H
1	社内テニス部名簿							
2								
3	部員No.	ユーザー名	社員コード	所属コード	入社年	内線番号	テニス歴（年）	
4	1	野村 幸子	H2000001	H			20	
5	2	工藤 恵美	E2001003				25	
6	3	宮田 愛美	E2002010				8	
7	4	荒川 満里奈	G2010011				2	
8	5	布施 織音	S2010013				16	
9	6	村野 洋一	H2015021				4	
10	7	荒井 聡美	H2018023				21	
11	8	関口 智	G2019030				14	
12	9	水野 真理	S2019032				7	
13	10	山崎 詩	E2021035				3	

4 結果を確認します。

❶社員コードの
左端の文字1字
が取り出され
ます。

	D4		:	× √ fx	=LEFT(C4,1)		
	A	B	C	D	E	F	G
1	社内テニス部名簿						
2							
3	部員No.	ユーザー名	社員コード	所属コード	入社年	内線番号	テニス歴（年）
4	1	野村　幸子	H2000001	H			20
5	2	工藤　恵美	E2001003	E			25
6	3	宮田　愛美	E2002010	E			8
7	4	荒川　満里奈	G2010011	G			2
8	5	布施　織音	S2010013	S			16
9	6	村野　洋一	H2015021	H			4
10	7	荒井　聡美	H2018023	H			21
11	8	関口　智	G2019030	G			14
12	9	水野　真理	S2019032	S			7
13	10	山崎　詩	E2021035	E			3
14							
15							

❶

○ MID 関数

「MID 関数」は、文字列の指定した位置から指定した文字数を取り出す関数です。

＝MID（文字列，開始位置，文字数）

❶ 文字列 ❷ 開始位置 ❸ 文字数
---

❶ 文字列：対象のセルか文字列を指定します
❷ 開始位置：左側から数えて何文字目から取り出すのか、数値で指定します
❸ 文字数：何文字取り出すのか、数値で指定します

Lesson 91

サンプル Lesson91.xlsx

C列の社員コードを使用して、2文字目から4文字分をE列の「入社年」に取り出しましょう。

1 関数のダイアログボックスを表示します。

❶ セルE4をクリックします。

❷ [関数の挿入] (fx) ボタンをクリックします。

❸ [関数の検索] ボックスに「mid」と入力します。

❹ [検索開始] ボタンをクリックします。

❺ [MID] をクリックします。

❻ [OK] ボタンをクリックします。

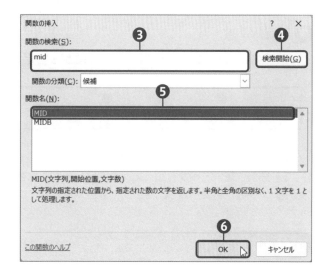

2 関数の引数を指定します。

❶ [文字列] にカーソルがあることを確認し、セルC4をクリックします。

❷ [開始位置] に「2」を入力します。

❸ [文字数] に「4」を入力します。

❹ [OK] ボタンをクリックします。

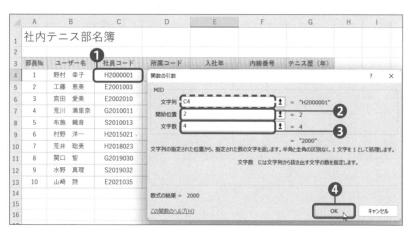

3 数式をコピーします。

❶ セルE4のフィ
ルハンドルをダ
ブルクリックし
て、数式をコ
ピーします。

E4			✕ ✓	fx	=MID(C4,2,4)		
	A	B	C	D	E	F	G
1	社内テニス部名簿						
2							
3	部員No.	ユーザー名	社員コード	所属コード	入社年	内線番号	テニス歴（年）
4	1	野村　幸子	H2000001	H	2000		20
5	2	工藤　恵美	E2001003	E		⊞ ❶	25
6	3	宮田　愛美	E2002010	E			8
7	4	荒川　満里奈	G2010011	G			2
8	5	布施　織音	S2010013	S			16
9	6	村野　洋一	H2015021	H			4
10	7	荒井　聡美	H2018023	H			21
11	8	関口　智	G2019030	G			14
12	9	水野　真理	S2019032	S			7
13	10	山崎　詩	E2021035	E			3
14							
15							

4 結果を確認します。

❶ 社員コードの2
文字目から4文
字分が取り出さ
れます。

E4			✕ ✓	fx	=MID(C4,2,4)		
	A	B	C	D	E	F	G
1	社内テニス部名簿						
2							
3	部員No.	ユーザー名	社員コード	所属コード	入社年	内線番号	テニス歴（年）
4	1	野村　幸子	H2000001	H	2000		20
5	2	工藤　恵美	E2001003	E	2001		25
6	3	宮田　愛美	E2002010	E	2002		8
7	4	荒川　満里奈	G2010011	G	2010		2
8	5	布施　織音	S2010013	S	2010		16
9	6	村野　洋一	H2015021	H	2015	❶	4
10	7	荒井　聡美	H2018023	H	2018		21
11	8	関口　智	G2019030	G	2019		14
12	9	水野　真理	S2019032	S	2019		7
13	10	山崎　詩	E2021035	E	2021		3
14							
15							
16							

○ RIGHT関数

「RIGHT関数」は、指定した文字列の右側から、指定した文字数を取り出す関数です。

---
　　　　　　　❶　　　　❷
＝RIGHT（文字列，文字数）

---

❶ 文字列：対象のセルか文字列を指定します
❷ 文字数：取り出す文字数を数値で指定します。省略すると1文字取り出されます

C列の社員コードを使用して、右側3文字をF列の「内線番号」に取り出しましょう。

1 関数のダイアログボックスを表示します。

❶ セルF4をクリックします。

❷ [関数の挿入] (fx) ボタンをクリックします。

❸ [関数の検索] ボックスに「right」と入力します。

❹ [検索開始] ボタンをクリックします。

❺ [RIGHT] をクリックします。

❻ [OK] ボタンをクリックします。

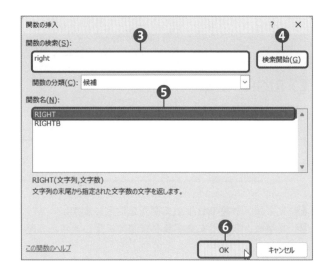

2 関数の引数を指定します。

❶ [文字列] にカーソルがあることを確認し、セルC4をクリックします。

❷ [文字数] に「3」を入力します。

❸ [OK] ボタンをクリックします。

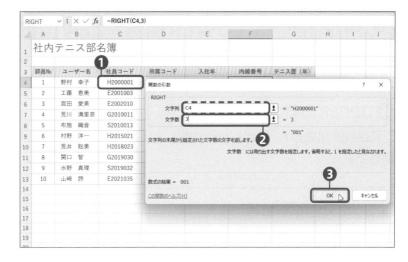

3 数式をコピーします。

❶ セルF4のフィルハンドルをダブルクリックして、数式をコピーします。

A		B	C	D	E	F	G
1	社内テニス部名簿						
2							
3	部員No.	ユーザー名	社員コード	所属コード	入社年	内線番号	テニス歴（年）
4	1	野村 幸子	H2000001	H	2000	001	20
5	2	工藤 恵美	E2001003	E	2001	❶	25
6	3	宮田 愛美	E2002010	E	2002		8
7	4	荒川 満里奈	G2010011	G	2010		2
8	5	布施 織音	S2010013	S	2010		16
9	6	村野 洋一	H2015021	H	2015		4
10	7	荒井 聡美	H2018023	H	2018		21
11	8	関口 智	G2019030	G	2019		14
12	9	水野 真理	S2019032	S	2019		7
13	10	山崎 詩	E2021035	E	2021		3

4 結果を確認します。

❶ 社員コードの右端から3文字分が取り出されます。

A		B	C	D	E	F	G
1	社内テニス部名簿						
2							
3	部員No.	ユーザー名	社員コード	所属コード	入社年	内線番号	テニス歴（年）
4	1	野村 幸子	H2000001	H	2000	001	20
5	2	工藤 恵美	E2001003	E	2001	003	25
6	3	宮田 愛美	E2002010	E	2002	010	8
7	4	荒川 満里奈	G2010011	G	2010	011	2
8	5	布施 織音	S2010013	S	2010	013	16
9	6	村野 洋一	H2015021	H	2015	021	4
10	7	荒井 聡美	H2018023	H	2018	023	21
11	8	関口 智	G2019030	G	2019	030	14
12	9	水野 真理	S2019032	S	2019	032	7
13	10	山崎 詩	E2021035	E	2021	035	3

数式や関数を使用した演算の実行

4

UPPER関数、LOWER関数、LEN関数を使用して文字の書式を設定する

○ UPPER関数

「UPPER関数」は、指定したセルもしくは文字列の英字部分をすべて大文字に変換する関数です。

=UPPER（文字列）

Lesson 93

サンプル Lesson93.xlsx

C列のNameを大文字に変換してD列に表示しましょう。

法人課社員名簿（部外秘）

社員コード	氏名		Name	大文字変換
10162	山崎	武彦	yamasaki takehiko	
10541	荒井	聡美	arai satomi	
10848	布施	美幸	fuse miyuki	
11022	村野	洋一	murano yoichi	
11051	関口	智	sekiguchi satoshi	
11735	工藤	恵美	kudo emi	
12501	宮田	愛美	miyata manami	
12513	野村	幸子	nomura sachiko	
13784	荒川	満里奈	arakawa marina	
14313	水野	真理	mizuno mari	

法人課社員名簿（部外秘）

社員コード	氏名		Name	大文字変換
10162	山崎	武彦	yamasaki takehiko	YAMASAKI TAKEHIKO
10541	荒井	聡美	arai satomi	ARAI SATOMI
10848	布施	美幸	fuse miyuki	FUSE MIYUKI
11022	村野	洋一	murano yoichi	MURANO YOICHI
11051	関口	智	sekiguchi satoshi	SEKIGUCHI SATOSHI
11735	工藤	恵美	kudo emi	KUDO EMI
12501	宮田	愛美	miyata manami	MIYATA MANAMI
12513	野村	幸子	nomura sachiko	NOMURA SACHIKO
13784	荒川	満里奈	arakawa marina	ARAKAWA MARINA
14313	水野	真理	mizuno mari	MIZUNO MARI

大文字に変換

1 関数のダイアログボックスを表示します。

❶ セルD4をクリックします。
❷ [関数の挿入] (fx) ボタンをクリックします。

	A	B	C	D
1	法人課社員名簿（部外秘）			
2				
3	社員コード	氏名	Name	大文字変換
4	10162	山崎　武彦	yamasaki takehiko	
5	10541	荒井　聡美	arai satomi	
6	10848	布施　美幸	fuse miyuki	
7	11022	村野　洋一	murano yoichi	
8	11051	関口　智	sekiguchi satoshi	
9	11735	工藤　恵美	kudo emi	
10	12501	宮田　愛美	miyata manami	
11	12513	野村　幸子	nomura sachiko	
12	13784	荒川　満里奈	arakawa marina	

❸ [関数の検索] ボックスに「upper」
と入力します。
❹ [検索開始] ボタンをクリックしま
す。
❺ [UPPER] をクリックします。
❻ [OK] ボタンをクリックします。

2 関数の引数を指定します。

❶ [文字列] にカー
ソルがあること
を確認し、セル
C4をクリック
します。
❷ [OK] ボタンを
クリックします。

3 数式をコピーします。

❶ セルD4のフィ
ルハンドルをダ
ブルクリックし
て、数式をコ
ピーします。

	A	B	C	D	E	F	G
1	法人課社員名簿（部外秘）						
2							
3	社員コード	氏名	Name	大文字変換			
4	10162	山崎 武彦	yamasaki takehiko	YAMASAKI TAKEHIKO			
5	10541	荒井 聡美	arai satomi				
6	10848	布施 美幸	fuse miyuki				
7	11022	村野 洋一	murano yoichi				
8	11051	関口 智	sekiguchi satoshi				
9	11735	工藤 恵美	kudo emi				
10	12501	宮田 愛美	miyata manami				
11	12513	野村 幸子	nomura sachiko				
12	13784	荒川 満里奈	arakawa marina				
13	14313	水野 真理	mizuno mari				
14							

4 結果を確認します。

❶ [Name] が大文字で表示されます。

| D4 | | : | × ✓ fx | =UPPER(C4) | | | |

法人課社員名簿（部外秘）

社員コード	氏名		Name	大文字変換
10162	山崎	武彦	yamasaki takehiko	YAMASAKI TAKEHIKO
10541	荒井	聡美	arai satomi	ARAI SATOMI
10848	布施	美幸	fuse miyuki	FUSE MIYUKI
11022	村野	洋一	murano yoichi	MURANO YOICHI
11051	関口	智	sekiguchi satoshi	SEKIGUCHI SATOSHI
11735	工藤	恵美	kudo emi	KUDO EMI
12501	宮田	愛美	miyata manami	MIYATA MANAMI
12513	野村	幸子	nomura sachiko	NOMURA SACHIKO
13784	荒川	満里奈	arakawa marina	ARAKAWA MARINA
14313	水野	真理	mizuno mari	MIZUNO MARI

❶

○ LOWER 関数

「LOWER 関数」は、指定したセルもしくは文字列の英字部分をすべて小文字に変換する関数です。

=LOWER（文字列）

Lesson 94

サンプル Lesson94.xlsx

C列のNameを小文字に変換してD列に表示しましょう。

社員コード	氏名		Name	小文字変換
10162	山崎	武彦	YAMASAKI TAKEHIKO	yamasaki takehiko
10541	荒井	聡美	ARAI SATOMI	arai satomi
10848	布施	美幸	FUSE MIYUKI	fuse miyuki
11022	村野	洋一	MURANO YOICHI	murano yoichi
11051	関口	智	SEKIGUCHI SATOSHI	sekiguchi satoshi
11735	工藤	恵美	KUDO EMI	kudo emi
12501	宮田	愛美	MIYATA MANAMI	miyata manami
12513	野村	幸子	NOMURA SACHIKO	nomura sachiko
13784	荒川	満里奈	ARAKAWA MARINA	arakawa marina
14313	水野	真理	MIZUNO MARI	mizuno mari

小文字に変換

1 関数のダイアログボックスを表示します。

❶ セルD4をクリックします。
❷ [関数の挿入] (fx) ボタンをクリックします。

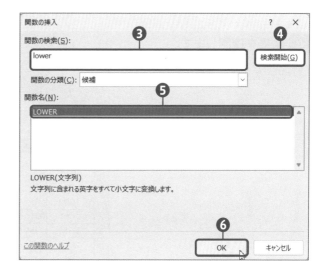

❸ [関数の検索] ボックスに「lower」と入力します。
❹ [検索開始] ボタンをクリックします。
❺ [LOWER] をクリックします。
❻ [OK] ボタンをクリックします。

2 関数の引数を指定します。

❶ [文字列] にカーソルがあることを確認し、セルC4をクリックします。
❷ [OK] ボタンをクリックします。

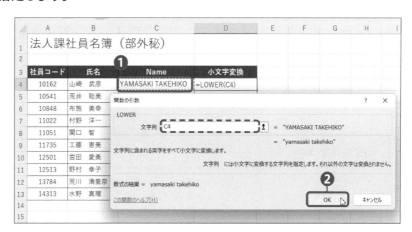

数式や関数を使用した演算の実行

4

3 数式をコピーします。

❶セルD4のフィルハンドルをダブルクリックして、数式をコピーします。

4 結果を確認します。

❶Nameが小文字で表示されます。

○ LEN関数

「LEN関数」は、指定したセルもしくは文字列の文字数を求める関数です。全角と半角の区別なく、1文字を1と数えます。

=LEN（文字列）

Lesson 95

サンプル Lesson95.xlsx

D列の初期パスワードの文字数をE列に表示しましょう。

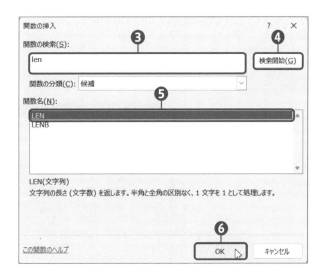

1 関数のダイアログボックスを表示します。

❶ セルE4 をクリック
します。
❷ [関数の挿入] (fx)
ボタンをクリック
します。

❸ [関数の検索] ボックスに「len」と
入力します。
❹ [検索開始] ボタンをクリックしま
す。
❺ [LEN] をクリックします。
❻ [OK] ボタンをクリックします。

2 関数の引数を指定します。

❶ [文字列] にカーソルがあることを確認し、セルD4をクリックします。

❷ [OK] ボタンをクリックします。

3 数式をコピーします。

❶ セルE4のフィルハンドルをダブルクリックして、数式をコピーします。

	A	B	C	D	E	F
			E4		=LEN(D4)	
1	法人課社員名簿（部外秘）					
2						
3	社員コード	氏名	メールアドレス	初期パスワード	パスワード文字数	
4	10162	山崎　武彦	yamasaki2000@gihyo.co.xx	14Nnom100162	12	
5	10541	荒井　聡美	arai2001@gihyo.co.xx	11Kkud541		
6	10848	布施　美幸	fuse2002@gihyo.co.xx	70Mmiy1848		
7	11022	村野　洋一	murano2010@gihyo.co.xx	91Ffs11022		
8	11051	関口　智	sekiguchi2010@gihyo.co.xx	39Aaras1105		
9	11735	工藤　恵美	kudo2015@gihyo.co.xx	73Mmur1735		
10	12501	宮田　愛美	miyata2018@gihyo.co.xx	2Aara12501		
11	12513	野村　幸子	nomura2019@gihyo.co.xx	74Sek12513		
12	13784	荒川　満里奈	arakawa2019@gihyo.co.xx	92Mmiz137845		
13	14313	水野　真理	mizuno2021@gihyo.co.xx	89YyaMym14313		
14						

4 結果を確認します。

❶ 初期パスワードの文字数が表示されます。

	A	B	C	D	E	F
			E4		=LEN(D4)	
1	法人課社員名簿（部外秘）					
2						
3	社員コード	氏名	メールアドレス	初期パスワード	パスワード文字数	
4	10162	山崎　武彦	yamasaki2000@gihyo.co.xx	14Nnom100162	12	
5	10541	荒井　聡美	arai2001@gihyo.co.xx	11Kkud541	9	
6	10848	布施　美幸	fuse2002@gihyo.co.xx	70Mmiy1848	10	
7	11022	村野　洋一	murano2010@gihyo.co.xx	91Ffs11022	10	
8	11051	関口　智	sekiguchi2010@gihyo.co.xx	39Aaras1105	11	
9	11735	工藤　恵美	kudo2015@gihyo.co.xx	73Mmur1735	10	
10	12501	宮田　愛美	miyata2018@gihyo.co.xx	2Aara12501	10	
11	12513	野村　幸子	nomura2019@gihyo.co.xx	74Sek12513	10	
12	13784	荒川　満里奈	arakawa2019@gihyo.co.xx	92Mmiz137845	12	
13	14313	水野　真理	mizuno2021@gihyo.co.xx	89YyaMym14313	13	

CONCAT関数、TEXTJOIN関数を使用して文字の書式を設定する

● CONCAT 関数

「CONCAT関数」は、指定したセルもしくは文字列を結合する関数です。

=CONCAT（文字列1，文字列2，…）

引数にはセルや文字列を指定します。1つの引数に範囲を設定することもできます。

Lesson 96

サンプル　Lesson96.xlsx

E列の「小文字」とF列の「入社年」と「@gihyo.co.xx」の文字を結合して、G列にメールアドレスを作成しましょう。さらに、H列とD列とA列をこの順序で結合してI列の「初期パスワード」を作成しましょう。

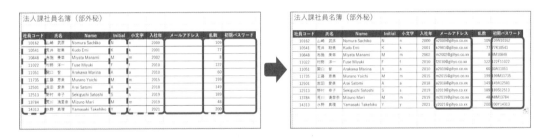

1 関数のダイアログボックスを表示します。

❶ セルG4をクリックします。

❷ ［関数の挿入］(fx)ボタンをクリックします。

	A	B		C	E	F	G	H
1	法人課社員名簿（部外秘）							
2								
3	社員コード	氏名		Name	小文字	入社年	メールアドレス	乱数
4	10162	山崎	武彦	Nomura Sachiko	n	2000		109
5	10541	荒井	聡美	Kudo Emi	k	2001		77
6	10848	布施	美幸	Miyata Manami	m	2002		8
7	11022	村野	洋一	Fuse Miyuki	f	2010		122
8	11051	関口	智	Arakawa Marina	a	2010		60
9	11735	工藤	恵美	Murano Yoichi	m	2015		199
10	12501	宮田	愛美	Arai Satomi	a	2018		149
11	12513	野村	幸子	Sekiguchi Satoshi	s	2019		189
12	13784	荒川	満里奈	Mizuno Mari	m	2019		48
13	14313	水野	真理	Yamasaki Takehiko	y	2021		200
14								

G4 の数式バー上に 関数の挿入 ❷

❸ [関数の検索] ボックスに「con」
（「concat」でも可）と入力します。
❹ [検索開始] ボタンをクリックしま
す。
❺ [CONCAT] をクリックします。
❻ [OK] ボタンをクリックします。

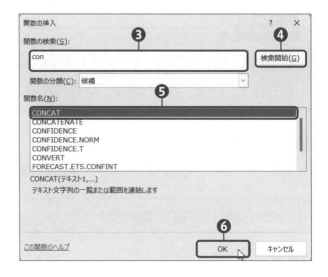

2 関数の引数を指定します。

❶ [テキスト1] に
カーソルがある
ことを確認し、
セルE4～F4を
ドラッグします。
❷ [テキスト2] に
カーソルを移動
し、「@gihyo.
co.xx」と入力し
ます。
❸ [OK] ボタンを
クリックします。

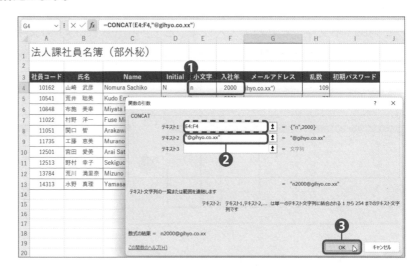

▶ 別の方法

[テキスト1] に「E4」、[テキスト2] に「F4」を入力しても同じです。ただし、このLessonのよう
に、連続したセルの場合はドラッグして複数選択した方が早いでしょう。

3 数式をコピーします。

❶セルG4のフィルハ
ンドルをダブルク
リックして、数式を
コピーします。

G4			∨	gihyo.co.xx")			
	A	D	E	F	G	H	I
1	法人課						
2							
3	社員コード	Initial	小文字	入社年	メールアドレス	乱数	初期パスワード
4	10162	N	n	2000	n2000@gihyo.co.xx	109	
5	10541	K	k	2001		77	
6	10848	M	m	2002		8	
7	11022	F	f	2010		122	
8	11051	A	a	2010		60	
9	11735	M	m	2015		199	
10	12501	A	a	2018		149	
11	12513	S	s	2019		189	
12	13784	M	m	2019		48	
13	14313	Y	y	2021		200	
14							
15							
16							

4 同様に、セルI4にCONCAT関数を入力します。

❶セルI4を選択して、
3と同様にCONCAT
関数のダイアログ
ボックスを表示しま
す。

❷[テキスト1]に「H4」、
[テキスト2]に
「D4」、[テキスト3]
に「A4」を設定しま
す。その後、数式の
コピーをしましょう。

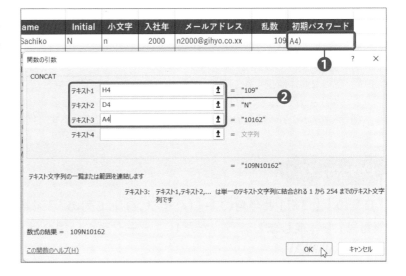

5 結果を確認します。

❶ G列にメールアドレ
スが、I列に初期パ
スワードがそれぞれ
作成されます。

	A	B	F	G	H	I	J
1	法人課社員名簿				❶		
2							
3	社員コード	氏名	入社年	メールアドレス	乱数	初期パスワード	
4	10162	山崎　武彦	2000	n2000@gihyo.co.xx	109	109N10162	
5	10541	荒井　聡美	2001	k2001@gihyo.co.xx	77	77K10541	
6	10848	布施　美幸	2002	m2002@gihyo.co.xx	8	8M10848	
7	11022	村野　洋一	2010	f2010@gihyo.co.xx	122	122F11022	
8	11051	関口　智	2010	a2010@gihyo.co.xx	60	60A11051	
9	11735	工藤　恵美	2015	m2015@gihyo.co.xx	199	199M11735	
10	12501	宮田　愛美	2018	a2018@gihyo.co.xx	149	149A12501	
11	12513	野村　幸子	2019	s2019@gihyo.co.xx	189	189S12513	
12	13784	荒川　満里奈	2019	m2019@gihyo.co.xx	48	48M13784	
13	14313	水野　真理	2021	y2021@gihyo.co.xx	200	200Y14313	

○ TEXTJOIN 関数
テキストジョイン

「TEXTJOIN 関数」は、区切り文字を使用して、指定したセルもしくは文字列を結合する関数です。

> =TEXTJOIN（**1** 区切り文字， **2** 空のセルは無視， **3** テキスト1，テキスト2,…）

1 区切り文字：各引数の間に挿入する文字
2 空のセルは無視：真（TRUE もしくは0以外の数値）の場合、空のセルは無視されます。
偽（FALSE もしくは0）の場合、データが空であっても区切り文字は挿入されます
3 テキスト1…：結合するセルもしくは文字列を指定します。252個まで指定できます

Lesson 97

サンプル ▶ Lesson97.xlsx

D列の「上3桁」と半角の「-」（ハイフン）とE列の「下4桁」を結合し、F列に「郵便番号」を作成しましょう。ただし、データがない場合は「-」を表示しないようにします。

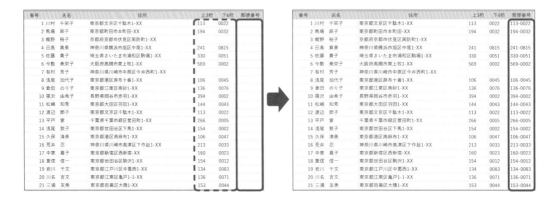

282

1 関数のダイアログボックスを表示します。

❶ セルF4をクリック
します。
❷ [関数の挿入] (fx)
ボタンをクリックし
ます。

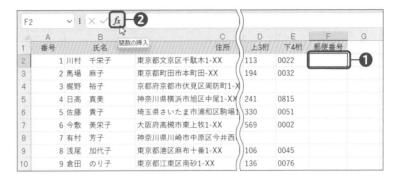

❸ [関数の検索] ボックスに「text」
（「textjoin」でも可）と入力します。
❹ [検索開始] ボタンをクリックしま
す。
❺ [TEXTJOIN] をクリックします。
❻ [OK] ボタンをクリックします。

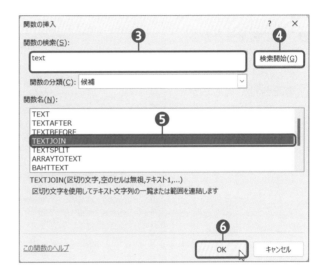

2 関数の引数を指定します。

❶ [区切り文字] にカー
ソルがあることを確
認し、「-」を入力し
ます。
❷ [空白セルは無視] に
カーソルを移動し、
「1」（もしくは「TR
UE」）を入力します。
❸ [テキスト1] にカーソ
ルを移動し、セルD2
をクリックします。
❹ [テキスト2] にカー
ソルを移動し、セル
E2をクリックします。
❺ [OK] ボタンをク
リックします。

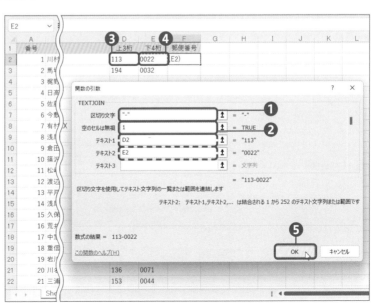

3 数式をコピーします。

❶ セルF4のフィルハ
ンドルをダブルク
リックして、数式を
コピーします。

4 結果を確認します。

❶ F列に郵便番号が表
示されます。上3
桁、下4桁が未入力
の場合は、何も表示
されていません。

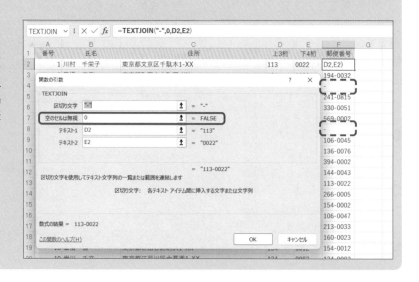

StepUp

TEXTJOIN関数の引
数［空白セルは無視］
に「0」（もしくは
「FALSE」）を入力す
ると、上3桁、下4
桁のデータがない場
合でも「-」だけが表
示されます。

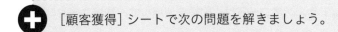

第 4 章

練 習 問 題

サンプル 第4章_練習問題.xlsx

解答 別冊04ページ

4

数式や関数を使用した演算の実行

➕ [顧客獲得] シートで次の問題を解きましょう。

1 セルH14〜H17に、関数を使用して、3月の「合計」「平均」「最大値」「最小値」を求めましょう。

2 セルI4〜I13に「下半期計」という名前を設定しましょう。

3 セルI14〜I17に、関数を使用して、下半期計の「合計」「平均」「最大値」「最小値」を求めましょう。数式には2.で設定した名前を使用します。

4 セルJ4〜J13に [目標達成率] を求めましょう。目標達成率は、「下半期計÷販売目標」で計算します。このセルには、あらかじめ小数点以下第1位まで表示する%スタイルが設定されています。

5 セルK4〜K13に、[表彰対象] を求めましょう。表彰対象は、関数を使用して、[目標達成率] が100%以上なら「◎」と表示し、そうでなければ何も表示しないように作成します。

➕ [顧客資産] シートで次の問題を解きましょう。

6 セルF4〜F103に、[電話番号] を求めましょう。電話番号は、TEXTJOIN関数を使用して、[市外局番]、[市内局番]、[下4桁] を「-」(半角ハイフン) で結合して作成します。データがない場合は空欄にします。

7 セルL4〜L103に、[外国資産割合] を求めましょう。外国資産は [外国株式] と [外国債券] の合計を [総預り資産] で割って計算します。このセルにはあらかじめ小数点以下第1位まで表示する%スタイルが設定されています。

(次ページに続く)

4-3　文字列を変更する、書式設定する　285

> [管理簿] シートで次の問題を解きましょう。データはテーブルに変換され、「管理簿」というテーブル名が設定済みです。

8 セルE4に [資産番号] を求めましょう。資産番号はCONCAT関数を使用して、[メーカーID] 〜 [メモリ (GB)] を合体して作成します。

9 セルI4に [所属コード] を求めましょう。所属コードは、関数を使用して、社員コードの左端1文字を取り出して作成します。

10 セルJ4に [入社年] を求めましょう。入社年は、関数を使用して、社員コードの2文字目から4文字分を取り出して作成します。

11 セルF15に [ライセンス未認証] の数を求めましょう。ライセンス未承認は、関数を使用して、[ライセンス認証] が空白のセルの数を求めます。

Chapter

5

グラフの管理

5-1 グラフを作成する

5-1-1

グラフを作成する

学習日チェック

月　日 ☑

月　日 ☑

月　日 ☑

グラフは、数値データだけではわかりにくい傾向を分析したり、比較したりするための機能です。Excelには「棒グラフ」「折れ線グラフ」「円グラフ」のほか、「ツリーマップ」や「サンバースト」など、さまざまなグラフが用意されており、データを視覚的にわかりやすく表現することができます。

Lesson 98

サンプル　Lesson98.xlsx

表のデータを利用して、年代別に種類ごとの集合縦棒グラフを作成しましょう。作成後、セルA11 〜 G21に移動とサイズ変更をします。

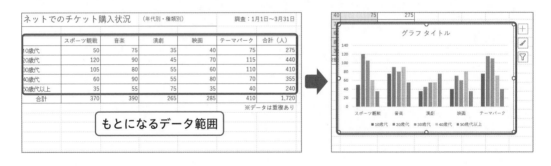

もとになるデータ範囲

1 グラフのもとになるデータ範囲を選択します。

❶ セルA3 〜 F8を選択します。

	A	B	C	D	E	F
1	ネットでのチケット購入状況		（年代別・種類別）			調査：1／
2						
3		スポーツ観戦	音楽	演劇	映画	テーマパーク
4	10歳代	50	75	35	40	75
5	20歳代	120	90	45	70	115
6	30歳代	105	80	55	60	110
7	40歳代	60	90	55	80	70
8	50歳代以上	35	55	75	35	40
9	合計	370	390	265	285	410
10						※デ
11						
12						

2 グラフの種類を選択します。

❶[挿入] タブをク
リックします。

❷[グラフ] グルー
プ の [縦 棒 / 横
棒 グ ラ フ の 挿
入] をクリック
します。

❸[2-D縦棒] の [集
合 縦 棒] を ク
リックします。

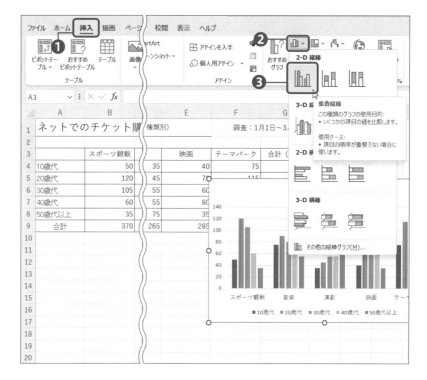

❹ 横 軸 に「種 類」
が、 縦 軸 に「人
数」が 設 定 さ れ
た 縦 棒 グ ラ フ
が、 画面の中央
に 作 成 さ れ ま
す。

❺ グラフのもとに
なったデータが
色枠線で囲まれ
ます。

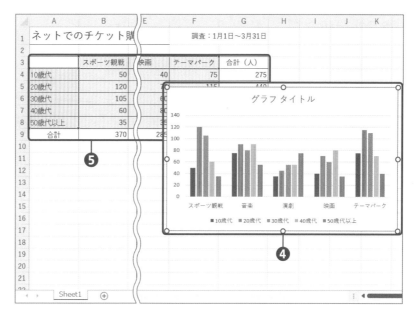

3 グラフを移動します。

❶ グラフの余白
部分をポイン
トし、マウス
ポインターが
⊕ の形状で、
グラフの左上
がセルA11に
なるようにド
ラッグします。

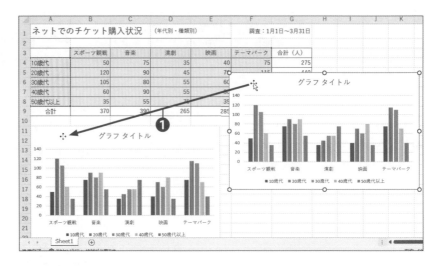

4 グラフのサイズを変更します。

❶ グラフの右下
のハンドルを
ポイントし、
マウスポイン
ターが ⬉ の
形状で、セル
G21になるよ
うにドラッグ
します。

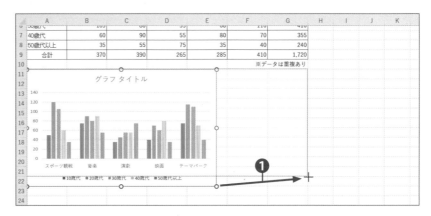

5 結果を確認します。

❶ 集合縦棒グラ
フのサイズが
変更されます。

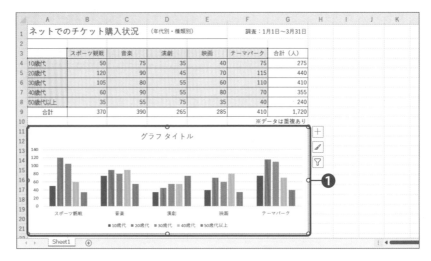

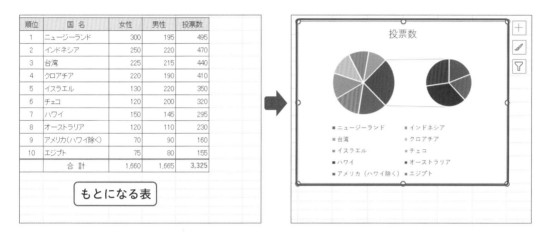

StepUp

上記**3**と**4**で、Altキーを押したままドラッグすると、セルの枠線にちょうど合うように移動やサイズ変更ができます。

Lesson 99

サンプル Lesson99.xlsx

表のデータを利用して、投票数の補助円グラフ付き円グラフを作成しましょう。作成後、セルG3～L14に移動とサイズ変更をします。

順位	国　名	女性	男性	投票数
1	ニュージーランド	300	195	495
2	インドネシア	250	220	470
3	台湾	225	215	440
4	クロアチア	220	190	410
5	イスラエル	130	220	350
6	チェコ	120	200	320
7	ハワイ	150	145	295
8	オーストラリア	120	110	230
9	アメリカ(ハワイ除く)	70	90	160
10	エジプト	75	80	155
	合　計	1,660	1,665	3,325

もとになる表

1 グラフのもとになるデータ範囲を選択します。

❶ セルB3～B13を選択します。

❷ Ctrlキーを押しながらセルE3～E13をドラッグします。

	A	B	C	D	E	F
1	今年行きたい海外旅行先　人気投票結果					
2						
3	順位	国　名	女性	男性	投票数	
4	1	ニュージーランド	300	195	495	
5	2	インドネシア	250	220	470	
6	3	台湾	225	215	440	
7	4	クロアチア	220	190	410	
8	5	イスラエル	130	220	350	
9	6	チェコ	120	200	320	
10	7	ハワイ	150	145	295	
11	8	オーストラリア	120	110	230	
12	9	アメリカ(ハワイ除く)	70	90	160	
13	10	エジプト	75	80	155	
14		合　計	1,660	1,665	3,325	
15						
16						
17						

2 グラフの種類を選択します。

❶ [挿入] タブをクリック
します。

❷ [グラフ] グループの
[円またはドーナツグ
ラフの挿入] をクリッ
クします。

❸ [2-D円] の [補助円グ
ラフ付き円] をクリッ
クします。

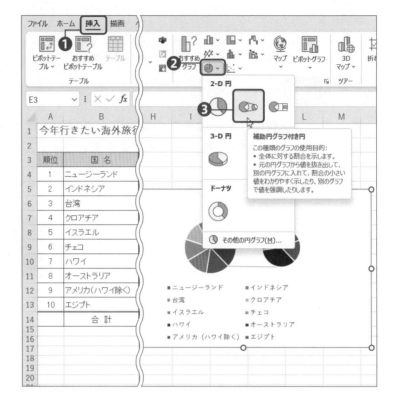

3 グラフの移動とサイズ変更をします。

❶ Lesson98の❸❹と同
様にして、円グラフを
セルG3〜L14に移動
とサイズ変更をしま
す。

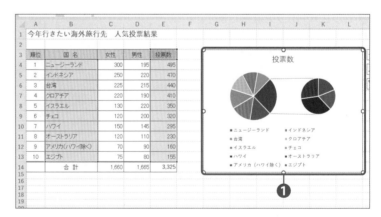

> **StepUp**
>
> 補助円付き円グラフは、項目が多い場合に下位のデータをま
> とめて小さな円グラフとして表すグラフです。初期値では、
> 補助円には下位4つのデータが表示されます。これを「補助
> プロット」といいます。補助プロットの数は [データ系列の
> 書式設定] をクリックし、[補助プロットの値] に数値を入力
> して変更できます。

> **StepUp**
>
> グラフを作成後、種類の違うグ
> ラフへ変更することができます。
> 種類の変更は [グラフのデザイ
> ン] タブの [グラフの種類の変
> 更] をクリックし、目的のグラフ
> を選択して行います。

5-1-2

グラフシートを作成する

グラフはもとのデータが入力されたシートに「オブジェクト」として挿入されます。オブジェクトとは、画像や図形のように、セルに入力されたデータ以外のものの総称です。オブジェクトとして挿入されたグラフは、グラフ専用の「グラフシート」に移動することができます。グラフシートに移動したグラフは、1シートに1グラフが表示されるため管理しやすく、印刷の設定をしなくても簡単に印刷ができる、などのメリットがあります。

5

グラフの管理

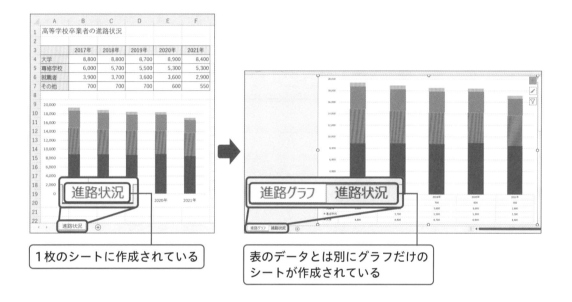

1枚のシートに作成されている

表のデータとは別にグラフだけの
シートが作成されている

Lesson 100

サンプル Lesson100.xlsx

作成済みのグラフをグラフシートへ移動しましょう。シート名は「進路グラフ」とします。その後、データテーブルを表示しましょう。

1 グラフシートへ移動します。

❶ グラフを選択します。

❷ [グラフのデザイン] タブをクリックします。

❸ [場所] グループの [グラフの移動] をクリックします。

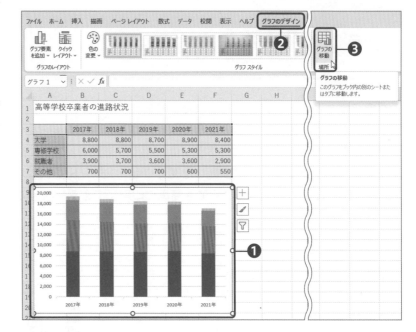

❹ [新しいシート] をクリックします。

❺ シート名に「進路グラフ」と入力します。

❻ [OK] ボタンをクリックします。

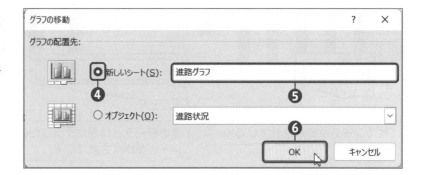

2 データテーブルを表示します。

❶ [グラフ要素] をクリックします。

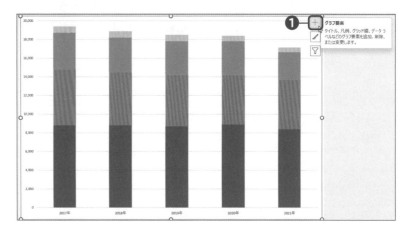

294

❷[データテーブル]
をクリックします。

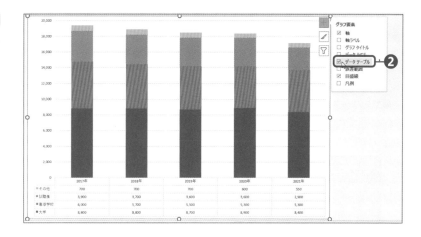

3 結果を確認します。

❶グラフがグラフ
シートへ移動し、
データテーブルが
表示されます。

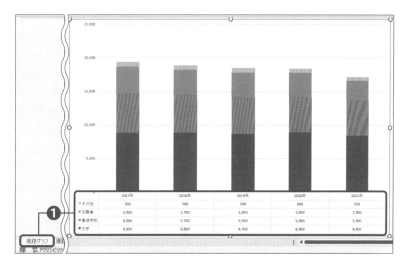

StepUp

「データテーブル」はグラフの元データの数値を表した表です。グラフシートに移動したグラフは、
データテーブルを表示することで、元のシートに切り替えなくても実際のデータを確認することがで
きます。
このLessonのデータテーブルのように、後からグラフに追加できる情報については、『5-2-3 グラフ
の要素を追加する、変更する』を参照してください。

Excelには、ここまでに扱ったもの以外にもたくさんの種類のグラフがあります。それらのグラフの例を、グラフの元となる範囲とともに記載します。また、範囲選択後、[挿入]タブ→[グラフ]グループまでの操作は『5-1-1 グラフを作成する』と同じですので、それ以降の手順を簡単に記述します。

●**サンバースト**：複数の階層を持つ円グラフです。

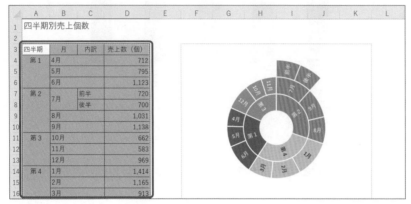

[階層構造グラフの挿入]→[サンバースト]

●**ツリーマップ**：データの割合を面積で表します。

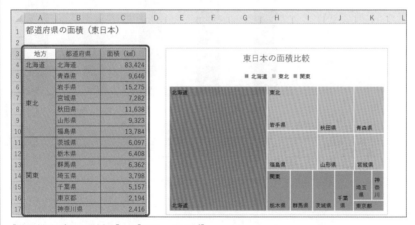

[階層構造グラフの挿入]→[ツリーマップ]

●**散布図**：2つの項目の相関関係を表します。この例では[近似曲線]を追加しています。

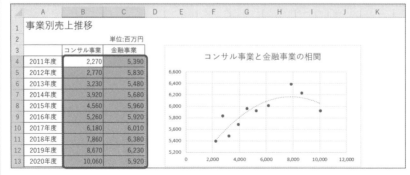

[散布図（X，Y）またはバブルチャートの挿入]→[散布図]

他の多くのグラフと異なり、数値だけを選択します。

●**ヒストグラム**：ある集団の分布の頻度を視覚化するグラフです。グラフの各縦棒は「ビン」と呼ばれます。この例ではビンを「6」に設定し、ビンの最大値を「90」、最小値を「50」に変更しています。

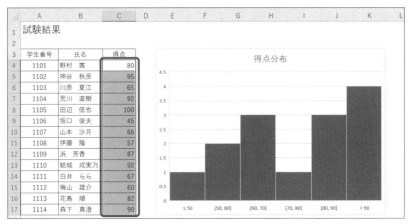

［統計グラフの挿入］→［ヒストグラム］→［ヒストグラム］
散布図と同様に、数値だけを選択します。

●**レーダーチャート**：複数のデータ系列の比較やバランスを表します。

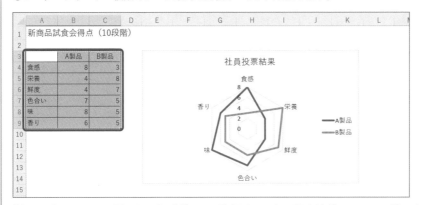

［ウォーターフォール図、じょうごグラフ、株価チャート、等高線グラフ、レーダーチャートの挿入］→
［レーダー］

●**パレート図**：大きい順に並べたデータを縦棒グラフで、その累計を折れ線グラフで表す複合グラフです。

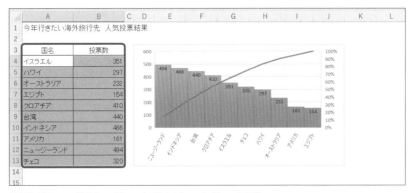

［統計グラフの挿入］→［ヒストグラム］→［パレート図］
データが大きい順に並んでいなくても、グラフでは自動的に大きい順に並びます。

5-2 グラフを変更する

グラフにデータ範囲（系列）を追加する

「データ系列」とは、グラフに配置される同じ系統のデータのグループのことで、グラフ内では同じ色で表示されます。作成後のグラフに、後からデータ系列を追加することができます。

データ系列を追加する方法は、①コピー＆ペースト（貼り付け）、②色枠線のドラッグ、③［データソースの追加］など複数ありますので、それぞれの方法で学習しましょう。

Lesson 101

サンプル Lesson101.xlsx

棒グラフにデータ系列を追加しましょう。

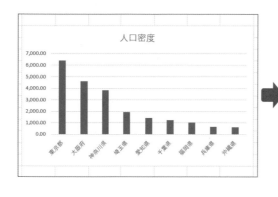
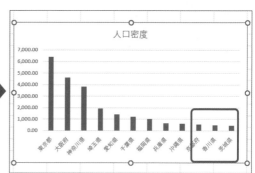

1 1位～9位までの人口密度のグラフに、10位のデータ系列を追加します。

❶ セルB13～C13を選択します。
❷ Ctrl キーを押しながら C を押してコピーします。

	A	B	C
1	都道府県別人口密度の概要		
2			
3	順位	都道府県	人口密度
4	1	東京都	6,390.00
5	2	大阪府	4,620.00
6	3	神奈川県	3,820.00
7	4	埼玉県	1,930.00
8	5	愛知県	1,450.00
9	6	千葉県	1,220.00
10	7	福岡県	1,030.00
11	8	兵庫県	650
12	9	沖縄県	640
13	10	京都府	560

❶ -Ctrl- キー C

2 グラフにペースト (貼り付け) します。

❶ グラフを選択します。
❷ [Ctrl] キーを押しながら [V] を押して貼り付けます。

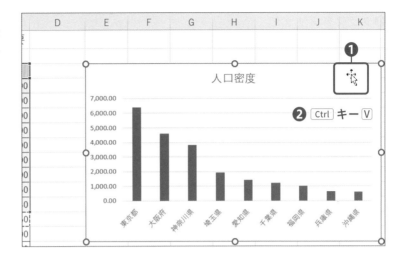

3 結果を確認します。

❶ 10位の京都府のデータがグラフに追加されます。

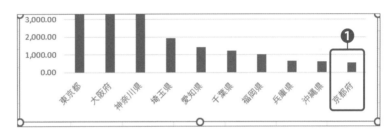

4 11位のデータ系列を追加します。

❶ グラフをクリックします。
❷ グラフの元データが色枠線で表示されますので、色枠線の右下にマウスポインターを合わせ、⬉ の形状でドラッグして、11位のデータを範囲に含めます。

	A	B	C	D
1	都道府県別人口密度の概要			
2		❶ グラフをクリック		
3	順位	都道府県	人口密度	
4	1	東京都	6,390.00	
5	2	大阪府	4,620.00	
6	3	神奈川県	3,820.00	
7	4	埼玉県	1,930.00	
8	5	愛知県	1,450.00	
9	6	千葉県	1,220.00	
10	7	福岡県	1,030.00	
11	8	兵庫県	650	
12	9	沖縄県	640	
13	10	京都府	560	❷
14	11	香川県	500	

5 結果を確認します。

❶ 11位の香川県のデータがグラフに追加されます。

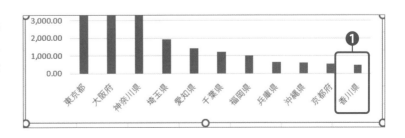

6 12位のデータを追加します。

❶ グラフをクリック
します。
❷ [グラフのデザイ
ン] タブをクリッ
クします。
❸ [データ] グループ
の [データの選択]
をクリックします。

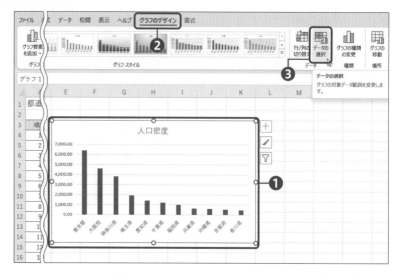

7 データ範囲を修正します。

❶ [グラフデータの範
囲] が反転されて
いることを確認し、
セル B3〜C15を
ドラッグします。
❷ [OK] ボタンをク
リックします。

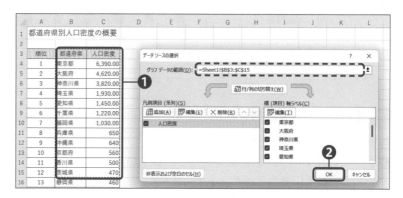

8 結果を確認します。

❶ 12位の茨城県の
データがグラフに
追加されます。

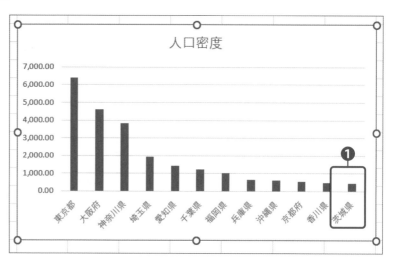

ソースデータの行と列を切り替える

　初期設定では、グラフの元データ範囲の行と列の数の多い方が横軸に設定されます。目的のグラフと異なる場合には、［行 / 列の切り替え］を行うと、グラフの項目と凡例の位置を入れ替えることができます。

	2018年	2019年	2020年	2021年	2022年	2023年
パソコン	445	419	530	588	475	568
デジカメ	304	376	346	346	288	394
冷蔵庫		439	493	600	536	577
洗濯機	196	284	262	283	280	278
テレビ	43	172	338	180	117	381
そうじ機	173	127	123	170	188	163
エアコン	350	282	300	297	334	329

項目数6

項目数7

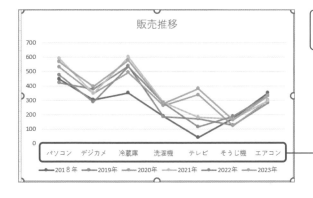

項目数の多い「製品名」が横軸に設定されている

Lesson 102

サンプル Lesson102.xlsx

　グラフの行と列を入れ替え、横軸に年、凡例に製品名が表示されるように変更しましょう。

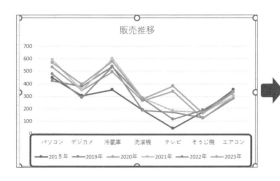

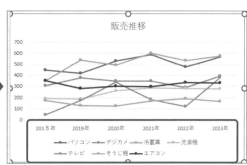

グラフの管理

5

1 グラフの行と列を入れ替えます。

❶ グラフを選択します。

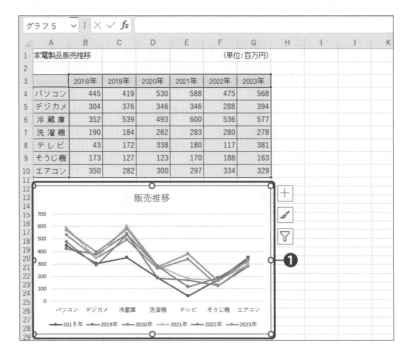

❷ [グラフのデザイン]
タブをクリックしま
す。
❸ [データ] グループ
の [行/列の切り替
え] をクリックし
ます。

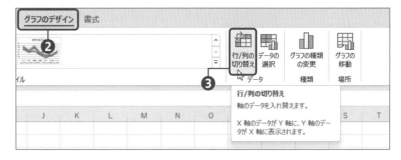

2 結果を確認します。

❶ 行と列が入れ替わ
り、横軸に年、凡
例に製品名が表示
されます。

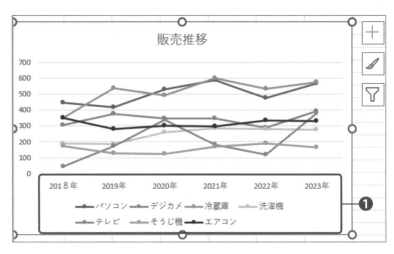

グラフの要素を追加する、変更する

グラフは、プロットエリアや凡例、グラフタイトルなどの「要素」で構成されています。必要に応じて表示したり非表示にしたり、変更したりできます。

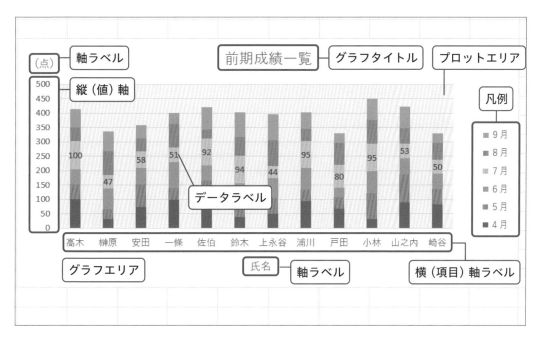

要素を変更するときは、目的の要素を選択します。マウスポインターを合わせると要素の名称が表示されるのでクリックして選択します。名称がわからないときは、[書式] タブをクリックし、[現在の選択範囲] グループの「グラフ要素」の☑をクリックして選択することもできます。

Lesson 103

サンプル Lesson103.xlsx

グラフのタイトルに「推薦対象者　成績一覧」と入力し、凡例を右へ移動しましょう。

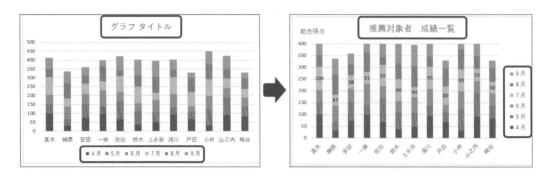

1 グラフタイトルを入力します。

❶ グラフタイトルを2回クリックします（ダブルクリックではありません）。

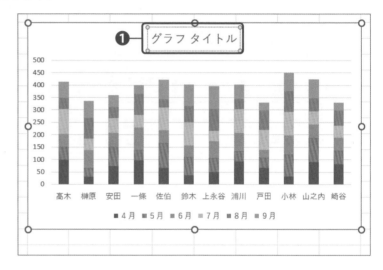

❷ カーソルが表示されるので、「グラフタイトル」を「推薦対象者　成績一覧」に修正します。

❸ グラフタイトル以外の部分をクリックして確定します。

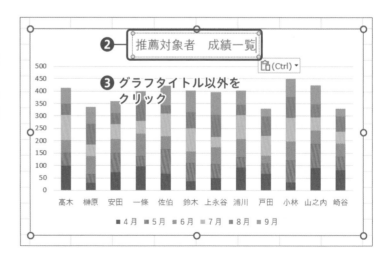

2 凡例を右へ移動します。

❶ グラフを選択します。

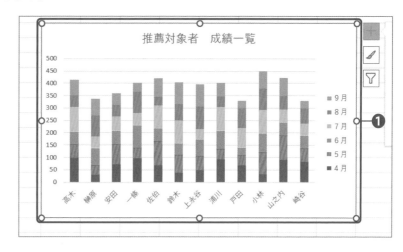

❷ [グラフ要素] をクリックします。
❸ [凡例] の ▶ をクリックします。
❹ [右] をクリックします。

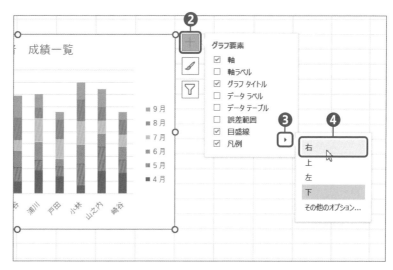

3 結果を確認します。

❶ 凡例が右へ移動します。

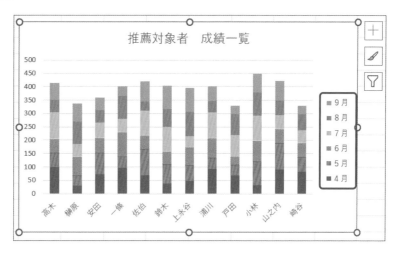

下記の方法でも凡例を右に移動できます。
❶ グラフをクリックします。
❷ [グラフのデザイン] タブをクリックします。
❸ [グラフのレイアウト] グループの [グラフ要素を追加] をクリックします。
❹ [凡例] をポイントし、[右] をクリックします。

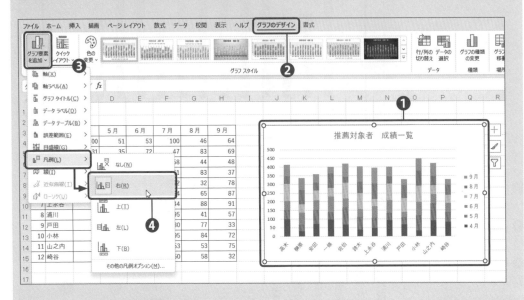

本書では、グラフの要素の編集に ⊞ [グラフ要素] を使用しますが、すべて上記と同様の方法で設定ができます。

Lesson 104

　縦軸のラベルを追加し、「総合得点」と表示しましょう。文字は横書きで、数値軸の上へ移動します。プロットエリアのサイズも調整し、左側の余白を小さくしましょう。

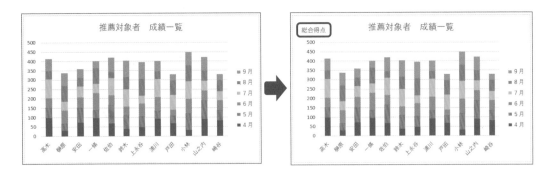

1 縦軸のラベルを表示します。

❶ グラフを選択します。

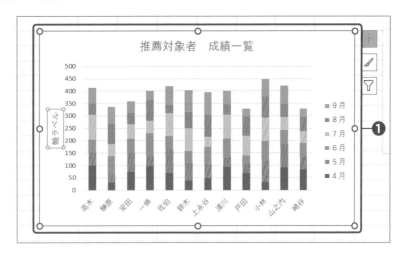

❷ ⊞［グラフ要素］をクリックします。

❸［軸ラベル］の ▶ をクリックします。

❹［第1縦軸］にチェックを入れます。

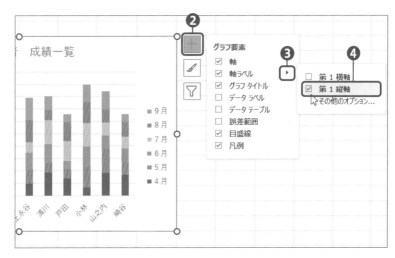

2 軸ラベルに入力します。

❶「総合得点」と入力します。不要な文字は削除します。

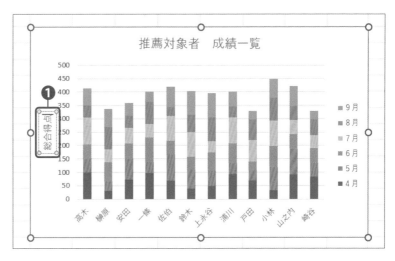

3 軸ラベルの文字の向きを変更します。

❶ 軸ラベルが選択されているか、カーソルが表示されていることを確認します。

❷ [ホーム] タブをクリックします。

❸ [配置] グループの [方向] をクリックします。

❹ [左へ90度回転] をクリックします。

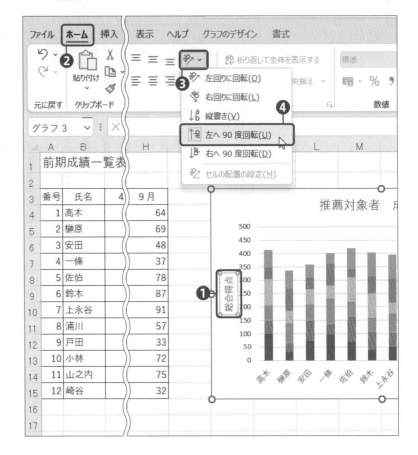

Point

挿入直後の縦軸ラベルは左へ90度回転されています。「左へ90度回転」をクリックすることで、それを解除します。

---

4 軸ラベルを移動します。

❶ 軸ラベルの外枠線をドラッグし、値軸の上へ移動します。

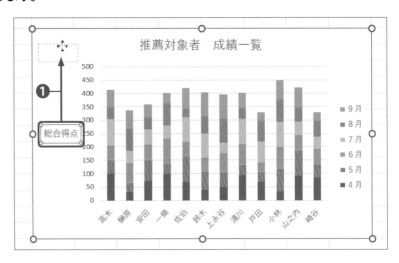

5 プロットエリアのサイズを変更します。

❶ プロットエリアを
選択します。
❷ 左のハンドルを左
へドラッグします。

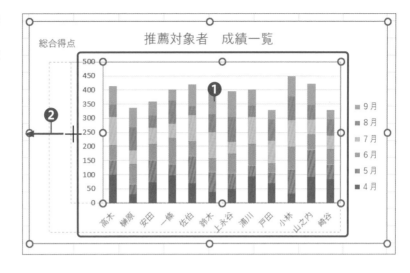

Lesson 105

サンプル Lesson105.xlsx

7月のデータ系列だけデータラベルを中央に表示しましょう。

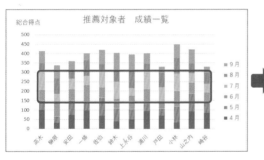

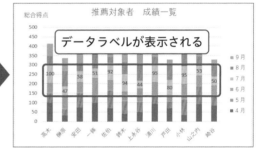

1 特定のデータ
系列を選択し
ます。

❶「7月」のいずれか
のデータをクリッ
クします。7月の
データがすべて選
択されます。

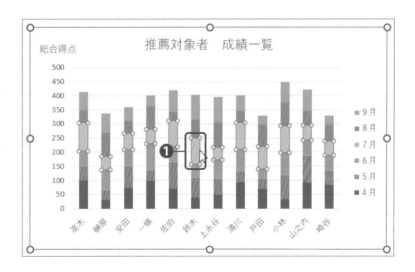

2 データラベルを中央に表示します。

❶ 🔲 ［グラフ要素］
をクリックします。
❷ ［データラベル］の
▶ をクリックしま
す。
❸ ［中央揃え］をク
リックします。

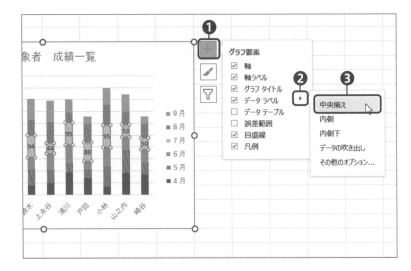

3 結果を確認します。

❶ 7月のデータラベ
ルが表示されます。

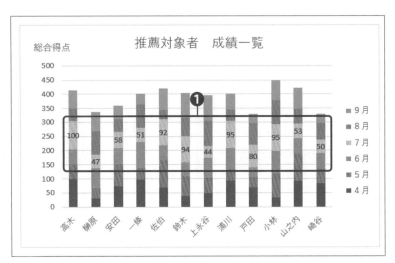

▶ StepUp

表示されている要素が不要な場合は、削除できます。例えば上
記の例で軸ラベルを削除するには、軸ラベル「総合得点」をク
リックして選択し、[Delete] キーを押します。
または、 🔲 ［グラフ要素］をクリックし、［軸ラベル］の
チェックを外します。

縦（値）軸の最大値を450へ変更しましょう。

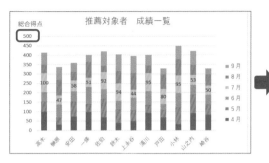 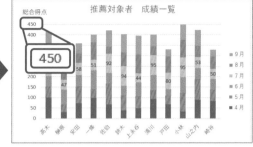

1 ［軸の書式設定］作業ウィンドウを表示します。

❶［縦（値）軸］を右クリックします。

❷［軸の書式設定］をクリックします。

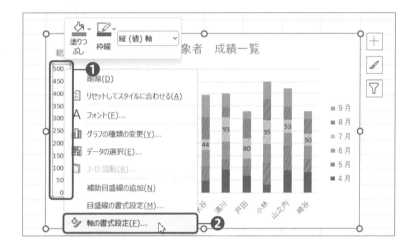

2 最大値を変更します。

❶［軸の書式設定］作業ウィンドウの［最大値］に「450」と入力し、Enter キーを押します。

❷グラフの縦軸の最大値が変更されます。

❸［軸の書式設定］作業ウィドウを閉じます。

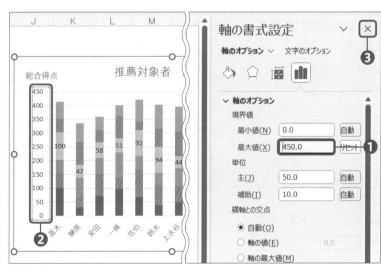

5-3 グラフを書式設定する

グラフのレイアウトを適用する

「グラフのレイアウト」とは、タイトルや凡例などのグラフ要素の表示/非表示や配置をまとめて設定したパターンのことです。レイアウトの一覧から選択するだけで、簡単にグラフ全体のパターンを変えることができます。

Lesson 107

サンプル Lesson107.xlsx

グラフに「レイアウト8」を適用しましょう。その後、「グラフタイトル」「縦 (項目) 軸ラベル」「横 (値) 軸ラベル」を削除します。

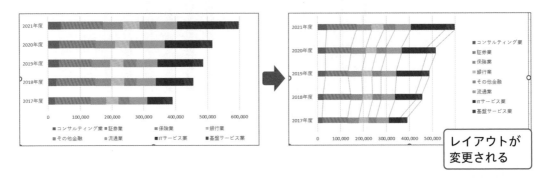

レイアウトが
変更される

1 レイアウトを変更します。

❶ グラフを選択します。
❷ [グラフのデザイン] タブをクリックします。
❸ [グラフのレイアウト] グループの [クイックレイアウト] をクリックします。
❹「レイアウト8」をクリックします。

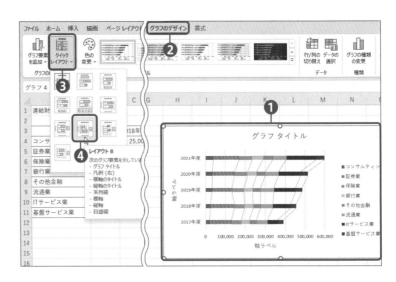

2 不要な要素を削除します。

❶「グラフタイトル」
をクリックします。
❷ Delete キーを押し
ます。
❸ 手順❶❷と同様に
「縦（項目）軸ラベ
ル」「横（値）軸ラ
ベル」を削除しま
す。

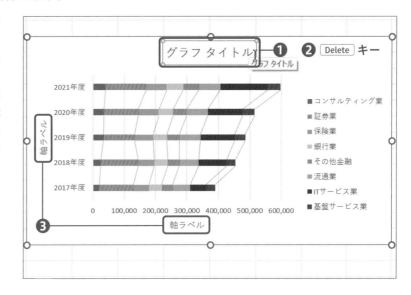

3 結果を確認します。

❶ グラフのレイアウ
トが変更され、不
要な要素が削除さ
れます。

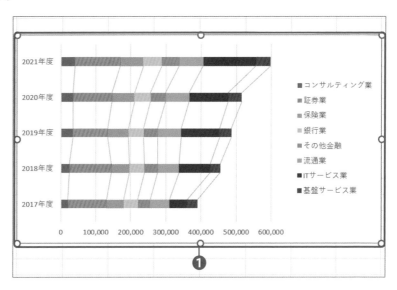

グラフのスタイルを適用する

「グラフのスタイル」とは、塗りつぶしの色やフォントの色のほか、立体的にしたりパステル調にしたりなどの書式をまとめたものです。スタイルの一覧から選択するだけで、簡単にグラフ全体のデザインを変えることができます。

また、［色の変更］を使用すると、使用する色の組み合わせを変更できます。

Lesson 108

サンプル Lesson108.xlsx

グラフに「スタイル8」を適用しましょう。その後、色を「カラフルなパレット3」へ変更しましょう。

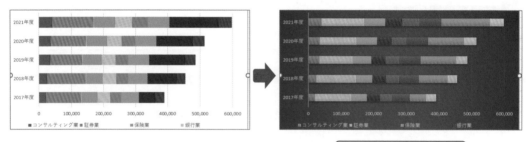

スタイルが適用される

1 スタイルを適用します。

❶ グラフを選択します。

❷ ［グラフスタイル］をクリックします。

❸ 「スタイル8」をクリックします。

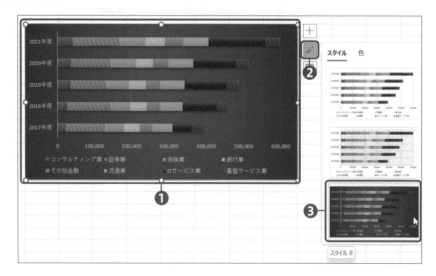

別の方法

グラフのスタイルは［グラフのデザイン］タブ→［グラフスタイル］グループからも選択できます。

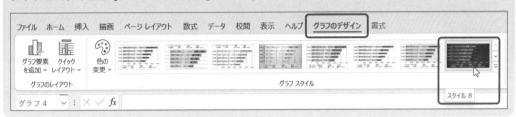

2 色を変更します。

❶ グラフを選択します。
❷ ［グラフのデザイン］タブをクリックします。
❸ ［グラフスタイル］グループの［グラフクイックカラー（色の変更）］をクリックします。
❹ 「カラフルなパレット3」をクリックします。

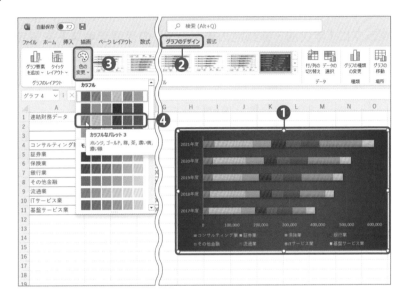

3 結果を確認します。

❶ スタイルと色が変更されます。

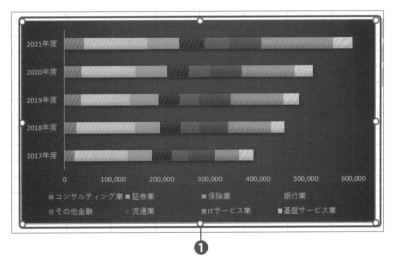

アクセシビリティ向上のため、
グラフに代替テキストを追加する

『1-5-4 ブック内の問題を検査する』では図と数値のアクセシビリティチェックを実習しましたが、グラフも同様にアクセシビリティチェックへの対応ができます。

Lesson 109

サンプル Lesson109.xlsx

グラフに「年代別・種類別の棒グラフ」の代替テキストを設定しましょう。

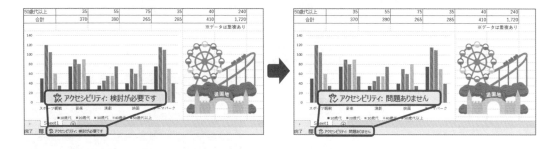

1 [代替テキスト] を入力します。

❶ グラフの外枠線で
　右クリックします。
❷ [代替テキストを表
　示] をクリックし
　ます。

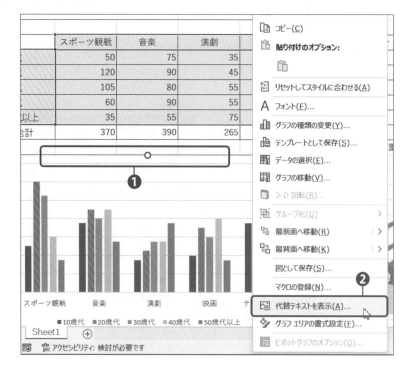

❸「年代別・種類別の棒グラフ」と入力します。
❹[閉じる] ボタンをクリックして [代替テキスト] 作業
　ウィンドウを閉じます。

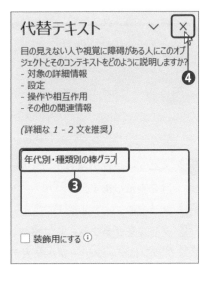

❷ 結果を確認します。

❶アクセシビリティ
の問題に対応しま
す。

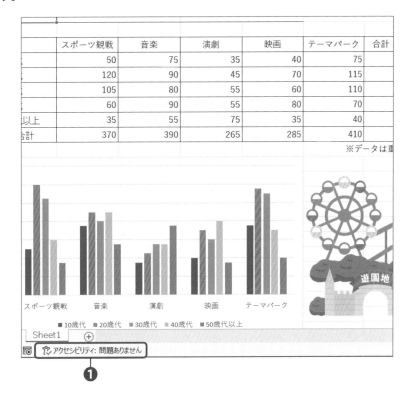

	スポーツ観戦	音楽	演劇	映画	テーマパーク	合計
	50	75	35	40	75	
	120	90	45	70	115	
	105	80	55	60	110	
以上	60	90	55	80	70	
計	35	55	75	35	40	
	370	390	265	285	410	

※データは重

■10歳代　■20歳代　■30歳代　■40歳代　■50歳代以上

Sheet1

🅰 アクセシビリティ: 問題ありません
❶

練 習 問 題

サンプル 第5章_練習問題.xlsx

解答 別冊06ページ

1 メニューごとの積み上げ縦棒グラフを作成しましょう。グラフの横軸にメニュー、凡例に月を表示します。

2 グラフのタイトルを「メニュー別売上」にし、サイズを18Ptにしましょう。

3 グラフをグラフシートに移動しましょう。シート名は「積み上げ縦棒」にします。

4 グラフにデータテーブルを表示しましょう。

5 グラフに代替テキスト「メニュー別の積み上げ縦棒グラフ」を追加しましょう。

6 [メニュー別売上] シートに戻り、月ごとの合計を表すマーカー付き折れ線グラフを作成しましょう。

7 **6** で作成したグラフをセルA12〜G22の範囲に配置しましょう。

8 **6** で作成したグラフのタイトルを「月別売上数」にしましょう。

9 **6** で作成したグラフの縦（値）軸の目盛りの最小値を1,500に、最大値を2,600にしましょう。

10 **6** で作成したグラフのレイアウトを9にしましょう。凡例は非表示にします。

11 **6** で作成したグラフのスタイルを「グラフスタイル7」にしましょう。

索 引

著者略歴
宮内明美

熊本大学大学院教授システム学修了。シンクタンク系人材育成会社にて、さまざまな企業に向けた研修企画、システム導入研修、教材開発などに携わる。マイクロソフト社トレーナーアワード受賞（2012年度、2014年度）。現在は湘南工科大学、神田外語学院、横浜 YMCA 学院専門学校など複数の大学と専門学校で非常勤講師を務める。著書に『マイクロソフトオフィス教科書 MOS Excel 2013 テキスト＆問題集』『マイクロソフトオフィス教科書 MOS Word 2013 テキスト＆問題集』（翔泳社）など多数。

● カバーデザイン　　　西垂水敦・市川さつき（krran）
● カバーイラスト　　　あわい
● DTP・本文デザイン　　BUCH⁺
● アプリ制作　　　　　株式会社ドリームオンライン
● 編集　　　　　　　　石井智洋

ゼロから合格！
MOS Excel 365
対策テキスト＆問題集

2024 年 4 月 5 日　　初版 第1刷発行
2024 年 10 月 18 日　初版 第2刷発行

著　者　宮内明美
発行者　片岡 巖
発行所　株式会社技術評論社
　　　　東京都新宿区市谷左内町 21-13
　　　　電話　03-3513-6150（販売促進部）
　　　　　　　03-3513-6166（書籍編集部）
印刷／製本　TOPPANクロレ株式会社

定価はカバーに表示してあります。

ISBN978-4-297-14035-9 C3055
Printed In Japan

■お問い合わせについて
本書の内容に関するご質問は、下記の宛先
まで FAX または書面にてお送りいただく
か、弊社 Web サイトの質問フォームより
お送りください。お電話によるご質問、お
よび本書に記載されている内容以外のご質
問には、一切お答えできません。あらかじ
めご了承ください。

〒 162-0846
東京都新宿区市谷左内町 21-13
株式会社技術評論社 書籍編集部
「ゼロから合格！ MOS Excel 365
対策テキスト＆問題集」質問係
FAX：03-3513-6183
技術評論社 Web サイト：
https://gihyo.jp/book/

なお、ご質問の際に記載いただいた個人情
報は質問の返答以外の目的には使用いたし
ません。また、質問の返答後は速やかに削
除させていただきます。

練習問題・模擬試験解答

練習問題

第1章

1 （参照先）Lesson 01

❶ ［2020年］シートのセルA4を選択します。
❷ ［データ］タブをクリックします。
❸ ［データの取得と変換］グループの［テキストまたはCSVから］をクリックします。
❹ ［第1章］フォルダーのテキストファイル［高齢化率］を選択します。
❺ ［インポート］ボタンをクリックします。
❻ ［読み込み］の■をクリックし、［読み込み先…］をクリックします。

❼ ［データのインポート］ダイアログボックスの［データを返す先を選択してください。］の［既存のワークシート］をクリックします。
❽ 「=$A$4」と表示されていることを確認します。
❾ ［OK］ボタンをクリックします。
❿ ［クエリと接続］作業ウィンドウの［閉じる］ボタンをクリックします。

2 （参照先）Lesson 18

❶ ［表示］タブをクリックします。
❷ ［ウィンドウ］グループの［新しいウィンドウを開く］をクリックします。
❸ ［表示］タブに戻ります。
❹ ［ウィンドウ］グループの［整列］をクリックします。
❺ ［左右に並べて表示］をオンにします。

❻ ［OK］ボタンをクリックします。
❼ 右のウィンドウで［2021年］シートを表示します。
❽ 左右のデータを確認し、右のウィンドウの［閉じる］ボタンをクリックします。
❾ 左のウィンドウの［最大化］ボタンをクリックします。

3 （参照先）Lesson 07

❿ ［2020年］シートのセルE2を選択します。
⓫ ［挿入］タブをクリックします。
⓬ ［リンク］グループの［リンク］をクリックし

ます。
⓭ ［リンクの解除］をクリックします。

4 （参照先）Lesson 29

❶ ［2020年］シートのセルE5を選択します。
❷ ［校閲］タブをクリックします。
❸ ［メモ］グループの［メモ］をクリックします。

❹ ［新しいメモ］をクリックします。
❺ 「％表示にした方が読みやすいと思います。」と入力します。

5 （参照先）Lesson 10

❶ ［挿入］タブをクリックします。
❷ ［テキスト］グループの［ヘッダーとフッター］をクリックします。
❸ ［ヘッダーとフッター］タブをクリックします。
❹ ［ナビゲーション］グループの［フッターに移動］をクリックします。
❺ フッターの右側領域をクリックしてカーソルを移動します。

❻ ［ヘッダー/フッター要素］グループの［ページ番号］をクリックします。
❼ 「/」を入力します。
❽ ［ヘッダー/フッター要素］グループの［ページ数］をクリックします。
❾ 任意のセルをクリックして確定します。
❿ ［表示選択ショートカット］の［標準］をクリックします。

6 参照先 Lesson 09 ―――――――――――――――――――――

❶ [2020年] シートの行番号「4」を右クリックします。
❷ [行の高さ] をクリックします。

❸ 「26」と入力して [OK] ボタンをクリックします。

7 参照先 Lesson 06 ―――――――――――――――――――――

❶ [2021年] シートのセルE2を選択します。
❷ [挿入] タブをクリックします。
❸ [リンク] グループの [リンク] をクリックします。
❹ [リンク先：] を [このドキュメント内] をクリックします。

❺ [またはドキュメント内の場所を選択してください] から [2020年] をクリックします。
❻ [セル参照を入力してください] に「A4」と入力します。
❼ [OK] ボタンをクリックします。

8 参照先 Lesson 20 ―――――――――――――――――――――

❶ [2021年] シートで [数式] タブをクリックします。

❷ [ワークシート分析] グループの [数式の表示] をクリックします。

9 参照先 Lesson 15 ―――――――――――――――――――――

❶ [2021年] シートの行番号の「5」をクリックします。
❷ [表示] タブをクリックします。

❸ [ウィンドウ] グループの [ウィンドウ枠の固定] をクリックします。
❹ [ウィンドウ枠の固定] をクリックします。

10 参照先 Lesson 21 ―――――――――――――――――――――

❶ [2021年] シートのセルA1〜E52を選択します。
❷ [ページレイアウト] タブをクリックします。
❸ [ページ設定] グループの [印刷範囲] をクリックします。
❹ [印刷範囲の設定] をクリックします。

❺ [拡大縮小印刷] グループの [横] の ⌄ をクリックします。
❻ [1ページ] に設定します。
❼ [拡大縮小印刷] グループの [縦] の ⌄ をクリックします。
❽ [1ページ] に設定します。

11 参照先 Lesson 19 ―――――――――――――――――――――

❶ [ファイル] タブをクリックします。
❷ [情報] をクリックします。
❸ [プロパティ] をクリックし、[詳細プロパティ] をクリックします。

❹ [タイトル] に「高齢化の状況」、[分類] に「政府統計データ」と入力します。
❺ [OK] ボタンをクリックします。

第2章

1 参照先 Lesson 51 ―――――――――――――――――――――

❶ [売上実績表] シートのセルA1〜B1を選択します。
❷ [ホーム] タブをクリックします。

❸ [スタイル] グループの [セルのスタイル] をクリックします。
❹ [見出し2] をクリックします。

2 参照先 Lesson 45 ―――――――――――――――――――――

❶ セルD2を選択します。
❷ [ホーム] タブをクリックします。

❸ [配置] グループの [折り返して全体を表示する] をクリックします。

3 参照先 Lesson 34 ―――――――――――――――――――――

❶ D〜E列を列単位で選択し、右クリックします。
❷ [挿入] をクリックします。

4　参照先〉Lesson 33

❶ セルC3を選択します。

❷ フィルハンドルをセルE3までドラッグします。

5　参照先〉Lesson 43

❶ セルA3を選択します。

❷ [ホーム] タブをクリックします。

❸ [クリップボード] グループの [書式のコピー

/貼り付け] をクリックします。

❹ 🔁📋 の形状で、セルB3〜F3をドラッグします。

6　参照先〉Lesson 31

❶ セルK3〜R4を選択します。

❷ Ctrl キーを押しながら C を押してコピーします。

❸ セルD4を選択します。

❹ [ホーム] タブをクリックします。

❺ [クリップボード] グループの [貼り付け] の ✓をクリックします。

❻ [行/列の入れ替え] をクリックします。

7　参照先〉Lesson 34

❶ 列番号のJ〜Rをドラッグして選択し、右クリックします。

❷ [削除] をクリックします。

8　参照先〉Lesson 42

❶ セルB4〜B11を選択します。

❷ [ホーム] タブをクリックします。

❸ [配置] グループの [インデントを増やす] をクリックします。

9　参照先〉Lesson 46

❶ セルC4〜E11を選択します。

❷ [ホーム] タブをクリックします。

❸ [数値] グループの [桁区切りスタイル] をクリックします。

10　参照先〉Lesson 59

❶ セルC4〜E11を選択します。

❷ [ホーム] タブをクリックします。

❸ [スタイル] グループの [条件付き書式] をクリックします。

❹ [セルの強調表示ルール] をポイントし、[指定の値より大きい] をクリックします。

❺ [次の値より大きいセルを書式設定] に 「2500」と入力します。

❻ [書式] の✓クリックし、[濃い黄色の文字、黄色の背景] をクリックします。

❼ [OK] ボタンをクリックします。

11　参照先〉Lesson 37

❶ セルA4を選択します。

❷ [関数の挿入] (fx) ボタンをクリックします。

❸ [関数の検索] ボックスに「seq」(「sequence」でも可) と入力します。

❹ [検索開始] ボタンをクリックします。

❺ 「SEQUENCE」を選択します。

❻ [OK] ボタンをクリックします。

❼ [行] に「8」と入力します。

❽ [開始] に「1001」と入力します。

❾ [OK] ボタンをクリックします。

12　参照先〉Lesson 56、58

❶ セルC4〜E11を選択します。

❷ [挿入] タブをクリックします。

❸ [スパークライン] グループの [折れ線スパークライン] をクリックします。

❹ [場所の範囲] にカーソルがあることを確認し、セルF4〜F11をドラッグします。

❺ [OK] ボタンをクリックします。

❻ [スパークライン] タブをクリックします。

❼ [表示] グループの [マーカー] にチェックを

付けます。

❽ [スタイル] グループの [その他] をクリックします。

❾ [ゴールド、スパークライン スタイル アクセント 4、(基本色)] をクリックします。

13 参照先 Lesson 54

❶ セルC3〜E11を選択します。
❷ [数式] タブをクリックします。
❸ [定義された名前] グループの [選択範囲から作成] をクリックします。
❹ [以下に含まれる値から名前を作成] の [上端行] だけチェックを付けます。
❺ [OK] ボタンをクリックします。

14 参照先 Lesson 38

❶ [お祭りスケジュール] シートのセルA4を選択します。
❷ [関数の挿入] (fx) ボタンをクリックします。
❸ [関数の検索] ボックスに「seq」(「sequence」でも可) と入力します。
❹ [検索開始] ボタンをクリックします。
❺ 「SEQUENCE」を選択します。
❻ [OK] ボタンをクリックします。
❼ [行] に「16」を入力します。
❽ [列] に「1」を入力します。
❾ [開始] に「"8:30"」を入力します。
❿ [目盛り] に「0.5/24」を入力します。
⓫ [OK] ボタンをクリックします。

第 3 章

1 参照先 Lesson 64

❶ 4行目以降のデータが入力されたセルを選択します。
❷ [挿入] タブをクリックします。
❸ [テーブル] グループの [テーブル] をクリックします。
❹ [先頭行をテーブルの見出しとして使用する] にチェックを付けます。
❺ [OK] ボタンをクリックします。

2 参照先 Lesson 65

❶ テーブル内の任意のセルを選択します。
❷ [テーブルデザイン] タブをクリックします。
❸ [テーブルスタイル] グループの ☑ [その他] をクリックします。
❹ [薄い青、テーブルスタイル (淡色) 16] をクリックします。

3 参照先 Lesson 71

❶ テーブル内の任意のセルを選択します。
❷ [テーブルデザイン] タブをクリックします。
❸ [テーブルスタイルのオプション] グループの [集計行] にチェックを付けます。
❹ 集計行の [男性] のセルを選択します。
❺ ▼をクリックします。
❻ [平均] をクリックします。
❼ 同様に、[女性] の [平均] を設定します。

4 参照先 Lesson 69

❶ テーブル内の「15〜17」のデータの行を右クリックします。
❷ [削除] をポイントし、[テーブルの行] をクリックします。

5 参照先 Lesson 64 Column

❶ テーブル内の任意のセルを選択します。
❷ [テーブルデザイン] タブをクリックします。
❸ [プロパティ] グループの [テーブル名] に「活動レベル普通」と入力します。
❹ Enter キーを押して確定します。

6 参照先 Lesson 74

❶ [男性] の▼をクリックします。
❷ [降順] をクリックします。

第 4 章

1 参照先 Lesson 80〜83

❶ [顧客獲得] シートのセルH14を選択します。
❷ [ホーム] タブをクリックします。
❸ [編集] グループの [合計] Σ をクリックします。

❹ 「=SUM(H4:H13)」と入力されたことを確認し、Enter キーを押して確定します。
❺ セルH15を選択します。
❻ [編集] グループの [合計] の ☑ をクリックします。
❼ [平均] をクリックします。
❽ 範囲を変更するので、セルH4～H13をドラッグします。
❾ 「=AVERAGE(H4:H13)」と入力されたことを確認し、Enter キーを押して確定します。
❿ セルH16を選択します。
⓫ [編集] グループの [合計] の ☑ をクリックします。

⓬ [最大値] をクリックします。
⓭ 範囲を変更するので、セルH4～H13をドラッグします。
⓮ 「=MAX(H4:H13)」と入力されたことを確認し、Enter キーを押して確定します。
⓯ セルH17を選択します。
⓰ [編集] グループの [合計] の ☑ をクリックします。
⓱ [最小値] をクリックします。
⓲ 範囲を変更するので、セルH4～H13をドラッグします。
⓳ 「=MIN(H4:H13)」と入力されたことを確認し、Enter キーを押して確定します。

2 （参照先） Lesson 54

❶ セルI4～I13を選択します。
❷ 名前ボックスをクリックします。
❸ 「下半期計」と入力します。
❹ Enter キーで確定します。

3 （参照先） Lesson 80～83、Lesson 79 Column

❶ セルI14を選択します。
❷ [ホーム] タブをクリックします。
❸ [編集] グループの [合計] をクリックします。
❹ 「=SUM(下半期計)」と入力されたことを確認し、Enter キーを押して確定します。
❺ セルI15を選択します。
❻ [編集] グループの [合計] の ☑ をクリックします。
❼ [平均] をクリックします。
❽ [数式] タブをクリックします。
❾ [定義された名前] グループの [数式で使用] をクリックします。
❿ [下半期計] をクリックします。
⓫ 「=AVERAGE(下半期計)」と入力されたことを確認し、Enter キーを押して確定します。
⓬ セルI16を選択します。

⓭ [関数ライブラリ] グループの [合計] の ☑ をクリックします。
⓮ [最大値] をクリックします。
⓯ [定義された名前] グループの [数式で使用] をクリックします。
⓰ [下半期計] をクリックします。
⓱ 「=MAX(下半期計)」と入力されたことを確認し、Enter キーを押して確定します。
⓲ セルI17を選択します。
⓳ [関数ライブラリ] グループの [合計] の ☑ をクリックします。
⓴ [最小値] をクリックします。
㉑ [定義された名前] グループの [数式で使用] をクリックします。
㉒ [下半期計] をクリックします。
㉓ 「=MIN(下半期計)」と入力されたことを確認し、Enter キーを押して確定します。

4 （参照先） Lesson 76

❶ セルJ4を選択します。
❷ 「=I4/B4」の数式を設定します。
❸ Enter キーを押して確定します。
❹ セルJ4のフィルハンドルをセルJ13までドラッグし、数式をコピーします。

5 （参照先） Lesson 87

❶ セルK4を選択します。
❷ 「=if(J4>=100%,"◎","")」の数式を設定します。
❸ Enter キーを押して確定します。
❹ セルK4のフィルハンドルをセルK13までドラッグし、数式をコピーします。

6 （参照先） Lesson 97

❶ [顧客資産] シートのセルF4を選択します。
❷ 「=TEXTJOIN("-",1,C4,D4,E4)」の数式を設定します。
❸ Enter キーを押して確定します。
❹ セルF4のフィルハンドルをダブルクリックし、数式をコピーします。

7 参照先 Lesson 76 ─────────────

❶ セルL4を選択します。
❷ 「=(I4+J4)/K4」の数式を設定します。
❸ Enter キーを押して確定します。

❹ セルL4のフィルハンドルをダブルクリックし、数式をコピーします。

8 参照先 Lesson 96 ─────────────

❶ [管理簿] シートのセルE4を選択します。
❷ 「=CONCAT(管理簿[@[メーカーID]:[メモリ

(GB)]])」の数式を設定します。

9 参照先 Lesson 90、Lesson 79 ─────

❶ セルI4を選択します。
❷ 「=left([@社員コード],1)」の数式を設定します。

❸ Enter キーを押して確定します。

10 参照先 Lesson 90、Lesson 79 ─────

❶ セルJ4を選択します。
❷ 「=mid([@社員コード],2,4)」の数式を設定し

ます。
❸ Enter キーを押して確定します。

11 参照先 Lesson 86 ─────────────

❶ セルF15を選択します。
❷ 「=COUNTBLANK(管理簿[ライセンス認証])」

の数式を設定します。
❸ Enter キーを押して確定します。

第5章

1 参照先 Lesson 98、Lesson 102 ─────

❶ セルA3～G9を選択します。
❷ [挿入] タブをクリックします。
❸ [グラフ] グループの [縦棒/横棒グラフの挿入] をクリックします。

❹ [積み上げ縦棒] をクリックします。
❺ [グラフデザイン] タブをクリックします。
❻ [データ] グループの [行/列の切り替え] をクリックします。

2 参照先 Lesson 103 ─────────────

❶ [グラフタイトル] を2回クリックし、カーソルを表示します。
❷ 「メニュー別売上」と入力します。不要な文字は削除します。
❸ タイトルの外枠線をクリックします。

❹ [ホーム] タブをクリックします。
❺ [フォント] グループの [フォントサイズ] の ✔ をクリックします。
❻ [18] をクリックします。

3 参照先 Lesson 100 ─────────────

❶ グラフを選択します。
❷ [グラフのデザイン] タブをクリックします。
❸ [場所] グループの [グラフの移動] をクリックします。

❹ [グラフの移動] ダイアログボックスで、[新しいシート] をクリックします。
❺ シート名に「積み上げ縦棒」と入力します。
❻ [OK] ボタンをクリックします。

4 参照先 Lesson 100 ─────────────

❶ グラフを選択します。
❷ [グラフ要素] をクリックします。

❸ [データテーブル] をクリックします。

5 参照先 Lesson 109 ─────────────

❶ グラフの余白部分で右クリックします。
❷ [代替テキストを表示] をクリックします。
❸ [代替テキスト] に「メニュー別の積み上げ縦棒グラフ」と入力します。

❹ 作業ウィンドウを閉じます。

6 (参照先) Lesson 98

❶ [メニュー別売上] シートのセル B3〜G3 を選択します。
❷ [Ctrl] キーを押しながらセル B10〜G10 を選択します。

❸ [挿入] タブをクリックします。
❹ [グラフ] グループの [折れ線/面グラフの挿入] をクリックします。
❺ [マーカー付き折れ線] をクリックします。

7 (参照先) Lesson 98

❶ グラフの余白部分をポイントし、マウスポインターが ✛ の形状で、[Alt] キーを押しながら、グラフの左上がセル A12 になるようにドラッグします。

❷ グラフの左下のハンドルを、マウスポインターが ↖ の形状で、[Alt] キーを押しながら、グラフの右下がセル G22 になるようにドラッグします。

8 (参照先) Lesson 103

❶ グラフのタイトルに「月別売上数」と入力します。

9 (参照先) Lesson 106

❶ グラフの縦 (値) 軸で右クリックします。
❷ [軸の書式設定] をクリックします。
❸ [軸の書式設定] 作業ウィンドウの [最小値]

に「1500」、[最大値] に「2600」と入力し、確定します。
❹ [軸の書式設定] 作業ウィンドウを閉じます。

10 (参照先) Lesson 107

❶ グラフを選択します。
❷ [グラフデザイン] タブをクリックします。
❸ [グラフのレイアウト] グループの [クイックレイアウト] をクリックします。

❹ [レイアウト 9] をクリックします。
❺ 凡例を選択します。
❻ [Delete] キーを押します。

11 (参照先) Lesson 108

❶ グラフを選択します。
❷ [グラフデザイン] タブをクリックします。

❸ [グラフスタイル] グループの [スタイル 7] をクリックします。

第 1 回模擬試験

プロジェクト 1

1

❶ アクティブセルをテーブル内に移動します。
❷ [テーブルデザイン] タブを選択します。
❸ [テーブルスタイルのオプション] グループの

[最後の列] にチェックを入れます。
❹ テーブルの右端の列が強調されます。

2

❶ セル E5 を選択します。
❷ [ホーム] タブを選択します。
❸ [編集] グループの [合計] をクリックします。
❹ [Enter] キーを押して確定します。
❺ セル G5 に「=」を入力します。

❻ セル E5 をクリックします。
❼ 「-」を入力します。
❽ セル F5 をクリックします。
❾ [Enter] キーを押して確定します。
❿ 「GROSS」と「NET」が計算されます。

3

❶ セル E21 を選択します。
❷ [校閲] タブを選択します。

❸ [メモ] グループの [メモ] をクリックします。
❹ [新しいメモ] をクリックします。

⑤ 「ベスグロ賞」と入力します。
⑥ 任意のセルをクリックします。

⑦ メモが挿入されたセルの右上に赤い三角の
マークが表示されます。

❶ セルA1を選択します。
❷ [ホーム] タブを選択します。
❸ [編集] グループの [検索と選択] をクリック
します。
❹ [検索] をクリックします。
❺ [検索する文字列] に「途中棄権」と入力しま
す。
❻ [次を検索] をクリックします。
❼ 「途中棄権」が入力されたセルにジャンプした
ことを確認し、[閉じる] ボタンをクリックし

ます。
❽ セルA35〜H35を選択します。
❾ [フォント] グループの [ダイアログボックス
起動ツール] ([フォント設定]) をクリックし
ます。
❿ [取り消し線] にチェックを入れます。
⓫ [OK] ボタンをクリックします。
⓬ 検索された文字列のテーブルの行に取り消し
線が表示されます。

❶ アクティブセルをテーブル内の任意のセルに
移動します。
❷ [データ] タブを選択します。
❸ [並べ替えとフィルター] グループの [並べ替
え] をクリックします。
❹ [最優先されるキー] に「NET」を指定し、[順
序] を [小さい順] にします。

❺ [レベルの追加] ボタンをクリックします。
❻ [次に優先されるキー] に「GROSS」を指定
し、[順序] を [小さい順] にします。
❼ [OK] ボタンをクリックします。
❽ 「NET」の小さい順、同じ「NET」の場合は
「GROSS」の小さい順に並べ替わります。

❶ セルH39を選択します。
❷ [ホーム] タブを選択します。
❸ [編集] グループの [クリア] をクリックします。

❹ [書式のクリア] をクリックします。
❺ セルH39の書式がすべてクリアされます。

プロジェクト2

❶ セルB9を選択します。
❷ [ホーム] タブをクリックします。
❸ [編集] グループの [合計] をクリックします。
❹ 「=SUM(B4:B8)」と表示されたことを確認し、

Enter キーを押します。
❺ セルB9のフィルハンドルをセルG9までド
ラッグします。
❻ 9行目に合計が表示されます。

❶ セルH4に「=」を入力します。
❷ セルG4をクリックします。
❸ 「/」を入力します。
❹ セルG9をクリックします。
❺ F4 キーを押して「$G$9」にします。

❻ 「=G4/$G$9」と表示されたことを確認し、
Enter キーで確定します。
❼ セルH4のフィルハンドルをセルH9までド
ラッグします。
❽ H列に割合が表示されます。

❶ セルG4〜G8を選択します。
❷ [ホーム] タブをクリックします。
❸ [スタイル] グループの [条件付き書式] をク
リックします。
❹ [ルールのクリア] をポイントし、[選択した
セルからルールをクリア] をクリックします。

❺ G列の条件付き書式がクリアされます。

❶ [数式] タブをクリックします。
❷ [ワークシート分析] グループの [数式の表示]

をクリックします。
❸ ワークシートに数式が表示されます。

❶ セルA3〜F8を選択します。
❷ [挿入] タブをクリックします。
❸ [グラフ] グループの [縦棒/横棒グラフの挿入] をクリックします。
❹ [積み上げ縦棒] をクリックします。
❺ [グラフのデザイン] タブをクリックします。
❻ [データ] グループの [行/列の切り替え] をクリックします。
❼ [場所] グループの [グラフの移動] をクリックします。

❽ [グラフの配置先] の [新しいシート] をクリックします。
❾ [OK] ボタンをクリックします。
❿ [グラフのレイアウト] グループの [クイックレイアウト] をクリックします。
⓫ [レイアウト4] をクリックします。
⓬ [グラフのスタイル] グループの [スタイル6] をクリックします。
⓭ グラフがグラフシートに作成されます。

プロジェクト3

❶ [イタリア] シートが選択されていることを確認します。
❷ Shift キーを押しながら、[台湾] シート見出しをクリックします。
❸ 列番号の [A] で右クリックし、[列の幅] をクリックします。
❹ 「15」と入力します。
❺ [OK] ボタンをクリックします。

❻ セルC3のフィルハンドルをセルN3までドラッグします。
❼ セルN1に「単位：気温はすべて℃、降水量はmm」と入力します。
❽ [オーストラリア] シート見出しをクリックし、グループ化を解除します。
❾ すべてのシートに同じ設定がされます。

❶ [オーストラリア] シートのグラフを選択します。
❷ 「シドニー」のデータ系列を選択します。
❸ [グラフ要素] をクリックします。
❹ [データラベル] にチェックを入れます。
❺ セルA16を選択します。
❻ Ctrl キーを押しながらセルC16〜N16を選択します。
❼ Ctrl キーを押しながら C キーを押してコピーします。

❽ グラフを選択します。
❾ Ctrl キーを押しながら V キーを押して貼り付けます。
❿ グラフで右クリックし、[代替テキストを表示] をクリックします。
⓫ [代替テキスト] 作業ウィンドウに「オーストラリア各地の最高気温グラフ」と入力します。
⓬ 作業ウィンドウを閉じます。
⓭ オーストラリアのグラフが修正されます。

❶ [表示] タブをクリックします。
❷ [ウィンドウ] グループの [新しいウィンドウを開く] をクリックします。
❸ ❶と❷を繰り返します。
❹ [表示] タブをクリックします。
❺ [ウィンドウ] グループの [整列] をクリックします。
❻ [左右に並べて表示] をクリックします。
❼ [OK] ボタンをクリックします。
❽ 左側のウィンドウで [イタリア] シート見出し

をクリックします。
❾ 同様に、中央のウィンドウで [オーストラリア] シート、右側のウィンドウで [台湾] シートを表示します。

プロジェクト4

1

❶ [売上状況] シートのセルA3を選択します。
❷ [データ] タブをクリックします。
❸ [データの取得と変換] グループの [テキストまたはCSVから] をクリックします。
❹ [素材] フォルダーのテキストファイル「uriage」を選択します。
❺ [インポート] ボタンをクリックします。
❻ [読み込み] の▼をクリックします。
❼ [読み込み先…] をクリックします。
❽ [既存のワークシート] をクリックします。
❾ [OK] ボタンをクリックします。
❿ [クエリと接続] 作業ウィンドウを閉じます。
⓫ テキストデータがインポートされます。

2

❶ テーブルの [媒体] フィールドの任意のセルで右クリックします。
❷ [挿入] をポイントし、[テーブルの列 (左)] をクリックします。
❸ セルE3に「売上金額」と入力します。
❹ セルE4に「=」を入力します。
❺ セルC4をクリックします。
❻ 「*」を入力します。
❼ セルD4をクリックします。
❽ Enter キーを押して確定します。
❾ テーブルに「売上金額」列が挿入されます。

3

❶ セルF1を選択します。
❷ [ホーム] タブをクリックします。
❸ [編集] グループの [クリア] をクリックします。
❹ [書式のクリア] をクリックします。
❺ セルF1の書式がすべてクリアされます。

4

❶ テーブル内の任意のセルを選択します。
❷ [テーブルデザイン] タブをクリックします。
❸ [テーブルスタイルのオプション] グループの
[最初の列] にチェックを入れます。
❹ テーブルの左端の列が強調されます。

5

❶ [媒体一覧] シートのセルA2を選択します。
❷ [fx] (関数の挿入) ボタンをクリックします。
❸ [関数の検索] に「uni」(「unique」でも可) と入力します。
❹ [検索開始] ボタンをクリックします。
❺ 「UNIQUE」をクリックします。
❻ [OK] ボタンをクリックします。
❼ [配列] にカーソルがあることを確認し、[売上状況] シートのセルF4をクリックします。
❽ Ctrl キーと Shift キーを押しながら↓を押します。
❾ [OK] ボタンをクリックします。
❿ [媒体一覧] シートのセルA2以降に媒体一覧が表示されます。

6

❶ [売上状況] シートを選択します。
❷ [商品] の▼をクリックします。
❸ [すべて選択] のチェックを外します。
❹ [豆大福] にチェックを入れます。
❺ [OK] ボタンをクリックします。
❻ 商品がフィルターされ、「豆大福」だけが表示されます。

プロジェクト5

1

❶ セルA1を選択します。
❷ [ホーム] タブをクリックします。
❸ [スタイル] グループの [セルのスタイル] をクリックします。
❹ [タイトル] をクリックします。
❺ セルA1にスタイルが設定されます。

2

❶ セルB4～F4を選択します。
❷ ［ホーム］タブをクリックします。
❸ ［数値］グループの［パーセントスタイル］を
クリックします。

❹ セルA5～F10を選択します。
❺ ［数値］グループの［桁区切りスタイル］をク
リックします。
❻ 数値のスタイルが設定されます。

3

❶ セルB5に「=」を入力します。
❷ セルA5をクリックします。
❸ ［F4］キーを3回押します。
❹ 「*」を入力します。
❺ セルB4をクリックします。
❻ ［F4］キーを2回押します。

❼ ［Enter］キーを押して確定します。
❽ セルB5のフィルハンドルをダブルクリック
します。
❾ 範囲選択はそのまま、セルB10のフィルハン
ドルをセルF10までドラッグします。
❿ 割引価格が表示されます。

4

❶ 3行目以降のデータが入力された任意のセル
を選択します。
❷ ［挿入］タブをクリックします。
❸ ［テーブル］グループの［テーブル］をクリッ
クします。
❹ 範囲が自動的に認識されたこと、［先頭行を
テーブルの見出しとして使用する］にチェッ
クが入っていることを確認し、［OK］ボタン

をクリックします。
❺ ［テーブルデザイン］タブをクリックします。
❻ ［テーブルスタイル］グループの［オレンジ、
テーブルスタイル（中間）3］をクリックしま
す。
❼ テーブルに変換され、スタイルが設定されま
す。

5

❶ ［挿入］タブをクリックします。
❷ ［テキスト］グループの［ヘッダーとフッター］
をクリックします。
❸ ヘッダー右に挿入されている「2023年秋冬
バーゲン」の文字列を選択します。
❹ ［ホーム］タブをクリックします。
❺ ［フォント］グループの［フォントの色］の▼

をクリックします。
❻ ［ゴールド、アクセント4、黒＋基本色50％］
をクリックします。
❼ ［フォント］グループの［太字］をクリックし
ます。
❽ ヘッダーの文字列に文字書式が設定されます。

6

❶ ［ファイル］タブをクリックします。
❷ ［エクスポート］をクリックします（［エクス
ポート］が表示されない場合は［その他］をク
リックします）。
❸ ［PDF/XPSドキュメントの作成］をクリック
します。
❹ ［PDF/XPSの作成］をクリックします。
❺ ［設問］フォルダーが指定されていることを確

認します。
❻ ファイル名に「割引早見表」と入力します。
❼ ［ファイルの種類］が［PDF］になっているこ
とを確認します。
❽ ［発行後にファイルを開く］にチェックを入れ
ます。
❾ ［発行］をクリックします。
❿ 発行されたPDFファイルを閉じます。

プロジェクト6

1

❶ ［大学案内］シートのセルB5～B7を選択しま
す。
❷ ［ホーム］タブをクリックします。
❸ ［配置］グループの［インデントを増やす］を
2回クリックします。

❹ 左インデント2文字が設定されます。

2

❶ [大学案内] シートのセルC15を選択します。

❷ [挿入] タブをクリックします。

❸ [リンク] グループの [リンク] をクリックします。

❹ [リンク先] の [このドキュメント内] をクリックします。

❺ [またはこのドキュメント内の場所を選択してください] の [進路] をクリックします。

❻ [セル参照を入力してください] が「A1」に設

定されていることを確認します。

❼ [ヒント設定] ボタンをクリックします。

❽ [ヒントのテキスト] に「卒業生の進路」と入力します。

❾ [OK] ボタンをクリックします。

❿ [OK] ボタンをクリックします。

⓫ ハイパーリンクが設定され、ポイントするとヒントが表示されます。

3

❶ 数値が入力されたセル (例：セルB10) を選択します。

❷ [データ] タブをクリックします。

❸ [並べ替えとフィルター] グループの [降順] をクリックします。

❹ 数値の大きい順に並べ替わります。

4

❶ [入学者数] シートのセルI4を選択します。

❷ [挿入] タブをクリックします。

❸ [スパークライン] グループの [折れ線スパークライン] をクリックします。

❹ [データ範囲] にカーソルがあることを確認し、セルB4〜H4をドラッグします。

❺ [OK] ボタンをクリックします。

❻ [スパークライン] タブをクリックします。

❼ [表示] グループの [マーカー] にチェックを入れます。

❽ [スタイル] グループの [その他] をクリック

します。

❾ [濃い灰色、スパークライン スタイル 濃色 #3] をクリックします。

❿ セルI5を選択します。

⓫ [挿入] タブをクリックします。

⓬ [スパークライン] グループの [勝敗スパークライン] をクリックします。

⓭ [データ範囲] にカーソルがあることを確認し、セルC5〜H5をドラッグします。

⓮ [OK] ボタンをクリックします。

⓯ スパークラインが作成されます。

5

❶ [クイックアクセスツールバーのユーザー設定] をクリックします。

❷ [その他のコマンド] をクリックします。

❸ [基本的なコマンド] から [印刷プレビューと印刷] をクリックします。

❹ [すべてのドキュメントに適用 (既定)] の▼を

クリックします。

❺ [模擬1-6に適用] をクリックします。

❻ [追加] ボタンをクリックします。

❼ [OK] ボタンをクリックします。

❽ クイックアクセスツールバーに [印刷プレビューと印刷] が追加されます。

第2回模擬試験

プロジェクト1

1

❶ セルA1〜G1を選択します。

❷ [ホーム] タブをクリックします。

❸ [スタイル] グループの [セルのスタイル] を

クリックします。

❹ [見出し1] をクリックします。

❺ 組み込みのスタイルが設定されます。

2

❶ セルA7〜A11を選択します。

❷ Ctrl キーを押しながらセルA12〜A16を選

択します。

❸ [ホーム] タブをクリックします。

❹ [配置] グループの [セルを結合して中央揃え] をクリックします。

❺ セルがそれぞれ結合され、文字が中央揃えに設定されます。

3

❶ セルD4を選択します。
❷ [挿入] タブをクリックします。
❸ [リンク] グループの [リンク] をクリックし

ます。
❹ [リンクの解除] をクリックします。
❺ ハイパーリンクを削除されます。

4

❶ セルA1〜G20を選択します。
❷ [ページレイアウト] タブをクリックします。
❸ [ページ設置] グループの [印刷範囲] をク

リックします。
❹ [印刷範囲の設定] をクリックします。

5

❶ 行番号3〜20を選択します。
❷ 右クリックし、[行の高さ] をクリックします。

❸ 「20」と入力します。
❹ [OK] ボタンをクリックします。
❺ 行の高さが「20」に設定されます。

6

❶ セルF22を選択します。
❷ [fx] (関数の挿入) ボタンをクリックします。
❸ [関数の検索] に「text」(「textjoin」でも可) と入力します。
❹ [検索開始] ボタンをクリックします。
❺ 「TEXTJOIN」をクリックします。
❻ [OK] ボタンをクリックします。

❼ [区切り文字] に「_」と入力します。
❽ [テキスト1] にカーソルを移動し、セルA4 〜D4を選択します。
❾ [OK] ボタンをクリックします。
❿ セルA4〜D4の内容が結合してセルF22に表示されます。

7

❶ [クイックアクセスツールバーのユーザー設定] をクリックします。
❷ [その他のコマンド] をクリックします。
❸ [コマンドの選択] を [すべてのコマンド] へ変更します。

❹ [枠線の表示] をクリックします。
❺ [追加] ボタンをクリックします。
❻ [OK] ボタンをクリックします。
❼ クイックアクセスツールバーに「枠線の表示」が追加されます。

プロジェクト2

1

❶ セルB6に「=」を入力します。
❷ セルB5をクリックします。
❸ 「/」を入力します。
❹ セルB4をクリックします。

❺ Enter キーを押して確定します。
❻ セルB6のフィルハンドルをセルE6までドラッグします。
❼ 「女性比率」の割合が表示されます。

2

❶ セルA3〜E6を選択します。
❷ [ホーム] タブをクリックします。
❸ [クリップボード] グループの [コピー] をクリックします。
❹ セルA9を選択します。

❺ [クリップボード] グループの [貼り付け] の▼をクリックします。
❻ [行/列の入れ替え] をクリックします。
❼ 行と列が入れ替わって表が貼り付けられます。

3

❶ セルA15を選択します。

❷ [fx] (関数の挿入) ボタンをクリックします。

❸ [関数の検索] ボックスに「sort」と入力します。

❹ [検索開始] ボタンをクリックします。

❺ 「SORT」をクリックします。

❻ [OK] ボタンをクリックします。

❼ [配列] にカーソルがあることを確認し、セル

A9〜D13を選択します。

❽ [並べ替えインデックス] に「4」と入力します。

❾ [習え替え順序] に「-1」と入力します。

❿ [OK] ボタンをクリックします。

⓫ 女性比率の大きい順にデータが表示されます。

4

❶ セルA15〜A19を選択します。

❷ Ctrl キーを押しながら、セルD15〜D19を選択します。

❸ [挿入] タブをクリックします。

❹ [グラフ] グループの [縦棒/横棒グラフの挿入] をクリックします。

❺ [集合縦棒] をクリックします。

❻ グラフエリアをドラッグし、グラフの左上がセルF9になるように移動します。

❼ グラフの右下のハンドルをドラッグし、セル

L19になるように配置します。

❽ [グラフのデザイン] タブをクリックします。

❾ [グラフのレイアウト] グループの [クイックレイアウト] をクリックします。

❿ [レイアウト4] をクリックします。

⓫ [グラフのスタイル] グループの [その他] をクリックします。

⓬ [スタイル15] をクリックします。

⓭ 集合縦棒グラフが作成されます。

プロジェクト3

1

❶ セルA1〜C1を選択します。

❷ [ホーム] タブをクリックします。

❸ [スタイル] グループの [セルのスタイル] をクリックします。

❹ [見出し2] をクリックします。

❺ セルB11〜C11を選択します。

❻ [スタイル] グループの [セルのスタイル] をクリックします。

❼ [見出し3] をクリックします。

❽ セルにスタイルが設定されます。

2

❶ 3行目〜8行目のいずれかのデータを選択します。

❷ [挿入] タブをクリックします。

❸ [テーブル] グループの [テーブル] をクリッ

クします。

❹ 範囲が自動的に認識されたことを確認し、[OK] ボタンをクリックします。

❺ データがテーブルへ変換されます。

3

❶ 列番号のCを右クリックします。

❷ [列の幅] をクリックします。

❸ 「22」と入力します。

❹ [OK] ボタンをクリックします。

❺ 列幅が変更されます。

4

❶ セルC3を選択します。

❷ [ホーム] タブをクリックします。

❸ [配置] グループの [折り返して全体を表示す

る] をクリックします。

❹ 文字列が折り返され、全体が表示されます。

5

❶ セルC4を選択します。

❷ [fx] (関数の挿入) ボタンをクリックします。

❸ [関数の検索] ボックスに「right」と入力します。

❹ [検索開始] ボタンをクリックします。

❺ 「RIGHT」をクリックします。

❻ [OK] ボタンをクリックします。

❼ [文字列] にカーソルがあることを確認し、セルB4をクリックします。

❽ [文字数] に「2」と入力します。

❾ [OK] ボタンをクリックします。

❿ 「名称」の右側2文字が表示されます。

6

❶ セルB16～B18を選択します。
❷ [ホーム] タブをクリックします。
❸ [配置] グループの [インデントを増やす] を

2回クリックします。
❹ 左インデント2文字が設定されます。

7

❶ [数式] タブをクリックします。
❷ [ワークシート分析] グループの [数式の表示]

をクリックします。
❸ ワークシートに数式が表示されます。

プロジェクト4

1

❶ セルA4～A9を選択します。
❷ [ホーム] タブをクリックします。

❸ [配置] グループの [インデントを増やす] を
クリックします。

2

❶ セルH1を選択します。
❷ [ホーム] タブをクリックします。
❸ [編集] グループの [クリア] をクリックします。

❹ [書式のクリア] をクリックします。
❺ 書式がすべてクリアされます。

3

❶ セルE5～H5を選択します。
❷ [ホーム] タブをクリックします。
❸ [セル] グループの [削除] の▼をクリックします。

❹ [セルの削除] をクリックします。
❺ [上方向にシフト] をクリックします。
❻ [OK] ボタンをクリックします。
❼ 空白のセルが削除されて、表が整います。

4

❶ [ページレイアウト] タブをクリックします。
❷ [ページ設定] グループの [印刷タイトル] を
クリックします。

❸ [タイトル列] にカーソルを移動します
❹ 列番号Aをクリックします。
❺ [OK] ボタンをクリックします。

5

❶ 画面の中央あたりの列番号 (例:「M」) をク
リックします。
❷ [表示] タブをクリックします。
❸ [ウィンドウ] グループの [分割] をクリック
します。

❹ 左のウィンドウで、9月の合計が表示される
ようにスクロールします。
❺ 右のウィンドウで、10月の合計が表示される
ようにスクロールします。

プロジェクト5

1

❶ 列番号の [E] と [F] を選択します。
❷ 右クリックし、[挿入] をクリックします。
❸ セルD11のフィルハンドルをセルF11までド

ラッグします。
❹ 列が挿入され、「A4.」「A5.」の連続データが
入力されます。

2

❶ セルB12を選択します。
❷ [fx] (関数の挿入) ボタンをクリックします。
❸ [関数の検索] に「rand」(「randbetween」で
も可) と入力します。
❹ [検索開始] ボタンをクリックします。

❺ 「RANDBETWEEN」をクリックします。
❻ [OK] ボタンをクリックします。
❼ [最小値] に「50」と入力します。
❽ [最大値] に「800」と入力します。
❾ [OK] ボタンをクリックします。

⓾ セルB12のフィルハンドルをセルB18まで
ドラッグします。

⓫ 範囲選択はそのままで、フィルハンドルをセ

ルF18までドラッグします。

⓬ 50〜800までの数値が表示されます。

※RANDBETWEEN関数によって表示された数値は随時更新されるため、これ以降の画面の数値はすべ
て実際とは異なります。

3

❶ セルB12〜G19を選択します。

❷ ［ホーム］タブをクリックします。

❸ ［編集］グループの［合計］をクリックします。

❹ 合計が算出されます。

4

❶ セルH12に「=」を入力します。

❷ セルG12をクリックします。

❸ 「/」を入力します。

❹ セルG19をクリックします。

❺ F4 キーを押します。

❻ Enter キーを押します。

❼ セルH12のフィルハンドルをセルH19まで
ドラッグします。

❽ 範囲選択はそのままで、「ホーム」タブをク
リックします。

❾ ［数値］グループの［パーセントスタイル］を
クリックします。

❿ ［数値］グループの［小数点以下の表示桁数を
増やす］をクリックします。

⓫ 合計をもとにして構成比が求められます。

5

❶ セルB3〜B9を選択します。

❷ 「ホーム」タブをクリックします。

❸ ［配置］グループの［インデントを増やす］を

1回クリックします。

❹ 右インデント1文字が設定されます。

プロジェクト6

1

❶ テーブル内の任意のセルを選択します。

❷ ［テーブルデザイン］タブをクリックします。

❸ ［テーブルスタイルのオプション］グループの
［集計行］にチェックを入れます。

❹ セルG13をクリックします。

❺ ▼をクリックします。

❻ ［平均］をクリックします。

❼ 同様にして、セルH13を［なし］にします。

❽ セルA13に「平均」と入力します。

❾ テーブルに集計行が追加され、合計フィール
ドの平均値のみが表示されます。

2

❶ セルH4を選択します。

❷ ［fx］（関数の挿入）ボタンをクリックします。

❸ ［関数の検索］に「if」と入力します。

❹ ［検索開始］ボタンをクリックします。

❺ 「IF」をクリックします。

❻ ［OK］ボタンをクリックします。

❼ ［論理式］にカーソルがあることを確認し、セ

ルG4をクリックして「>=」と入力し、セル
G13をクリックします。

❽ ［値が真の場合］に「要注意」、［値が偽の場合］
に「""」と入力します。

❾ ［OK］ボタンをクリックします。

❿ 支店の合計に応じて「要注意」と表示されま
す。

3

❶ ［ホーム］タブをクリックします。

❷ ［スタイル］グループの［条件付き書式］をク
リックします。

❸ ［ルールのクリア］をポイントし、［シート全
体からルールをクリア］をクリックします。

❹ 条件付き書式がすべて削除されます。

4

❶ グラフを選択します。

❷ ［グラフのデザイン］タブをクリックします。

❸ ［データ］グループの［行/列の切り替え］をク

リックします。

❹ 積み上げ縦棒グラフの行と列が入れ替わります。

5

❶ グラフエリアを右クリックし、［代替テキストを表示］をクリックします。

❷ ［代替テキスト］作業ウィンドウに「費目別の

経費グラフ」と入力します。

❸ 作業ウィンドウを閉じます。

❹ グラフに代替テキストが設定されます。

第3回模擬試験

プロジェクト1

1

❶ 左のテーブルの20位の任意のセル（例：セルA21）で右クリックします。

❷ ［削除］をポイントし、［テーブルの行］をク

リックします。

❸ テーブルの行が削除されます。

2

❶ 左のテーブル内にアクティブセルを移動します。

❷ ［テーブルデザイン］タブをクリックします。

❸ ［ツール］グループの［範囲に変換］をクリッ

クします。

❹ ［はい］ボタンをクリックします。

❺ 左のテーブルが通常のセル範囲に変換されます。

3

❶ 中央のテーブル内にアクティブセルを移動します。

❷ ［テーブルデザイン］タブをクリックします。

❸ ［テーブルスタイル］グループの［ゴールド、テーブルスタイル（中間）5］をクリックします。

❹ ［テーブルスタイルのオプション］グループの［集計行］をクリックします。

❺ 中央のテーブルのスタイルが変更され、集計行が追加されます。

4

❶ 右のテーブルの2位の下の行の任意のセル（例：セルI4）で右クリックします。

❷ ［挿入］をポイントし、［テーブルの行（上）］をクリックします。

❸ セルI4に「3」、セルJ4に「神奈川県」、セルK4に「3,821.01」と入力します。

❹ ［テーブルデザイン］タブをクリックします。

❺ ［テーブルスタイルのオプション］グループの［集計行］をクリックします。

❻ セルK49をクリックします。

❼ ▼をクリックします。

❽ ［平均］をクリックします。

❾ セルI49に「平均」と入力します。

5

❶ セルC2〜C48を選択します。

❷ ［ホーム］タブをクリックします。

❸ ［スタイル］グループの［条件付き書式］をクリックします。

❹ ［ルールのクリア］をポイントし、［選択したセルからルールをクリア］をクリックします。

❺ アイコンセットが削除されます。

6

❶ ［挿入］タブをクリックします。

❷ ［テキスト］グループの［ヘッダーとフッター］

をクリックします。

❸ ヘッダー右側領域に「都道府県いろいろラン

キング」と入力します。

プロジェクト2

1

❶ セルE1を選択します。

❷ [ホーム] タブをクリックします。

❸ [配置] グループの [折り返して全体を表示す

る] をクリックします。

❹ 文字列の折り返しが解除されます。

2

❶ [ホーム] タブをクリックします。

❷ [編集] グループの [検索と選択] をクリックします。

❸ [検索] をクリックします。

❹ [検索する文字列] に「漢字パズル」と入力します。

❺ [次を検索] をクリックします。

❻ 検索されたデータの [備考欄] (セルE113) に「廃刊」と入力します。

❼ [検索と置換] ダイアログボックスを閉じます。

❽ 「漢字パズル」の [備考] 欄に「廃刊」と入力されます。

3

❶ 表内の任意のセルを選択します。

❷ [データ] タブをクリックします。

❸ [並べ替えとフィルター] グループの [並べ替え] をクリックします。

❹ [最優先されるキー] に [カテゴリ] を設定し、[順序] が [昇順] になっていることを確認し

ます。

❺ [レベルの追加] ボタンをクリックします。

❻ [次に優先されるキー] に [冊数] を設定し、[順序] を [大きい順] に設定します。

❼ [OK] ボタンをクリックします。

❽ 表のデータが並べ替わります。

4

❶ セルE3を選択します。

❷ [ホーム] タブをクリックします。

❸ [クリップボード] グループの [書式のコピー/貼り付け] をダブルクリックします。

❹ セルG3をクリックします。

❺ セルI3をクリックします。

❻ [Esc] キーを押します。

❼ セルE3の書式がセルG3とI3にコピーされます。

5

❶ セルG4を選択します。

❷ [fx] (関数の挿入) ボタンをクリックします。

❸ [関数の検索] に「uni」(「unique」でも可) と入力します。

❹ [検索開始] ボタンをクリックします。

❺ 「UNIQUE」をクリックします。

❻ [OK] ボタンをクリックします。

❼ [配列] にカーソルがあることを確認し、セルB4をクリックします。

❽ [Ctrl] キーと [Shift] キーを押しながら↓キーを押します。

❾ [OK] ボタンをクリックします。

❿ 同様に、セルI4でUNIQUE関数のダイアログボックスを表示します。

⓫ [配列] にカーソルがあることを確認し、セルC4をクリックします。

⓬ [Ctrl] キーと [Shift] キーを押しながら↓キーを押します。

⓭ [OK] ボタンをクリックします。

⓮ B列・C列から取り出されたデータが表示されます。

プロジェクト3

1

❶ セルA1～E1を選択します。

❷ [ホーム] タブをクリックします。

❸ ［スタイル］グループの［セルのスタイル］を
クリックします。

❹ ［見出し1］をクリックします。

❺ セルにスタイルが設定されます。

2

❶ セルE2を選択します。
❷ ［ホーム］タブをクリックします。
❸ ［配置］グループの［折り返して全体を表示す

る］をクリックします。
❹ 文字列が折り返されて全体が表示されます。

3

❶ セルB5のフィルハンドルをセルB8までド
ラッグします。
❷ セルB9のフィルハンドルをセルB12までド

ラッグします。
❸ 「第4週」までの連続データが入力されます。

4

❶ セルA5〜A8を選択します。
❷ Ctrl キーを押しながらセルA9〜A12まで選
択します。
❸ ［ホーム］タブをクリックします。

❹ ［配置］グループの［セルを結合して中央揃え］
をクリックします。
❺ セルがそれぞれ結合されて、中央揃えに設定
されます。

5

❶ セルE5〜E12を選択します。
❷ ［名前ボックス］をクリックします。
❸ 「グループC」と入力し、Enter キーで確定し
ます。
❹ セルC13を選択します。
❺ ［fx］（関数の挿入）ボタンをクリックします。
❻ ［関数の検索］に「counta」と入力します。
❼ ［検索開始］ボタンをクリックします。
❽ 「COUNTA」をクリックします。
❾ ［OK］ボタンをクリックします。
❿ ［数式］タブをクリックします。
⓫ ［定義された名前］グループの［数式で使用］

をクリックします。
⓬ ［グループA］をクリックします。
⓭ ［OK］ボタンをクリックします。
⓮ 同様に、セルD13でCOUNTA関数の引数に
［グループB］を指定します。
⓯ ［OK］ボタンをクリックします。
⓰ 同様に、セルE13でCOUNTA関数の引数に
［グループC］を指定します。
⓱ ［OK］ボタンをクリックします。
⓲ 定義された名前を使用して、それぞれのグ
ループのデータの個数が算出されます。

6

❶ セルC5〜E12を選択します。
❷ ［ホーム］タブをクリックします。
❸ ［スタイル］グループの［条件付き書式］をク
リックします。
❹ ［セルの強調表示ルール］をポイントし、［文
字列］をクリックします。
❺ ［次の文字列を含むセルを書式設定］に「○」
が入力され、［書式］が［濃い赤の文字、明る
い赤の背景］に設定されていることを確認し
ます。
❻ ［OK］ボタンをクリックします。
❼ 再度、［スタイル］グループの［条件付き書式］

をクリックします。
❽ ［セルの強調表示ルール］をポイントし、［文
字列］をクリックします。
❾ ［次の文字列を含むセルを書式設定］に「☆」
を入力します。
❿ ［書式］の▼をクリックします。
⓫ ［濃い黄色の文字、黄色の背景］に設定しま
す。
⓬ ［OK］ボタンをクリックします。
⓭ 当番表の記号に応じて書式が自動的に設定さ
れます。

プロジェクト4

1

❶ セルD4に「=」を入力します。

❷ セルC4をクリックします。

❸ 「/」を入力します。
❹ セルC14をクリックします。
❺ F4 キーを押します。
❻ Enter キーで確定します。
❼ セルD4のフィルハンドルをセルD13までドラッグするか、ダブルクリックします。

❽ [ホーム] タブをクリックします。
❾ [数値] グループの [パーセントスタイル] をクリックします。
❿ [数値] グループの [小数点以下の表示桁数を増やす] をクリックします。
⓫ 投票数の割合が求められます。

2

❶ セルF4を選択します。
❷ [fx] (関数の挿入) ボタンをクリックします。
❸ [関数の検索] に 「len」 と入力します。
❹ [検索開始] ボタンをクリックします。
❺ 「LEN」 をクリックします。
❻ [OK] ボタンをクリックします。
❼ [文字列] にカーソルがあることを確認し、セ

ル E4をクリックします。
❽ [OK] ボタンをクリックします。
❾ セルF4のフィルハンドルをセルFまでドラッグするか、ダブルクリックします。
❿ 「スタッフのおすすめスポット」 の文字数が求められます。

3

❶ [ホーム] タブをクリックします。
❷ [スタイル]] グループの [条件付き書式] をクリックします。

❸ [ルールのクリア] をポイントし、[シート全体からルールをクリア] をクリックします。
❹ すべての条件付き書式が削除されます。

4

❶ グラフを選択します。
❷ セルC9の右下のハンドルをポイントし、セルC8までドラッグします。
❸ [グラフのデザイン] タブをクリックします。
❹ [グラフのレイアウト] グループの [クイック

レイアウト] をクリックします。
❺ [レイアウト 10] をクリックします。
❻ 棒グラフから 「チェコ」 の系列を削除され、グラフのレイアウトが変更されます。

プロジェクト **5**

1

❶ [利用状況] シートのセルA3を選択します。
❷ [データ] タブをクリックします。
❸ [データの取得と変換] グループの [テキストまたはCSVから] をクリックします。
❹ [素材] フォルダーの 「福利厚生.csv」 をクリックします。
❺ [インポート] ボタンをクリックします。
❻ [読み込み] の▼をクリックします。

❼ [読み込み先…] をクリックします。
❽ [データを返す先を選択してください。] を [既存のワークシート] にします。
❾ [OK] ボタンをクリックします。
❿ [クエリと接続] 作業ウィンドウを閉じます。
⓫ CSVファイルが [利用状況] シートにインポートされます。

2

❶ [利用状況] シート見出しをクリックします。
❷ Shift キーを押しながら [提携サービス一覧] シート見出しをクリックします。
❸ タイトルバーに [グループ] と表示されます。
❹ セルA1を選択します。
❺ [ホーム] タブをクリックします。
❻ [フォント] グループの [フォントサイズ] の▼をクリックします。
❼ [16] をクリックします。
❽ [フォント] グループの [太字] をクリックし

ます。
❾ [フォント] グループの [フォントの色] の▼をクリックします。
❿ [緑] をクリックします。
⓫ [自社施設一覧] シートか [提携サービス一覧] シートのシート見出しをクリックします。
⓬ 3枚のワークシートで書式が設定されます。

3

❶ [自社施設一覧] シートのセルA1を選択します。

❷ [ホーム] タブをクリックします。

❸ [クリップボード] グループの [書式のコピー /貼り付け] をクリックします。

❹ セルJ1をクリックします。

❺ セルA1の書式がセルJ1にコピーされます。

4

❶ [自社施設一覧] シートのセルG4を選択します。

❷ [fx] (関数の挿入) ボタンをクリックします。

❸ [関数の検索] に「con」(「concat」でも可) と入力します。

❹ [検索開始] ボタンをクリックします。

❺ 「CONCAT」をクリックします。

❻ [OK] ボタンをクリックします。

❼ [テキスト1] にカーソルがあることを確認し、セルE4〜F4を選択します。

❽ [OK] ボタンをクリックします。

❾ セルG4のフィルハンドルをセルG21までドラッグするか、ダブルクリックします。

❿ E列とF列のデータが結合して表示されます。

5

❶ [自社施設一覧] シートのセルJ4を選択します。

❷ [fx] (関数の挿入) ボタンをクリックします。

❸ [関数の検索] に「sort」と入力します。

❹ [検索開始] ボタンをクリックします。

❺ 「SORT」をクリックします。

❻ [OK] ボタンをクリックします。

❼ [配列] にカーソルがあることを確認し、セルA4〜H21を選択します。

❽ [並べ替えインデックス] に「4」と入力します。

❾ [OK] ボタンをクリックします。

❿ 単価の安い順位並べ替えた表が作成されます。

6

❶ [名前ボックス] の▼をクリックします。

❷ [嵐山山荘] をクリックします。

❸ [ホーム] タブをクリックします。

❹ [フォント] グループのダイアログボックス起動ツールをクリックします。

❺ [取り消し線] にチェックを入れます。

❻ [OK] ボタンをクリックします。

❼ 定義された名前「嵐山山荘」に取り消し線が設定されます。

プロジェクト6

1

❶ [表示] タブをクリックします。

❷ [ブックの表示] グループの [改ページプレビュー] をクリックします。

❸ C列とD列の間にある青い点線をポイントし、マウスポインターが⇔の形状でE列の右側までドラッグします。

❹ [ブックの表示] グループの [標準] をクリックします。

2

❶ セルB9を選択します。

❷ [校閲] タブをクリックします。

❸ [コメント] グループの [新しいコメント] をクリックします。

❹ 「あさりは殻を外してください」と入力します。

❺ [コメントを投稿する] をクリックします。

❻ コメントが挿入されます。

3

❶ セルA9を選択します。

❷ [挿入] タブをクリックします。

❸ [リンク] グループの [リンク] をクリックします。

❹ [リンク先] の [ファイル、Webページ] をクリックします。

❺ [アドレス] に「https://eco.mtk.nao.ac.jp/koyomi/topics/html/topics1997.html」を入力します。

❻ [OK] ボタンをクリックします。

❼ ハイパーリンクが挿入されます。

4

❶ [ページレイアウト] タブをクリックします。
❷ [ページ設定] グループの [印刷タイトル] を
クリックします。

❸ [タイトル行] にカーソルを移動し、行番号の
1〜3をドラッグします。
❹ [OK] ボタンをクリックします。

5

❶ テーブル内の任意のセルを選択します。
❷ [テーブルデザイン] タブをクリックします。
❸ [テーブルスタイル] の▼をクリックします。

❹ [緑、テーブルスタイル (中間) 7] をクリック
します。
❺ テーブルにスタイルが設定されます。

第 4 回模擬試験

プロジェクト1

1

❶ セルA4のフィルハンドルをダブルクリック
します。
❷ [オートフィルオプション] をクリックします。

❸ [連続データ] をクリックします。
❹ A列に連番が入力されます。

2

❶ セルC26を選択します。
❷ [ホーム] タブをクリックします。
❸ [編集] グループの [合計] をクリックします。
❹ Enter キーを押します。
❺ セルC27を選択します。
❻ [編集] グループの [合計] の▼をクリックし
ます。
❼ [平均] をクリックします。
❽ セルC4〜C25を選択します。
❾ Enter キーを押します。
❿ セルC28を選択します。
⓫ [編集] グループの [合計] の▼をクリックし
ます。

⓬ [最大値] をクリックします。
⓭ セルC4〜C25を選択します。
⓮ Enter キーを押します。
⓯ セルC29を選択します。
⓰ [編集] グループの [合計] の▼をクリックし
ます。
⓱ [最小値] をクリックします。
⓲ セルC4〜C25を選択します。
⓳ Enter キーを押します。
⓴ セルC26〜C29を選択します。
㉑ フィルハンドルをH29までドラッグします。
㉒ 年代別に各値が求められます。

3

❶ セルC4〜I29を選択します。
❷ [ホーム] タブをクリックします。
❸ [数値] グループの [桁区切りスタイル] をク

リックします。
❹ 桁区切りスタイルが設定されます。

4

❶ 円グラフを選択します。
❷ セルB10の色枠線の■をポイントし、マウス
ポインターが矢印の形状でB13までドラッグ
します。
❸ [グラフのデザイン] タブをクリックします。
❹ [グラフのスタイル] グループの [グラフク
イックカラー] (色の変更) クリックします。

❺ [カラフルなパレット 3] をクリックします。
❻ [グラフのレイアウト] グループの [クイック
レイアウト] をクリックします。
❼ [レイアウト 1] をクリックします。
❽ 円グラフに系列が追加され、色とレイアウト
が設定されます。

1

❶ セルD16を選択します。
❷ [ホーム] タブをクリックします。
❸ [セル] グループの [セルの挿入] の▼をクリックします。
❹ [セルの挿入] をクリックします。
❺ [下方向にシフト] をクリックします。
❻ [OK] ボタンをクリックします。
❼ セルD16に「takakura yoshinori」と入力します。

2

❶ セルE4を選択します。
❷ [fx] (関数の挿入) ボタンをクリックします。
❸ [関数の検索] に「upper」と入力します。
❹ [検索開始] ボタンをクリックします。
❺ 「UPPER」をクリックします。
❻ [OK] ボタンをクリックします。
❼ [文字列] にカーソルがあることを確認し、セルD4をクリックします。
❽ [OK] ボタンをクリックします。
❾ セルE4のフィルハンドルをダブルクリックします。
❿ セルF4を選択します。
⓫ [fx] (関数の挿入) ボタンをクリックします。
⓬ [関数の検索] に「lower」と入力します。
⓭ [検索開始] ボタンをクリックします。
⓮ 「LOWER」をクリックします。
⓯ [OK] ボタンをクリックします。
⓰ [文字列] にカーソルがあることを確認し、セルD4をクリックします。
⓱ [OK] ボタンをクリックします。
⓲ セルF4のフィルハンドルをダブルクリックします。
⓳ [大文字に統一] フィールドに大文字で、[小文字に統一] フィールドに小文字でデータが表示されます。

3

❶ セルH4を選択します。
❷ [fx] (関数の挿入) ボタンをクリックします。
❸ [関数の検索] に「left」と入力します。
❹ [検索開始] をクリックします。
❺ 「LEFT」をクリックします。
❻ [OK] ボタンをクリックします。
❼ [文字列] にカーソルがあることを確認し、セルG4をクリックします。
❽ [文字数] に「2」と入力します。
❾ [OK] ボタンをクリックします。
❿ セルH4のフィルハンドルをダブルクリックします。
⓫ セルI4を選択します。
⓬ [fx] (関数の挿入) ボタンをクリックします。
⓭ [関数の検索] に「mid」と入力します。
⓮ [検索開始] ボタンをクリックします。
⓯ 「MID」をクリックします。
⓰ [OK] ボタンをクリックします。
⓱ [文字列] にカーソルがあることを確認し、セルG4をクリックします。
⓲ [開始位置] に「3」と入力します
⓳ [文字数] に「2」と入力します
⓴ [OK] ボタンをクリックします。
㉑ セルI4のフィルハンドルをダブルクリックします。
㉒ [社員コード] フィールドから取り出された文字が表示されます。

4

❶ 列番号の「C」をクリックします。
❷ [表示] タブをクリックします。
❸ [ウィンドウ] グループの [ウィンドウ枠の固定] をクリックします。
❹ [ウィンドウ枠の固定] をクリックします。
❺ 横にスクロールしても常にB列まで表示されるようになります。

5

❶ セルA1を選択します。
❷ [ホーム] タブをクリックします。
❸ [編集] グループの [検索と選択] をクリックします。
❹ [検索] をクリックします。
❺ [検索する文字列] に「山田 京子」と入力します。
❻ [次を検索] をクリックします。

❼ 検索されたデータの [役職] 欄 (セル A19) に「監査役 (非常勤)」と入力します。

❽ [検索する文字列] に「※」と入力します。

❾ [次を検索] をクリックします。

❿ [ホーム] タブをクリックします。

⓫ [フォント] グループの [太字] をクリックし

ます。

⓬ [フォント] グループの [フォントの色] をクリックします。

⓭ [検索と置換] ダイアログボックスを閉じます。

⓮ 検索したデータが変更されます。

❶ [数式] タブをクリックします。

❷ [ワークシート分析] グループの [数式の表示]

をクリックします。

❸ ワークシートに数式が表示されます。

プロジェクト3

❶ セル I4 を選択します。

❷ [ホーム] タブをクリックします。

❸ [編集] グループの [合計] をクリックします。

❹ Enter キーを押します。

❺ セル I4 のフィルハンドルをダブルクリックします。

❻ [オートフィルオプション] をクリックします。

❼ [書式なしコピー (フィル)] をクリックします。

❽ 合計点が計算されます。

❶ セル J4 を選択します。

❷ [fx] (関数の挿入) ボタンをクリックします。

❸ [関数の検索] に「if」と入力します。

❹ [検索開始] ボタンをクリックします。

❺ 「IF」をクリックします。

❻ [OK] ボタンをクリックします。

❼ [論理式] にカーソルがあることを確認し、セル I4 をクリックし、「>=300」と入力します。

❽ [値が真の場合] に「合格」と入力します。

❾ [値が偽の場合] に「""」と入力します。

❿ [OK] ボタンをクリックします。

⓫ セ J4 のフィルハンドルをダブルクリックします。

⓬ [オートフィルオプション] をクリックします。

⓭ [書式なしコピー (フィル)] をクリックします。

⓮ [合計] が300点以上の場合に「合格」と表示されます。

❶ 3行目以降の、データが入力されたセルを選択します。

❷ [データ] タブをクリックします。

❸ [並べ替えとフィルター] グループの [並べ替え] をクリックします。

❹ [最優先されるキー] を [合計]、[順序] を [大きい順] に設定します。

❺ [レベルの追加] ボタンをクリックします。

❻ [次に優先されるキー] を [数的処理]、[順序] を [大きい順] に設定します。

❼ [OK] ボタンをクリックします。

❽ 表のデータが並べ替えられます。

❶ グラフを選択します。

❷ [グラフのデザイン] タブをクリックします。

❸ [場所] グループの [グラフの移動] をクリックします。

❹ [新しいシート] をクリックし、「教養科目グラフ」と入力します。

❺ [OK] ボタンをクリックします。

❻ [グラフ要素] をクリックします。

❼ [データテーブル] の>をクリックします。

❽ [凡例マーカーあり] をクリックします。

❾ [縦 (値) 軸] を右クリックします。

❿ [軸の書式設定] をクリックします。

⓫ [単位] の [主] に「100」と入力します。

⓬ [軸の書式設定] 作業ウィンドウを閉じます。

⓭ グラフシートにグラフが作成されます。

❶ ［教養科目結果一覧］シートを選択します。

❷ ［表示］タブをクリックします。

❸ ［ブックの表示］グループの［改ページプレ
ビュー］をクリックします。

❹ J列とK列の境界の青い太線をポイントし、
マウスポインターが⇔の形状でI列とJ列の境
界までドラッグします。

❺ 印刷範囲が設定されます。

プロジェクト4

1

❶ 行番号の3～9を選択します。

❷ 右クリックし、［行の高さ］をクリックしま
す。

❸ 「30」と入力します。

❹ ［OK］ボタンをクリックします。

❺ 行の高さが「30」に設定されます。

2

❶ セルC4～F4を選択します。

❷ ［名前ボックス］をクリックします。

❸ 「大久保」と入力し、Enterキーを押して確定
します。

❹ セルG4を選択します。

❺ ［ホーム］タブをクリックします。

❻ ［編集］グループの［合計］をクリックします。

❼ ［数式］タブをクリックします。

❽ ［定義された名前］グループの［数式で使用］
をクリックします。

❾ 「大久保」をクリックします。

❿ Enterキーを押して確定します。

⓫ 定義された名前を使用して合計が求められま
す。

3

❶ セルH4～H9を選択します。

❷ ［ホーム］タブをクリックします。

❸ ［スタイル］グループの［条件付き書式］をク
リックします。

❹ ［データバー］をポイントし、［塗りつぶし（グ
ラデーション）］の［緑のデータバー］をク
リックします。

❺ データバーが設定されます。

4

❶ セルI4～I9を選択します。

❷ ［挿入］タブをクリックします。

❸ ［スパークライン］グループの［縦棒スパーク
ライン］をクリックします。

❹ ［データ範囲］にカーソルがあることを確認
し、セルC4～F9をドラッグします。

❺ ［OK］ボタンをクリックします。

❻ ［スパークライン］タブをクリックします。

❼ ［グループ］グループの［スパークラインの軸］
をクリックします。

❽ ［縦軸の最小値のオプション］の［ユーザー設

定値］をクリックします。

❾ 「0.0」と設定されていることを確認ます。

❿ ［OK］ボタンをクリックします。

⓫ ［グループ］グループの［スパークラインの軸］
をクリックします。

⓬ ［縦軸の最大値のオプション］の［すべてのス
パークラインで同じ値］をクリックします。

⓭ ［表示］グループの［頂点（山）］にチェックを
入れます。

⓮ 縦棒スパークラインが作成されます。

5

❶ ［挿入］タブをクリックします。

❷ ［テキスト］グループの［ヘッダーとフッター］
をクリックします。

❸ ［ヘッダーとフッター］タブをクリックしま
す。

❹ ［ナビゲーション］グループの［フッターに移
動］をクリックします。

❺ フッターの右側領域をクリックし、「営業部
限」と入力します。

❻ フッター右側に文字列が挿入されます。

1

❶ セルA1をダブルクリックするか F2 キーを押して編集状態にします。数式バーをクリックしても良いです。
❷ 「2」を選択します。
❸ [ホーム] タブをクリックします。
❹ [フォント] グループのダイアログボックス起

動ツールをクリックします。
❺ [下付き] にチェックを入れます。
❻ [OK] ボタンをクリックします。
❼ Enter キーを押します。
❽ 下付き文字に設定されます。

2

❶ セルA3～Q4を選択します。
❷ [ホーム] タブをクリックします。
❸ [クリップボード] グループの [コピー] をクリックします。
❹ セルA6を選択します。
❺ [クリップボード] グループの [貼り付け] の▼をクリックします。
❻ [行/列の入れ替え] をクリックします。

❼ コピーしたセルが選択されているか、その範囲内にアクティブセルがあることを確認し、[挿入] タブをクリックします。
❽ [テーブル] グループの [テーブル] をクリックします。
❾ [OK] ボタンをクリックします。
❿ 貼り付けられたデータがテーブルに変換されます。

3

❶ [校閲] タブをクリックします。
❷ [メモ] グループの [メモ] をクリックします。

❸ [すべてのメモを表示] をクリックします。
❹ すべてのメモが表示されます。

4

❶ [ファイル] タブをクリックします。
❷ [情報] をクリックします。
❸ [問題のチェック] をクリックします。
❹ [ドキュメント検査] をクリックします。
❺ メッセージが表示された場合は、[はい] ボタ

ンをクリックします。
❻ [検査] ボタンをクリックします。
❼ [コメント] の [すべて削除] ボタンをクリックします。
❽ [閉じる] ボタンをクリックします。

1

❶ 列番号のB～Gを選択します。
❷ 右クリックし、[列の幅] をクリックします。
❸ 「10」と入力します。

❹ [OK] ボタンをクリックします。
❺ 列幅が変更されます。

2

❶ セルF2を選択します。
❷ [ホーム] タブをクリックします。
❸ [配置] グループの [折り返して全体を表示す

る] をクリックします。
❹ 文字列の全体が折り返して表示されます。

3

❶ セルF2を選択します。
❷ [ホーム] タブをクリックします。
❸ [スタイル] グループの [セルのスタイル] を

クリックします。
❹ [説明文] をクリックします。
❺ セルに組み込みのスタイルが設定されます。

4

❶ セルB4を選択します。
❷ [ホーム] タブをクリックします。

❸ [クリップボード] グループの [書式のコピー/貼り付け] をクリックします。

④ セルC4〜G4をドラッグします。　　　　　　⑤ セルB4の書式がコピーされます。

5

❶ セルB5を選択します。
❷ [fx]（関数の挿入）ボタンをクリックします。
❸ [関数の検索] に「seq」（「sequence」でも可）と入力します。
❹ [検索開始] ボタンをクリックします。
❺ 「SEQUENCE」をクリックします。

❻ [OK] ボタンをクリックします。
❼ [行] に「5」と入力します。
❽ [列] に「6」と入力します。
❾ [開始] に「501」と入力します。
❿ [OK] ボタンをクリックします。
⓫ 「501」から「530」の連番が付けられます。

プロジェクト7

1

❶ セルA3を選択します。
❷ [データ] タブをクリックします。
❸ [データの取得と変換] グループの [Webから] をクリックします。
❹ [URL] に「https://www8.cao.go.jp/chosei/shukujitsu/gaiyou.html」と入力します。
❺ [OK] ボタンをクリックします。
❻ メッセージが表示された場合は [接続] ボタンをクリックします。

❼ [表示オプション] の [Table2] をクリックします。
❽ [読み込み] の▼をクリックします。
❾ [読み込み先...] をクリックします。
❿ [データを返す先を選択してください。] の [既存のワークシート] をクリックします。
⓫ [OK] ボタンをクリックします。
⓬ [クエリと接続] 作業ウィンドウを閉じます。
⓭ セルA3に「名称」、セルB3に「日付」、セルC3に「内容」とそれぞれ入力します。

2

❶ テーブル内の任意のセルを選択します。
❷ [テーブルデザイン] タブをクリックします。
❸ [テーブルスタイル] グループの [その他] ボタンをクリックします。
❹ [なし] をクリックします。

❺ [ツール] グループの [範囲に変換] をクリックします。
❻ [OK] ボタンをクリックします。
❼ テーブルが解除され、通常のセル範囲になります。

3

❶ セルA3〜C3を選択します。
❷ [ホーム] タブをクリックします。
❸ [スタイル] グループの [セルのスタイル] を

クリックします。
❹ [出力] をクリックします。
❺ セルに組み込みのスタイルが設定されます。

4

❶ [ページレイアウト] タブをクリックします。
❷ [ページ設定] グループの [ページの向きを変更]（印刷の向き）をクリックします。
❸ [横] をクリックします。

❹ [ページ設定] グループの [余白の調整]（余白）をクリックします。
❺ [広い] をクリックします。

5

❶ [ファイル] タブをクリックします。
❷ [情報] をクリックします。
❸ [プロパティ] の [タグ] に「内閣府HPより」と入力します。

第5回模擬試験

プロジェクト1

1

❶ セルA4を選択します。
❷ [データ] タブをクリックします。
❸ [データの取得と変換] グループの [テキストまたはCSVから] をクリックします。
❹ [素材] フォルダーに保存されているテキストファイル「高齢化率.txt」を選択します。
❺ [インポート] ボタンをクリックします。
❻ [読み込み] の▼をクリックします。
❼ [読み込み先...] をクリックします。
❽ [データを返す先を選択してください。] の [既存のワークシート] をクリックします。
❾ [OK] ボタンをクリックします。
❿ [クエリと接続] 作業ウィンドウを閉じます。
⓫ テキストファイルがインポートされます。

2

❶ テーブル内の7行目か8行目の任意のセルで右クリックします。
❷ [削除] をポイントし、[テーブルの行] をク
リックします。
❸ 重複した行が削除されます。

3

❶ セルA5に「1」と入力します。
❷ セルA5のフィルハンドルをダブルクリックします。
❸ [オートフィルオプション] をクリックします。
❹ [連続データ] をクリックします。
❺ 連番が入力されます。

4

❶ セルC5〜D51を選択します。
❷ [ホーム] タブをクリックします。
❸ [数値] グループの [桁区切りスタイル] をクリックします。
❹ セルE5〜F51を選択します。
❺ [数値] グループの [パーセントスタイル] を
クリックします。
❻ [数値] グループの [小数点以下の表示桁数を増やす] を2回クリックします。
❼ 桁区切りスタイルと%スタイルが設定されます。

5

❶ セルH4に「状況」と入力します。
❷ セルH5を選択します。
❸ [fx] (関数の挿入) ボタンをクリックします。
❹ [関数の検索] に「if」と入力します。
❺ [検索開始] ボタンをクリックします。
❻ 「IF」をクリックします。
❼ [OK] ボタンをクリックします。
❽ [論理式] にカーソルがあることを確認し、セ
ルE5をクリックします。
❾ 「-」と入力します。
❿ セルF5をクリックします。
⓫ 「>=4.00%」と入力します。
⓬ [値が真の場合] に「要対策」と入力します。
⓭ [値が偽の場合] に「""」と入力します。
⓮ [OK] ボタンをクリックします。
⓯ セルの値に応じて「要対策」と表示されます。

プロジェクト2

1

❶ セルA12を選択します。
❷ [ホーム] タブをクリックします。
❸ [クリップボード] グループの [書式のコピー
/貼り付け] をクリックします。
❹ セルA16をクリックします。
❺ セルA12の書式がコピーされます。

2

❶ グラフを選択します。
❷ [グラフのデザイン] タブをクリックします。

❸ ［グラフのレイアウト］グループの［クイックレイアウト］をクリックします。
❹ ［レイアウト6］をクリックします。
❺ グラフタイトルの外枠線をクリックします。
❻ Delete キーを押します。

❼ ［グラフスタイル］グループの［スタイル3］をクリックします。
❽ グラフのレイアウトやスタイルが変更されます。

3

❶ グラフエリアで右クリックします。
❷ ［代替テキストを表示］をクリックします。
❸ 「アンケート結果の円グラフ」と入力します。

❹ ［代替テキスト］作業ウィンドウを閉じます。
❺ 円グラフに代替テキストが設定されます。

4

❶ グラフを選択します。
❷ ［グラフのデザイン］タブをクリックします。
❸ ［場所］グループの［グラフの移動］をクリックします。

❹ ［新しいシート］をクリックし、［円グラフサンプル］と入力します。
❺ ［OK］ボタンをクリックします。
❻ 円グラフがグラフシートに移動します。

5

❶ ［ファイル］タブをクリックします。
❷ ［情報］をクリックします。
❸ ［プロパティ］をクリックします。
❹ ［詳細プロパティ］をクリックします。

❺ ［タイトル］に「研修資料」と入力します。
❻ ［サブタイトル］に「2024年度新人研修」と入力します。
❼ ［OK］ボタンをクリックします。

プロジェクト3

1

❶ セルA3を選択します。
❷ ［ホーム］タブをクリックします。
❸ ［クリップボード］グループの［書式のコピー/貼り付け］をクリックします。
❹ セルB3～C3をドラッグします。
❺ セルA3の書式がコピーされます。

2

❶ セルA4を選択します。
❷ ［fx］（関数の挿入）ボタンをクリックします。
❸ ［関数の検索］に「seq」（sequenceでも可）と入力します。
❹ ［検索開始］ボタンをクリックします。
❺ 「SEQUENCE」をクリックします。
❻ ［OK］ボタンをクリックします。

❼ ［行］に「25」と入力します。
❽ ［列］に「1」と入力します。
❾ ［開始］にカーソルを移動し、セルC2をクリックします。
❿ ［OK］ボタンをクリックします。
⓫ 日付が挿入されます。

3

❶ セルA4～A28を選択します。
❷ ［ホーム］タブをクリックします。
❸ ［数値グループ」］の［数値の書式］の▼をクリックします。
❹ ［短い日付形式］をクリックします。
❺ 「2024/1/8」の日付形式で表示されます。

4

❶ ［挿入］タブをクリックします。
❷ ［テキスト］グループの［ヘッダーとフッター］をクリックします。
❸ ［ヘッダーとフッター］タブを選択します。
❹ ［ナビゲーション］グループの［フッターに移動］をクリックします。

❺ フッター右側領域をクリックし、「最後の追い込み！」を入力します。

❶ [ファイル] タブをクリックします。
❷ [エクスポート] をクリックします（[エクスポート] が表示されない場合は [その他] をクリックします）。
❸ [PDF/XPSドキュメントの作成] をクリックします。
❹ [PDF/XPSの作成] をクリックします。
❺ [設問] フォルダーが指定されていることを確

認します。
❻ ファイル名に「最後の追い込みスケジュール」と入力します。
❼ [ファイルの種類] を [PDF] にします。
❽ [発行後にファイルを開く] のチェックを外します。
❾ [発行] ボタンをクリックします。

プロジェクト4

1

❶ セルB3〜G13を選択します。
❷ [数式] タブをクリックします。
❸ [定義された名前] グループの [選択範囲から作成] をクリックします。
❹ [上端行] にのみチェックを入れます。
❺ [OK] ボタンをクリックします。
❻ セルB3〜G13の範囲に名前が定義されます。名前ボックスに定義された名前が設定されています。

2

❶ セルG14を選択します。
❷ [fx]（関数の挿入）ボタンをクリックします。
❸ [関数の検索] に「counta」と入力します。
❹ [検索開始] ボタンをクリックします。
❺ [COUNTA] をクリックします。
❻ [OK] ボタンをクリックします。
❼ [数式] タブをクリックします。
❽ [定義された名前] グループの [数式で使用] をクリックします。
❾ [プログラミング基礎] をクリックします。
❿ [OK] ボタンをクリックします。
⓫ 同様に、セルG15に「=COUNTBLANK(プログラミング基礎)」を入力します。
⓬ 同様に、セルG16に「=AVERAGE(プログラミング基礎)」を入力します。
⓭ 同様に、セルG17に「=MAX(プログラミング基礎)」を入力します。
⓮ 同様に、セルG18に「=MIN(プログラミング基礎)」を入力します。
⓯ 定義された名前を使用して各値が求められます。

3

❶ セルC20を選択します。
❷ [fx]（関数の挿入）ボタンをクリックします。
❸ [関数の検索] に「counta」と入力します。
❹ [検索開始] ボタンをクリックします。
❺ 「COUNTA」をクリックします。
❻ [OK] ボタンをクリックします。
❼ [数式] タブをクリックします。
❽ [定義された名前] グループの [数式で使用] をクリックします。
❾ [氏名] をクリックします。
❿ [OK] ボタンをクリックします。
⓫ ゼミ生の人数が求められます。

4

❶ [ページレイアウト] タブをクリックします。
❷ [ページ設定] グループの [ページサイズの選択]（サイズ）をクリックします。
❸ [A4] をクリックします。
❹ [ページ設定] グループの [ページの向きを変更]（印刷の向き）をクリックします。
❺ [横] をクリックします。

5

❶ セルC4を選択します。
❷ [表示] タブをクリックします。
❸ [ウィンドウ] グループの [ウィンドウ枠の固定] をクリックします。
❹ [ウィンドウ枠の固定] をクリックします。
❺ B列と3行目が常に表示されます。

プロジェクト5

1

❶ テーブルの［店舗］フィールドの任意のセルを右クリックします。
❷ ［挿入］をポイントし、［テーブルの列（左）］をクリックします。
❸ セルF3に「売上金額」と入力します。
❹ セルF4に「=」を入力します。
❺ セルD4をクリックします。
❻ 「*」を入力します。
❼ セルE4をクリックします。
❽ Enter キーを押します。

2

❶ 「9月2日」の製品番号「D01」が入力されたいずれかの任意のセル（例：セルA8）を右クリックします。
❷ ［削除］をポイントし、［テーブルの行］をクリックします。
❸ 重複したデータが削除されます。

3

❶ セルE4〜F103を選択します。
❷ ［ホーム］タブをクリックします。
❸ ［数値］グループの［桁区切りスタイル］をクリックします。
❹ データに桁区切りスタイルが設定されます。

4

❶ 列番号のFとGの境界線でダブルクリックします。
❷ 列幅が自動で調整されます。

5

❶ セルA4〜A103を選択します。
❷ ［ホーム］タブをクリックします。
❸ ［数値］グループの［数値の書式］の▼をクリックします。
❹ ［短い日付形式］をクリックします。
❺ ［日付］が「2023/9/1」の形式で表示されます。

6

❶ テーブル内の任意のセルを選択します。
❷ ［データ］タブをクリックします。
❸ ［並べ替えとフィルター］グループの［並べ替え］をクリックします。
❹ ［最優先されるキー］に［製品名］、［順序］に［昇順］を設定します。
❺ ［レベルの追加］ボタンをクリックします。
❻ ［次に優先されるキー］に［売上金額］、［順序］に［大きい順］を設定します。
❼ ［OK］ボタンをクリックします。
❽ テーブルの製品名が並べ替えられます。

7

❶ ［ページレイアウト］タブをクリックします。
❷ ［ページ設定］グループの［印刷タイトル］をクリックします。
❸ ［タイトル行］にカーソルを移動します。
❹ 行番号の［3］をクリックします。
❺ ［OK］ボタンをクリックします。

プロジェクト6

1

❶ ［名前ボックス］の▼をクリックします。
❷ ［目標最高値］をクリックします。
❸ 「16500」と入力します。
❹ データが修正されます。

2

❶ ［1月〜3月］シートのセルB2〜I4を選択します。
❷ Ctrl キーを押しながら C キーを押してコピーします。

❸ ［下半期集計］シートのセルF4を選択します。
❹ ［ホーム］タブをクリックします。
❺ ［クリップボード］グループの［貼り付け］の

▼をクリックします。
❻ ［行/列の入れ替え］をクリックします。
❼ 行と列が入れ替わって貼り付けられます。

3

❶ セルC4〜I12を選択します。
❷ ［ホーム］タブをクリックします。

❸ ［編集］グループの［合計］をクリックします。
❹ 下半期計と合計件数が求められます。

4

❶ セルK4に「=」を入力します。
❷ セルI4をクリックします。
❸ 「/」を入力します。

❹ セルB4をクリックします。
❺ ［Enter］キーを押します。
❻ 目標に対する達成率が求められます。

5

❶ セルA3〜A11を選択します。
❷ ［Ctrl］キーを押しながらセルC3〜H11を選択
します。
❸ ［挿入］タブをクリックします。
❹ ［グラフ］グループの［折れ線/面グラフの挿
入］をクリックします。
❺ ［マーカー付き折れ線］をクリックします。

❻ グラフエリアをポイントし、グラフの左上が
セルA14になるようにドラッグして移動しま
す。
❼ グラフエリアの右下のハンドルをドラッグし、
グラフの右下がセルK28になるようにドラッ
グしてサイズ変更します。
❽ マーカー付き折れ線グラフが作成されます。

6

❶ グラフを選択します。
❷ ［グラフのデザイン］タブをクリックします。
❸ ［データ］グループの［行/列の切り替え］をク
リックします。

❹ グラフタイトルの外枠線をクリックします。
❺ ［Delete］キーを押します。
❻ グラフの行と列が入れ替わり、グラフタイト
ルが削除されます。

7

❶ ［ファイル］タブをクリックします。
❷ ［情報］をクリックします。
❸ ［問題のチェック］をクリックします。
❹ ［互換性チェック］をクリックします。

❺ ［新しいシートにコピー］ボタンをクリックし
ます。
❻ 互換性チェックの結果が新規シートに表示さ
れます。